Theoretische Mechanik

Julius Wess

Theoretische Mechanik

Unter wissenschaftlicher Mitarbeit von Jan Heisig

2. Auflage

 Springer

Professor Dr. Julius Wess (5.12.1934–8.8.2007)
Ludwig-Maximilians-Universität München

Wissenschaftlicher Mitarbeiter
Jan Heisig
II. Institut für Theoretische Physik
Universität Hamburg
Luruper Chaussee 149
22761 Hamburg
jan.heisig@desy.de

ISBN 978-3-540-88574-0   ISBN 978-3-540-88575-7 (eBook)

DOI 10.1007/978-3-540-88575-7

Springer-Lehrbuch ISSN 0937-7433

Bibliografische Information der Deutschen Nationalbibliothek
Die Deutsche Nationalbibliothek verzeichnet diese Publikation in der Deutschen Nationalbibliografie;
detaillierte bibliografische Daten sind im Internet über http://dnb.d-nb.de abrufbar.

© 2009, 2008 Springer-Verlag Berlin Heidelberg

Einbandgestaltung: WMXDesign GmbH, Heidelberg
Satz und Herstellung: le-tex publishing services oHG, Leipzig

Gedruckt auf säurefreiem Papier

9 8 7 6 5 4 3 2 1

springer.de

Für Christine

Vorwort

Wozu noch ein Buch zur theoretischen Mechanik, wo es doch schon so viele und auch sehr gute Lehrbücher gibt? Weil Wissenschaft etwas Lebendiges ist, weil die Fragestellungen und Methoden sich ändern und so auch neues Licht auf schon bisher Bekanntes werfen. Alte Probleme können mit neuen Methoden viel übersichtlicher gestaltet werden und stehen plötzlich in einem sehr engen Zusammenhang mit anderen, schon verstandenen oder gerade zu erforschenden Gebieten.

Dieser Prozess ging im Vorlesungsbetrieb der Universitäten in idealer Weise vor sich. Neuerdachtes und Neudurchdachtes durchdringen einander und können so zu einer neuen Sichtweise führen, die den neuen Anforderungen gerecht wird. Dies kann dem Verständnis dienen und der Forschung behilflich sein.

Dieses Buch legt der Mechanik weitgehend algebraische Vorstellungen und Methoden, wie sie in der Quantenmechanik bis hin zur Feldtheorie entwickelt wurden, zu Grunde. Die Mechanik dient somit auch der Einführung solcher Methoden, die dann in anderen Bereichen der theoretischen Physik erforderlich werden. Neue Methoden müssen dann nicht mehr bei der Behandlung nicht bekannter physikalischer Vorstellungen neu erarbeitet werden.

Schon die Struktur des Raumes, wie auch die Newton'schen Gesetze werden so eingeführt, dass sie ein Verständnis für moderne, weitergehende Vorstellungen zulassen. Symmetrien und Erhaltungssätze werden von Anfang an betont und es wird gezeigt, wie Erhaltungssätze zu weitreichenden Vorhersagen für spezifische Systeme führen. Die Methode der Lösung von Differenzialgleichungen durch Green'sche Funktionen, wie sie heute in der Feldtheorie üblich ist, wird schon anhand der harmonischen Schwingungen eingeführt. Feldtheoretische Vorstellungen, wie die Behandlung der schwingenden Saite, werden aus mechanischen Konzepten entwickelt und die relativistische Mechanik wird gleich im Zusammenhang mit elektromagnetischen Vorgängen gesehen. Die kanonische Mechanik bereitet den Übergang zu quantisierten Systemen vor.

Dieses Buch baut auf Kursvorlesungen an der Technischen Universität Karlsruhe und Vorlesungen an der Universität München auf. Diese Kursvorlesungen wurden in Karlsruhe mit A-Mechanik, B-Elektrodynamik und C-Quantenmechanik bezeichnet – sie waren das ABC der theoretischen Physik. Besucht wurden diese Vorlesungen von allen Studenten der Physik – Experimentalphysikern, Theoretikern und auch den Mathematikern, die die Grundvorlesungen belegen mussten. Der Versuch, diesem Spektrum gerecht zu werden, kann allerdings nie vollkommen gelingen. Dass er nicht vollkommen misslungen ist, sagte die Reaktion meiner Studenten.

Natürlich wird jeder Leser dieses Buches unterschiedliche Akzente setzen und verschiedene Problemkreise mit stärkerem oder geringerem Interesse verfolgen. So ist das Buch auch angelegt. In meinen Vorlesungen wurde der hier vorgestellte Stoff variiert, Teile hervorgehoben oder auch weggelassen. So blieb die Vorlesung auch für den Vortragenden ein spannendes Erlebnis.

Allen Hörern sei Dank! Sowohl denen, die durch gezeigtes Interesse oder auch Desinteresse eine Stellungnahme bezogen haben, als auch den vielen, die durch Fragen, Kritik und Anregungen beigetragen haben. Auch in den Vorlesungen kann Wissenschaft lebendig werden.

Dank nun auch denen, ohne die dieses Buch niemals fertiggestellt hätte werden können. Voran Frau Monika Kürzinger, die die handgeschriebenen Texte in lesbare Manuskripte verwandelt hat, aber auch allen meinen Mitarbeitern, die nicht nur durch die Gestaltung der Formeln viel Zeit verloren haben, sondern die auch durch ihr stets wachsames Interesse und durch ihre Diskussionsfreudigkeit viel zum Gelingen beigetragen haben, allen voran Stefan Schraml und Claudia Jambour und Lutz Möller. Ohne Jan Heisig wäre dieses Buch allerdings nie wirklich fertiggestellt worden. Ihm sei herzlicher Dank.

Hamburg, Desy, Juli 2007   *Julius Wess*

Inhaltsverzeichnis

Teil I
Punktmechanik

Newton'sche Gesetze und einfache mechanische Systeme

1 Koordinatensystem, Translation und Rotation

Aus der Erfahrung glauben wir zu wissen, dass wir in einem dreidimensionalen linearen Raum leben, und dass es sinnvoll ist, in diesem Raum von der Lage eines Körpers und dem Abstand zweier Körper zu sprechen. Dieser Raum hat demnach die Struktur von $\mathbb{R}^3$ und besitzt eine Metrik. Diese Erfahrung wollen wir der Beschreibung eines physikalischen Systems zugrunde legen und erst dann davon abweichen, wenn neue Erfahrungen uns dazu zwingen sollten.

Die Lage eines Körpers im Raum wird durch Punkte, bzw. Vektoren in $\mathbb{R}^3$ beschrieben; wir bezeichnen sie mit $\boldsymbol{x}$, sie können durch Angabe dreier Komponenten festgelegt werden:

$$\boldsymbol{x} \in \mathbb{R}^3 \qquad \boldsymbol{x} = (x^1, x^2, x^3) \sim (x, y, z)\,. \tag{1.1}$$

Die reellen Zahlen x^1, x^2, x^3 heißen Koordinaten des Punktes $\boldsymbol{x}$. Linear-reeller Raum heißt, dass mit $\boldsymbol{x}$ und $\boldsymbol{y}$ auch $\alpha\boldsymbol{x} + \beta\boldsymbol{y}$ im Raum liegen, wenn α, β reelle Zahlen sind.

Der Abstand zweier Punkte berechnet sich aus den Koordinaten wie folgt:

$$\|\boldsymbol{x} - \boldsymbol{y}\| = +\sqrt{(x^1 - y^1)^2 + (x^2 - y^2)^2 + (x^3 - y^3)^2}\,. \tag{1.2}$$

Mit der Struktur dieses Raumes wollen wir uns zunächst etwas mehr vertraut machen. Wichtig ist dabei die Frage, die wir immer wieder stellen werden: Welche Transformationen lassen eine vorgegebene Struktur unverändert? Die Kenntnis dieser Transformationen trägt zu einem besseren Verständnis dieser Struktur bei.

Wir werden jedoch sehen, dass die Existenz solcher Transformationen weitreichende Folgen für ein physikalisches System hat. Große Teile der modernen Physik beschäftigen sich eingehend mit dem Wechselspiel zwischen diesen Transformationen und den physikalischen Eigenschaften eines Systems. Es scheint daher sinnvoll, gleich mit dieser Fragestellung für unsere durch (1.1) und (1.2) definierte Struktur zu beginnen. Gleichzeitig können wir anhand dieses einfachen Beispiels einige gruppentheoretische Begriffe einführen, mit denen wir dann in komplizierteren Fällen schon vertraut sind.

Zu den Transformationen, die (1.1) und (1.2) unverändert lassen, gehören zunächst die Translationen.

1) **Translationen**: Wir können zu jedem Punkt des Raumes einen konstanten Vektor $\boldsymbol{a} = (a^1, a^2, a^3)$ addieren. Dabei gehen Punkte des linearen Raumes wieder in Punkte des linearen Raumes über, und der Abstand zweier Punkte ändert sich nicht.

$$\boldsymbol{x} \mapsto \boldsymbol{x}' = \boldsymbol{x} + \boldsymbol{a} \tag{1.3}$$

Die Translationen bilden eine Gruppe. Dies bedeutet, dass das Hintereinanderausführen zweier Translationen wieder eine Translation ist

$$\boldsymbol{x}' = \boldsymbol{x} + \boldsymbol{a}, \quad \boldsymbol{x}'' = \boldsymbol{x}' + \boldsymbol{b} = \boldsymbol{x} + \boldsymbol{a} + \boldsymbol{b} = \boldsymbol{x} + \boldsymbol{c} \tag{1.4}$$

mit

$$\boldsymbol{a} + \boldsymbol{b} = \boldsymbol{c}, \tag{1.5}$$

und weiter, dass der Nullvektor $\boldsymbol{a} = (0, 0, 0) = \boldsymbol{0}$ auch einer Translation entspricht:

$$\boldsymbol{x}' = \boldsymbol{x} + \boldsymbol{0} = \boldsymbol{x}. \tag{1.6}$$

Jeder Punkt wird dabei auf sich selbst abgebildet.

Jede Translation kann rückgängig gemacht werden, sie besitzt eine inverse Translation. Die zu $\boldsymbol{a}$ inverse Translation ist $-\boldsymbol{a}$:

$$\boldsymbol{a} + (-\boldsymbol{a}) = \boldsymbol{0}. \tag{1.7}$$

Diese drei Eigenschaften – Produkt (Hintereinanderausführen zweier Transformationen), Einheitselement und inverses Element – charakterisieren eine Gruppe. Der Gruppenbegriff hat sich sowohl in der Mathematik als auch in der Physik als überaus nützlich erwiesen, daher wollen wir ihn auch hier nicht vermeiden. Im Folgenden werden wir die wesentlichen gruppentheoretischen Begriffsbildungen anhand der Translation und Rotation einführen.

Die Gruppe der Translationen hat noch weitere Eigenschaften. Sie hängt kontinuierlich von den drei Parametern (a^1, a^2, a^3) ab – wir sprechen von einer dreiparametrigen, kontinuierlichen Gruppe. Das Hintereinanderausführen zweier Translationen kann vertauscht werden, ohne dass sich das Ergebnis ändert.

$$\boldsymbol{a} + \boldsymbol{b} = \boldsymbol{b} + \boldsymbol{a} \tag{1.8}$$

Wir sprechen dann von einer Abel'schen Gruppe (Niels Henrik Abel, Norwegen, 1802-1829). Bei Abel'schen Gruppen kann Produkt, Einheitselement und inverses Element auch als Summe, Nullelement und negatives Element geschrieben werden, davon haben wir in (1.5), (1.6) und (1.7) Gebrauch gemacht.

Wir können infinitesimal kleine Translationen betrachten

$$x' = x + \varepsilon \qquad (1.9)$$

und so endliche Translationen kontinuierlich mit der Einheit verbinden. All dies sind Eigenschaften, mit denen wir es immer wieder zu tun haben werden. Als Nächstes wollen wir die Drehungen, bzw. Rotationen untersuchen.

2) **Rotationen.** Wir beginnen mit der Drehung um eine Achse, die 3-Achse:

$$
\begin{aligned}
x'^1 &= +\cos\varphi\, x^1 + \sin\varphi\, x^2 \\
x'^2 &= -\sin\varphi\, x^1 + \cos\varphi\, x^2 \\
x'^3 &= x^3\,.
\end{aligned}
\qquad (1.10)
$$

Ein Punkt des Raumes wird wieder in einen Punkt des Raumes übergeführt, und der Abstand zweier Punkte bleibt unverändert, wenn wir beide Punkte um die gleiche Achse und mit dem gleichen Drehwinkel φ drehen. Aus (1.10) und

$$
\begin{aligned}
y'^1 &= +\cos\varphi\, y^1 + \sin\varphi\, y^2 \\
y'^2 &= -\sin\varphi\, y^1 + \cos\varphi\, y^2 \\
y'^3 &= y^3
\end{aligned}
\qquad (1.11)
$$

folgt

$$\|x' - y'\| = \|x - y\|\,. \qquad (1.12)$$

Es ist sofort einsichtig, dass diese Drehungen um die 3-Achse eine Gruppe bilden.

Die infinitesimale Drehung erhalten wir durch Potenzreihenentwicklung von Kosinus und Sinus bis zum linearen Glied. Das Quadrat infinitesimal kleiner Parameter wollen wir immer vernachlässigen.

$$
\begin{aligned}
x'^1 &= x^1 + \varepsilon x^2 \\
x'^2 &= -\varepsilon x^1 + x^2 \\
x'^3 &= x^3
\end{aligned}
\qquad (1.13)
$$

Die Gleichungen (1.10) und (1.13) können auch in Matrixform geschrieben werden:

$$
\begin{pmatrix} x'^1 \\ x'^2 \\ x'^3 \end{pmatrix} =
\begin{pmatrix} \cos\varphi & \sin\varphi & 0 \\ -\sin\varphi & \cos\varphi & 0 \\ 0 & 0 & 1 \end{pmatrix}
\begin{pmatrix} x^1 \\ x^2 \\ x^3 \end{pmatrix}
\qquad (1.14)
$$

Infinitesimal:

$$
\begin{pmatrix} x'^1 \\ x'^2 \\ x'^3 \end{pmatrix} =
\begin{pmatrix} 1 & \varepsilon & 0 \\ -\varepsilon & 1 & 0 \\ 0 & 0 & 1 \end{pmatrix}
\begin{pmatrix} x^1 \\ x^2 \\ x^3 \end{pmatrix}
= \{1 + \varepsilon T^3\}
\begin{pmatrix} x^1 \\ x^2 \\ x^3 \end{pmatrix}
\qquad (1.15)
$$

Hier nennt man die Matrix

$$\boldsymbol{T}^3 = \begin{pmatrix} 0 & 1 & 0 \\ -1 & 0 & 0 \\ 0 & 0 & 0 \end{pmatrix} \tag{1.16}$$

die Erzeugende der Rotation um die 3-Achse.

Die endliche Drehung (1.14) kann mithilfe der Erzeugenden T_3 auch wie folgt geschrieben werden:

$$\boldsymbol{A} = \mathrm{e}^{\varphi \boldsymbol{T}_3} = \boldsymbol{1}\cos\varphi + \boldsymbol{T}_3 \sin\varphi \,, \tag{1.17}$$

da $(T_3)^2 = -\boldsymbol{1}$ gilt und $\mathrm{e}^{\mathrm{i}\varphi} = \cos\varphi + \mathrm{i}\sin\varphi$ aus $\mathrm{i}^2 = -1$ folgt. Entsprechendes gilt für die Drehungen um die 1- und 2-Achsen.

Grundsätzlich unterscheiden sich Drehungen von Translationen dadurch, dass die Drehung einen Punkt des Raumes invariant lässt, nämlich den Nullpunkt $\boldsymbol{x} = (0,0,0)$, während bei Translationen kein Punkt des Raumes unter der Gruppe der Translationen invariant bleibt.

Drehungen können um eine beliebige Achse durchgeführt werden. Für die Drehung charakteristisch ist die Richtung der Drehachse und der Drehwinkel. Diese Drehungen hängen demnach kontinuierlich von drei Parametern ab.

Bei hintereinander ausgeführten Drehungen um Drehachsen in unterschiedlichen Richtungen hängt das Ergebnis von der Reihenfolge ab – davon kann man sich leicht direkt überzeugen.

Die Drehungen vertauschen im Allgemeinen nicht – die Drehgruppe im dreidimensionalen Raum ist nichtabelsch.

Wir wollen nun die allgemeine Form einer Drehung bestimmen. Eine Drehung im dreidimensionalen Raum sollte die durch (1.1) und (1.2) definierte Struktur sowie einen Punkt des Raumes, den Nullpunkt des Koordinatensystems, unverändert lassen. Es handelt sich demnach um eine lineare Transformation, die wir in Matrixnotation angeben können.

$$\boldsymbol{x}' = \boldsymbol{A}\boldsymbol{x} : \qquad x'^l = \sum_k A^{lk} x^k \tag{1.18}$$

Die reellen Zahlen A^{lk} sind die Elemente einer Matrix. Dass der Abstand (1.2) unverändert, d. h. invariant bleibt, bedeutet für den Abstand des Punktes x vom Ursprung

$$\sum_l x'^l x'^l = \sum_{l,k,n} A^{lk} x^k A^{ln} x^n = \sum_k x^k x^k \tag{1.19}$$

oder

$$\sum_l A^{lk} A^{ln} = \delta^{kn}. \tag{1.20}$$

Hier haben wir das Kroneckersymbol δ^{kn} eingeführt (Leopold Kronecker, Deutschland, 1823-1891). Es ist 1, falls $k = n$ und Null für $k \neq n$.

Wir definieren nun die transponierte Matrix A^T

$$(A^T)^{lk} = A^{kl} \tag{1.21}$$

und sehen, dass (1.20) identisch ist mit der Matrizengleichung

$$A^T A = 1 \,. \tag{1.22}$$

Eine Matrix mit der Eigenschaft (1.22) heißt orthogonale Matrix. Es ist leicht nachzuweisen, dass die orthogonalen Matrizen eine Gruppe bilden – die orthogonale Gruppe.

Für das Produkt zweier orthogonaler Matrizen A, B folgt

$$(AB)^T (AB) = B^T A^T AB = 1 \,. \tag{1.23}$$

Das Matrixprodukt ist wieder eine orthogonale Matrix.

Für die Einheitsmatrix gilt

$$1^T = 1 \,, \qquad 1^T 1 = 1 \,. \tag{1.24}$$

Aus (1.22) folgt, dass A^T die inverse Matrix zu A ist. Sie ist ebenfalls orthogonal. Aus (1.22) folgt für die Determinante

$$\det A^T A = 1 \,, \tag{1.25}$$

und aus dem Produktsatz der Determinanten folgt

$$\det A^T A = (\det A^T)(\det A) = (\det A)^2 = 1 \,. \tag{1.26}$$

Für orthogonale Matrizen gilt demnach

$$\det A = \pm 1 \,. \tag{1.27}$$

Matrizen mit $\det A = -1$ können nicht kontinuierlich in die Einheit übergeführt werden. Sie haben keine Erzeugenden. Ein Beispiel einer Transformation mit $\det A = -1$ ist die Spiegelung:

$$\begin{aligned}
x'^1 &= -x^1 \\
x'^2 &= -x^2 \\
x'^3 &= -x^3 \,.
\end{aligned} \tag{1.28}$$

Die Spiegelung (1.28) gemeinsam mit der identischen Transformation (Einheit) bilden ebenfalls eine Gruppe. Dies ist eine diskrete Gruppe mit genau zwei Gruppenelementen.

Matrizen mit $\det A = 1$ bilden eine Untergruppe der orthogonalen Gruppe – sie können, im Gegensatz zu Spiegelungen, kontinuierlich mit der Einheit verbunden werden. Wir bezeichnen sie als die Gruppe der eigentlichen Rotationen oder kurz als eigentliche Rotationsgruppe.

Wir schreiben nun die Gleichung (1.22) für infinitesimale Matrizen

$$A = 1 + \varepsilon T, \qquad A^T A = 1 + \varepsilon(T^T + T) = 1 \,. \qquad (1.29)$$

Daraus folgt, dass die Erzeugenden der eigentlichen Drehungen die antisymmetrischen Matrizen sind. Die Drehungen besitzen drei Erzeugende

$$T^1 = \begin{pmatrix} 0 & 0 & 0 \\ 0 & 0 & 1 \\ 0 & -1 & 0 \end{pmatrix}, \quad T^2 = \begin{pmatrix} 0 & 0 & -1 \\ 0 & 0 & 0 \\ 1 & 0 & 0 \end{pmatrix}, \quad T^3 = \begin{pmatrix} 0 & 1 & 0 \\ -1 & 0 & 0 \\ 0 & 0 & 0 \end{pmatrix}. \qquad (1.30)$$

Jede antisymmetrische Matrix lässt sich als Linearkombination dieser drei Matrizen schreiben:

$$T^T = -T, \quad T = \sum_l a^l T^l \,, \qquad (1.31)$$

mit beliebigen reellen Koeffizienten a^l. Die eigentlichen Drehungen det $A = 1$ sind eine dreiparametrige kontinuierliche nichtabelsche Gruppe.

Wir können die antisymmetrische Matrix T auch mit dem total antisymmetrischen ε-Tensor in Verbindung bringen.

$$\varepsilon^{ijk} : \text{total antisymmetrisch}, \ \varepsilon^{123} = 1 \qquad (1.32)$$

Betrachten wir j und k als Zeilen- und Spaltenindizes einer Matrix und nummerieren mit i drei Matrizen, dann sieht man leicht, dass für T^i in (1.30)

$$T^i_{jk} = \varepsilon^{ijk} \qquad (1.33)$$

gilt. Diese Matrizen erzeugen die infinitesimalen Drehungen im Sinne von (1.13) um die 1-, 2- und 3-Achse.

Mithilfe des ε-Tensors kann man auch das Vektorprodukt zweier Vektoren schreiben:

$$[x \times y]^i = \sum_{j,k} \varepsilon^{ijk} x_j y_k \qquad (1.34)$$

Somit haben wir die wichtigsten gruppentheoretischen Begriffe eingeführt, mit denen wir es immer wieder zu tun haben werden. Auch haben wir nun einiges von der Struktur des Raumes kennen gelernt, in dem sich die Bewegung von Körpern abspielen sollte.

2 Trägheitsgesetz, Inertialsystem, Galileitransformation

Ziel der Mechanik ist es, die Bewegung eines Körpers zu verstehen, wenn man die Kräfte, die auf ihn wirken, kennt. Bei den Körpern kann es sich dabei durchaus um ausgedehnte Objekte wie Erde, Sonne, Mond, oder Tennisbälle handeln. Ihre Lage im Raum beschreiben wir im Sinne der Punktmechanik stets mit drei Koordinaten in $\mathbb{R}^3$ und sprechen in diesem Sinne von einem Massenpunkt.

Unserer Erfahrung entspricht es, dass wir den Bewegungsablauf mit einem Parameter t, der Zeit, parametrisieren können. Dabei nehmen wir zunächst an, dass die Zeit weder vom Bewegungszustand des Körpers noch des Beobachters, noch irgendwie sonst vom physikalischen System, in dem sich der Körper bewegt, abhängt. Der Zeit kommt also mit diesen Annahmen gleichsam eine absolute Bedeutung zu. Für die physikalischen Vorgänge, die wir zunächst beschreiben wollen – und dies sind Vorgänge, bei denen die Geschwindigkeiten der jeweiligen Körper klein im Vergleich zur Lichtgeschwindigkeit sind – ist dieser absolute Zeitbegriff eine nahe liegende und durchaus erfolgreiche Annahme.

Die Bahnkurve eines bewegten Körpers kann als Funktion der Zeit wie folgt dargestellt werden:

$$\boldsymbol{x}(t) = \big(x^1(t), x^2(t), x^3(t)\big). \tag{2.1}$$

Es gilt nun, diese Bahnkurve mit den Gesetzen der Mechanik zu berechnen.

Grundlage der Mechanik sind die Newton'schen Gesetze, deren erstes, das Trägheitsgesetz, die Erfahrung zusammenfasst, dass es Koordinatensysteme gibt, in denen ein Körper im Zustand der Ruhe oder der gleichförmig geradlinigen Bewegung verharrt, wenn er nicht durch einwirkende Kräfte gezwungen wird, diesen Zustand zu ändern (Isaac Newton, England, 1643-1727). Die entsprechenden Koordinatensysteme heißen Inertialsysteme.

Dies ist keine unmittelbare Erfahrung. Es wird zunächst schwer sein, einen Körper zu beobachten, auf den keine Kraft wirkt. Wir müssen ein Gedankenexperiment durchführen, die Bewegungsänderung der Kraft zuschreiben und feststellen, wie sich der Körper bewegen würde, wenn diese Kraft nicht wirkt. Dann ist es noch nicht sicher, dass wir das richtige Koordinatensystem gewählt haben. Ein erdfestes System würde sich z. B. mit der Erde um deren Achse und auf deren Umlaufbahn um die Sonne bewegen. Auch hier müssen wir die entsprechenden Korrekturen durchführen. Es bleibt die Behauptung, dass es Inertialsysteme gibt, in denen alle Abweichungen von der geradlinig gleichförmigen Bewegung als Folge einwirkender Kräfte verstanden werden können. In einem solchen Koordinatensystem ist die Bahnkurve eines Körpers, auf den keine Kräfte wirken, gegeben durch

$$\boldsymbol{x}(t) = \boldsymbol{x}_0 + \boldsymbol{v}_0 t. \tag{2.2}$$

Die Bahnkurve ist durch sechs Parameter festgelegt. Dies sind die drei Parameter $\boldsymbol{x}_0$, die die Lage des Körpers zur Zeit $t = 0$ charakterisieren sowie die drei Parameter $\boldsymbol{v}_0$, die die Geschwindigkeit des Körpers festlegen:

$$\dot{\boldsymbol{x}} \equiv \frac{\mathrm{d}\boldsymbol{x}}{\mathrm{d}t} = \boldsymbol{v}. \tag{2.3}$$

Die Zeitableitung werden wir sehr oft durch einen Punkt andeuten.

Die Parameter x_0 und v_0 nennen wir auch die Anfangslage, beziehungsweise Anfangsgeschwindigkeit der Bahnkurve. Sie stellen die Anfangsbedingungen für die Bahnkurve dar.

Nun wieder unsere Frage: Welche Transformationen können wir durchführen, sodass die durch (2.2) festgelegten Eigenschaften des Systems unverändert bleiben? Dazu gehören sicher wieder die Translation (1.3) und die Rotation (1.18). Dabei ändern sich die Parameter von (2.2) wie folgt.

Translation:
$$x_0' = x_0 + a, \quad v_0' = v_0 \tag{2.4}$$

Rotation:
$$x_0' = Ax_0, \quad v_0' = Av_0. \tag{2.5}$$

Wir können auch eine Translation in der Zeit durchführen:
$$t' = t + \tau. \tag{2.6}$$

Dies ist eine einparametrige Abel'sche Gruppe mit Parameter τ. Die entsprechenden Transformationseigenschaften von x_0 und v_0 sind bei Zeittranslation
$$x_0' = x_0 + v_0\tau, \quad v_0' = v_0. \tag{2.7}$$

Des weiteren können wir das Koordinatensystem noch mit konstanter Geschwindigkeit V gegen das ursprüngliche bewegen:
$$x'(t) = x(t) + Vt. \tag{2.8}$$

Diese Transformationen nennt man (eigentliche) Galileitransformationen (Galileo Galilei, Italien, 1564-1642). Sie bilden wiederum eine dreiparametrige Abel'sche Gruppe.

Die Parameter x_0 und v_0 transformieren sich wie folgt
$$x_0' = x_0, \quad v_0' = v_0 + V. \tag{2.9}$$

Wir sehen: die Geschwindigkeiten addieren sich.

Alle diese Transformationen gemeinsam nennt man die Galileigruppe:
$$\begin{aligned} x' &= Ax + a + Vt \\ t' &= t + \tau. \end{aligned} \tag{2.10}$$

Es ist eine 10-parametrige nichtabelsche Gruppe.

Wir können die Bahnkurven (2.2) auch als Lösung einer Differenzialgleichung auffassen:
$$\ddot{x} = 0. \tag{2.11}$$

Dies ist die Newton'sche Bewegungsgleichung eines kräftefreien Körpers in einem Inertialsystem. Die Lösungen zu dieser Differenzialgleichung führen genau auf die Bahnkurven (2.2). Diese und nur diese können in einem Inertialsystem bei der Bewegung eines kräftefreien Körpers beobachtet werden.

Wir können wiederum nach den Transformationen fragen, die diese Gleichung in sich überführen und Abstände invariant lassen. Wir werden die Galileigruppe (2.10) als Antwort finden. Dabei ist die Gleichung (2.11) nicht streng invariant, wir erhalten aus (2.11)

$$A\ddot{x} = 0\,. \tag{2.12}$$

Dies hat aber, da A ein Inverses besitzt, (2.11) zur Folge. Wir sagen, die Gleichung (2.11) ist kovariant unter Drehungen, sie transformiert sich wie ein Vektor.

Die Eigenschaft, kovariant unter Galileitransformationen zu sein, kann man auch zum Prinzip erheben. Dies führt zum Galilei'schen Prinzip:

Naturgesetze ändern sich nicht, wenn sie in einem anderen Bezugssystem formuliert werden, das sich nur durch eine Galileitransformation vom ursprünglichen unterscheidet. Es gibt also unter den Inertialsystemen kein ausgezeichnetes System.

Die Newton'sche Bewegungsgleichung eines kräftefreien Körpers genügt diesem Prinzip.

Das Besondere an diesem Prinzip ist, dass es für alle fundamentalen Naturgesetze gelten sollte, also gleichsam einen universellen Anspruch erhebt. Heute wissen wir, dass dies nur begrenzt richtig ist und dass wir in der relativistischen Mechanik die Galileitransformationen durch Lorentztransformationen zu ersetzen haben. Das Prinzip, das wir weiterhin Galilei'sches Prinzip nennen wollen, bleibt aber erhalten, nur die Transformationsgruppe ändert sich.

3 Scheinkräfte, Corioliskraft und Zentrifugalkraft

Wir untersuchen nun, wie sich die Gleichung (2.11) ändert, wenn wir sie von einem Nichtinertialsystem aus betrachten. Als Beispiele wählen wir ein geradlinig konstant beschleunigtes und ein mit konstanter Winkelgeschwindigkeit rotierendes System.

Wir führen ein neues Koordinatensystem

$$x' = x + bt^2 \tag{3.1}$$

ein, wobei x die Koordinaten im Inertialsystem sein sollten. Der kräftefreie Körper bewegt sich nun in diesem Koordinatensystem beschleunigt, wie man durch Einsetzen von (2.2) in (3.1) sieht:

$$x'(t) = x_0 + v_0 t + bt^2\,. \tag{3.2}$$

Aus (3.1) folgt

$$\ddot{\boldsymbol{x}}' = 2\boldsymbol{b}\,. \tag{3.3}$$

Diese Gleichungen beschreiben die Bewegung im beschleunigten Bezugssystem. Wir sagen, auf den Körper wirkt in diesem System die Scheinkraft $2m\boldsymbol{b}$, wenn m die Masse des Körpers ist. Auf die Bedeutung der Masse werden wir im nächsten Kapitel zu sprechen kommen. Diese Scheinkraft verhindert, dass die Bewegung geradlinig gleichförmig verläuft.

Die Bahnkurven (3.2) sind die allgemeinen Lösungen von (3.3), sie hängen von den sechs freien Parametern $\boldsymbol{x}_0$ und $\boldsymbol{v}_0$ ab, die durch Anfangslage und Anfangsgeschwindigkeit festgelegt werden können. Für jeden Wert von $\boldsymbol{x}_0$ und $\boldsymbol{v}_0$ gibt es eine Lösung, während der Parameter b durch die Beschleunigung des Bezugsystems festgelegt ist.

Nun betrachten wir ein um die z-Achse rotierendes Koordinatensystem:

$$\begin{aligned}
\hat{x} &= +x\cos\omega t + y\sin\omega t \\
\hat{y} &= -x\sin\omega t + y\cos\omega t \\
\hat{z} &= z\,.
\end{aligned} \tag{3.4}$$

Wir haben die Koordinaten diesmal mit x, y, z bezeichnet. Der Winkel, um den das bewegte Koordinatensystem gegenüber dem Inertialsystem verdreht wird, ist zu jedem Zeitpunkt t gleich ωt. Die Ableitung dieses Winkels nach der Zeit nennen wir Winkelgeschwindigkeit. Die Drehung erfolgt demnach mit einer konstanten Winkelgeschwindigkeit ω.

Wir berechnen

$$\begin{aligned}
\dot{\hat{x}} &= +\dot{x}\cos\omega t + \dot{y}\sin\omega t + \omega(-x\sin\omega t + y\cos\omega t) \\
\dot{\hat{y}} &= -\dot{x}\sin\omega t + \dot{y}\cos\omega t + \omega(-x\cos\omega t - y\sin\omega t) \\
\dot{\hat{z}} &= \dot{z}
\end{aligned} \tag{3.5}$$

und weiter

$$\begin{aligned}
\ddot{\hat{x}} &= +\ddot{x}\cos\omega t + \ddot{y}\sin\omega t + 2\omega(-\dot{x}\sin\omega t + \dot{y}\cos\omega t) + \omega^2(-x\cos\omega t - y\sin\omega t) \\
\ddot{\hat{y}} &= -\ddot{x}\sin\omega t + \ddot{y}\cos\omega t + 2\omega(-\dot{x}\cos\omega t - \dot{y}\sin\omega t) + \omega^2(+x\sin\omega t - y\cos\omega t) \\
\ddot{\hat{z}} &= \ddot{z}\,.
\end{aligned} \tag{3.6}$$

Wir wollen die rechte Seite von (3.6) durch die Koordinaten im bewegten Bezugsystem $\hat{x}$ und $\hat{y}$ ausdrücken. Die x, y sowie die $\dot{x}, \dot{y}$ Terme in (3.6) können mithilfe von (3.4) und (3.5) durch $\hat{x}, \hat{y}$ und $\dot{\hat{x}}, \dot{\hat{y}}$ ausgedrückt werden.

Wir erhalten

$$\begin{aligned}
\ddot{\hat{x}} &= \ddot{\hat{x}} + 2\omega(+\dot{\hat{y}} + \omega\hat{x}) - \omega^2\hat{x} = \ddot{\hat{x}} + 2\omega\dot{\hat{y}} + \omega^2\hat{x} \\
\ddot{\hat{y}} &= \ddot{\hat{y}} + 2\omega(-\dot{\hat{x}} + \omega\hat{y}) - \omega^2\hat{y} = \ddot{\hat{y}} - 2\omega\dot{\hat{x}} + \omega^2\hat{y} \\
\ddot{\hat{z}} &= \ddot{\hat{z}}\,.
\end{aligned} \tag{3.7}$$

Genügt $\boldsymbol{x}$ der Gleichung (2.11), so treten für die Bewegungsgleichung im rotierenden Bezugsystem wieder Scheinkräfte auf; den Term proportional zu

ω^2 mit m multipliziert nennt man Zentrifugalkraft, den Anteil proportional zu ω mit m multipliziert Corioliskraft (Gustave-Gaspard Coriolis, Frankreich, 1792-1843).

Gleichung (3.7) gilt für eine Drehung um die z-Achse.

Wir ordnen dieser Drehung einen Vektor der Winkelgeschwindigkeit zu:

$$\boldsymbol{\Omega} = (0,0,\omega)\,. \tag{3.8}$$

Um die (3.7) entsprechende Gleichung für eine beliebige Drehachse zu erhalten, kann man wie folgt vorgehen. Da alle Ausdrücke in (3.7) Komponenten von Vektoren sind, kann man die Gleichung (3.7) als Vektorgleichung schreiben und sie für den Fall $\boldsymbol{\Omega} = (0,0,\omega)$ mit (3.7) identifizieren.

Wir schreiben die Vektorgleichung

$$\ddot{\hat{\boldsymbol{x}}} = \ddot{\boldsymbol{x}} + 2[\dot{\hat{\boldsymbol{x}}} \times \boldsymbol{\Omega}] + \left[\boldsymbol{\Omega} \times [\hat{\boldsymbol{x}} \times \boldsymbol{\Omega}]\right]\,. \tag{3.9}$$

Wir erinnern uns, dass wir die Komponenten von $\hat{\boldsymbol{x}}$ mit $(\hat{x}, \hat{y}, \hat{z})$ bezeichnet haben, vergleichen (3.9) mit (3.7) und sehen, dass diese beiden Gleichungen für $\boldsymbol{\Omega} = (0,0,\omega)$ übereinstimmen. Damit haben wir mit (3.9) die Bewegungsgleichung eines Körpers in einem gegenüber einem Inertialsystem mit konstanter Winkelgeschwindigkeit $\boldsymbol{\Omega}$ rotierenden Bezugssystem gefunden.

Wir bezeichnen

$$2m[\dot{\hat{\boldsymbol{x}}} \times \boldsymbol{\Omega}] \quad \text{als Coivioliskraft und}$$
$$m\left[\boldsymbol{\Omega} \times [\boldsymbol{x} \times \boldsymbol{\Omega}]\right] \quad \text{als Zentrifugalkraft.} \tag{3.10}$$

Dies sind Scheinkräfte. Ihnen ist mit (3.1) gemeinsam, dass sie im Unendlichen nicht verschwinden. Dies ist für Scheinkräfte charakteristisch. Kräfte, die tatsächlich zwischen Körpern wirken, nehmen erfahrungsgemäß mit zunehmender Entfernung ab.

Finden wir einen Bewegungsablauf, der den Lösungen von (3.9) entspricht, so wissen wir, dass wir durch die inverse Transformation von (3.4) mit entsprechender Drehachse in ein Inertialsystem transformieren können.

4 Zweites Newton'sches Gesetz

Das zweite Newton'sche Gesetz macht eine Aussage über die Änderung der Bewegung eines Körpers in einem Inertialsystem, wenn eine Kraft auf diesen Körper wirkt. Es besagt, dass diese Änderung – die Beschleunigung des Teilchens – der einwirkenden Kraft proportional ist und in Richtung der einwirkenden Kraft erfolgt.

Die entsprechende Bewegungsgleichung lautet

$$m\ddot{\boldsymbol{x}} = \boldsymbol{K}\,. \tag{4.1}$$

Die Proportionalitätskonstante m, die Masse, ist eine dem Körper eigene Größe; sie soll wiederum wie die Zeit zunächst weder vom Bewegungszustand des Körpers oder des Beobachters noch vom jeweiligen physikalischen System, in dem sich der Körper befindet, abhängen.

Die Gleichung (4.1) hat dieselbe Struktur wie die Bewegungsgleichung eines kräftefreien Körpers in einem beschleunigten Koordinatensystem, gilt jetzt jedoch in einem Inertialsystem.

Die Kraft K kann eine Funktion der Koordinaten des Körpers x, seiner Geschwindigkeit $\dot{x}$, der Zeit sowie anderer durch das jeweilige physikalische System bestimmter Parameter sein. Die Kraft sollte jedoch nicht von $\ddot{x}$ oder höheren Zeitableitungen abhängen, die Gleichung (4.1) ist demnach eine gewöhnliche Differenzialgleichung zweiter Ordnung in der Zeit.

Das zweite Newton'sche Gesetz behauptet, dass alle Bewegungsvorgänge von Massenpunkten, die wir in der Natur beobachten, solchen Bewegungsgleichungen genügen sollten. Einen Teil der Entwicklung der Physik kann man als Kriminalgeschichte lesen, in der es darum geht, für beobachtete Bewegungsabläufe die entsprechenden Kräfte, bzw. das geeignete Koordinatensystem zu finden.

Heute wissen wir, dass die Newton'schen Vorstellungen, soweit sie die spezielle Form der Gleichungen (4.1) betreffen, bei sehr großen Geschwindigkeiten (nahe der Lichtgeschwindigkeit) sowie bei sehr kleinen Abständen (atomare Größenordnung) ihre Grenzen finden. Bei großen Geschwindigkeiten müssen wir zur relativistischen Mechanik, bei kleinen Abständen zur Quantenmechanik übergehen. Es bleibt jedoch dabei, dass die Masse als körpereigener Parameter in die modifizierten Bewegungsgleichungen eingeht, ohne dass wir bis heute ein tieferes Verständnis dieses Parameters erreicht hätten. Erstaunlich ist der große Gültigkeitsbereich der Newton'schen Mechanik.

Uns geht es nun in der Mechanik darum, bei vorgegebenen Kräften den Bewegungsablauf zu bestimmen, das heißt, die Bewegungsgleichungen (4.1) zu lösen, sie zu integrieren.

5 Eindimensionale Modelle

Wir beginnen mit einfachen Beispielen und wenden uns zunächst eindimensionalen Modellen zu. Es handelt sich dann um Differenzialgleichungen zweiter Ordnung in der Zeit, die allgemeine Lösung wird von zwei Integrationskonstanten x_0, v_0 abhängen. Diese können etwa durch Anfangsbedingungen wie Lage und Geschwindigkeit zur Zeit Null festgelegt werden.

1) Kräftefreier Massenpunkt

Bewegungsgleichung:
$$m\ddot{x} = 0 \tag{5.1}$$

Allgemeine Lösung:
$$x(t) = x_0 + v_0 t \qquad (5.2)$$
Anfangsbedingungen:
$$x(0) = x_0, \quad \dot{x}(0) = v_0 \qquad (5.3)$$

Da es sich um eine lineare homogene Differenzialgleichung handelt, ist jede Linearkombination von Lösungen wieder eine Lösung. Die Lösungen können superponiert werden.

2) **Konstante Kraft**

Bewegungsgleichung:
$$m\ddot{x} = k \qquad (5.4)$$
Dabei soll k eine zeitunabhängige Konstante sein.

Allgemeine Lösung:
$$x = x_0 + v_0 t + \frac{1}{2}\frac{k}{m}t^2 \qquad (5.5)$$
Anfangsbedingungen:
$$x(0) = x_0, \quad \dot{x}(0) = v_0 \qquad (5.6)$$

Es handelt sich um eine lineare inhomogene Differenzialgleichung. Die Differenz zweier Lösungen ist Lösung der homogenen Differenzialgleichung. Die allgemeine Lösung setzt sich demnach aus der allgemeinen Lösung der homogenen Differenzialgleichung ($x_0 + v_0 t$) und einer speziellen Lösung der inhomogenen Differenzialgleichung ($\frac{1}{2}\frac{k}{m}t^2$) zusammen.

Die Bewegungsgleichung (5.4) ist eine gute Näherung für die Bewegung eines Körpers im Gravitationsfeld der Erde, solange die Abmessungen des beobachteten Systems klein sind im Vergleich zum Erdradius. Zu beachten ist, dass die Kraft dann ebenfalls proportional zur Masse des Körpers ist:
$$k = mg, \quad g = 981 \, \mathrm{cm\,sec^{-2}}. \qquad (5.7)$$

Da die Gravitationskraft nur lokal, d. h. im Gültigkeitsbereich der Näherung, konstant ist, kann sie nicht durch eine Transformation (3.1) global weg transformiert werden.

Die Gleichung (5.4) beschreibt auch die Bewegung eines elektrisch geladenen Teilchens (Elektron zum Beispiel) in einem konstanten elektrischen Feld:
$$k = QE. \qquad (5.8)$$

Q sei die Ladung des Teilchens und E das elektrische Feld, dessen Richtung die x-Richtung sei.

Setzen wir realistische Werte für die Ladung und Masse des Elektrons ein
$$Q_e = 1,6 \times 10^{-19} \, \mathrm{Coulomb},$$
$$m_e = 9,1 \times 10^{-28} \, \mathrm{g}$$

und nehmen wir an, dass die Feldstärke 1 Volt pro cm beträgt

$$E = 1\frac{\mathrm{V}}{\mathrm{cm}},$$

dann können wir fragen, wie schnell das Elektron nach Durchlaufen einer Wegstrecke von einem cm bei verschwindender Anfangsgeschwindigkeit ist. Die Antwort, die sich aus (5.5) ergibt, ist, dass diese Strecke nach 34×10^{-9} sec (Nanosec) durchlaufen wird und die Geschwindigkeit dann $593 \frac{\mathrm{km}}{\mathrm{sec}}$ beträgt.

3) Harmonischer Oszillator

Bewegungsgleichung:

$$m\ddot{x} = -kx \tag{5.9}$$

Die rücktreibende Kraft ist zur Auslenkung proportional und dieser entgegengerichtet. k sei hier die Proportionalitätskonstante.

Allgemeine Lösung von (5.9):

$$\begin{aligned} x(t) &= A\cos\omega t + B\sin\omega t, \qquad \omega = +\sqrt{\frac{k}{m}} \\ &= C\cos(\omega t + \varphi) \\ &= a\mathrm{e}^{\mathrm{i}\omega t} + a^*\mathrm{e}^{-\mathrm{i}\omega t} \end{aligned} \tag{5.10}$$

Die reellen Konstanten A, B, C sowie der Betrag der komplex konjugierten Größen a, a^* heißen Amplituden, φ heißt Phase. Bei (5.10) handelt es sich um eine periodische Bewegung; eine Schwingung mit der Periode $\tau = \frac{2\pi}{\omega}$, ω nennt man die (Kreis-)Frequenz der Schwingung. Die Gleichung (5.9) nennt man demnach auch Schwingungsgleichung.

Zu beachten ist, dass die Frequenz der Schwingung von der Amplitude unabhängig ist, dies wird bei allgemeineren rücktreibenden Kräften (anharmonischer Oszillator) nicht der Fall sein.

Um die Konstanten in (5.10) miteinander zu vergleichen, verwenden wir

$$\cos(\omega t + \varphi) = \cos\omega t \cos\varphi - \sin\omega t \sin\varphi = \frac{1}{2}\left(\mathrm{e}^{\mathrm{i}(\omega t + \varphi)} + \mathrm{e}^{-\mathrm{i}(\omega t + \varphi)}\right) \tag{5.11}$$

und erhalten

$$\begin{aligned} A &= C\cos\varphi, \quad B = -C\sin\varphi, \\ a &= \frac{1}{2}C\mathrm{e}^{\mathrm{i}\varphi}, \quad a^* = \frac{1}{2}C\mathrm{e}^{-\mathrm{i}\varphi}. \end{aligned} \tag{5.12}$$

Anfangsbedingungen:

$$\begin{aligned} x(0) &= A = C\cos\varphi = a + a^*, \\ \dot{x}(0) &= \omega B = -\omega C\sin\varphi = \mathrm{i}\omega(a - a^*) \end{aligned} \tag{5.13}$$

Die Differenzialgleichung ist linear homogen, die Lösungen können superponiert werden.

Die Gleichung (5.9) ist eine gute Näherung für viele Systeme, in denen der Körper um eine Ruhelage $x = 0$ schwingt, solange die Amplituden klein sind. Dies nennt man auch den Hooke'schen Bereich (Robert Hooke, England, 1635-1703).

Für Kräfte, die eine allgemeine Funktion von x sind, können wir die Lösungen nicht explizit angeben. Eine implizite Lösung solcher Gleichungen werden wir im nächsten Kapitel finden.

Wir wollen noch eine zeitabhängige Kraft untersuchen, und zwar ein

4) periodisches elektrisches Feld:

Bewegungsgleichung:
$$m\ddot{x} = QE \sin \omega t \qquad (5.14)$$

Allgemeine Lösung:
$$x = x_0 + v_0 t - \frac{1}{\omega^2}\frac{QE}{m} \sin \omega t \qquad (5.15)$$

Anfangsbedingungen:
$$x(0) = x_0, \quad \dot{x}(0) = v_0 - \frac{1}{\omega}\frac{QE}{m} \qquad (5.16)$$

Zu beachten ist, dass die Anfangsgeschwindigkeit $\dot{x}(0)$ nicht gleich v_0 ist.

Nehmen wir an, dass die Anfangsgeschwindigkeit zur Zeit $t = 0$ Null war, so ergibt sich aus (5.16)

$$
\begin{aligned}
x &= x_0 + \frac{QE}{\omega^2 m}(\omega t - \sin \omega t)\,, \\
\dot{x} &= \phantom{x_0 + {}}\frac{QE}{\omega m}(1 - \cos \omega t)\,.
\end{aligned}
\qquad (5.17)
$$

Die Geschwindigkeit ist, falls QE positiv ist, immer positiv, die Bahnkurve ist eine Überlagerung einer geradlinigen Bewegung mit Geschwindigkeit $\frac{QE}{\omega m}$ und einer periodischen Schwingung.

Die Differenzialgleichung (5.14) ist linear inhomogen. Die allgemeine Lösung setzt sich aus der allgemeinen Lösung der homogenen Gleichung und einer speziellen Lösung der inhomogenen Gleichung zusammen.

Am Ende wollen wir noch eine geschwindigkeitsabhängige Kraft, und zwar die Bewegung einer Ladung in einem konstanten magnetischen Feld, betrachten. Wir kehren jetzt zu einem dreidimensionalen Problem zurück.

5) Lorentzkraft (Hendrik Antoon Lorentz, Niederlande, 1853-1928)

Dies ist die Kraft, die auf ein elektrisch geladenes Teilchen in einem Magnetfeld wirkt.

Bewegungsgleichung:
$$m\ddot{\boldsymbol{x}} = \frac{1}{c}Q[\dot{\boldsymbol{x}} \times \boldsymbol{B}] \qquad (5.18)$$

Q ist die Ladung des Teilchens, c die Lichtgeschwindigkeit und $\boldsymbol{B}$ der konstante Vektor des magnetischen Feldes. Die Lorentzkraft steht senkrecht auf der Geschwindigkeit des Teilchens. Daraus folgt

$$\ddot{\boldsymbol{x}} \cdot \dot{\boldsymbol{x}} = 0 \quad \text{oder} \quad \frac{\mathrm{d}}{\mathrm{d}t}\dot{\boldsymbol{x}}^2 = 0 \,. \tag{5.19}$$

Der Betrag der Geschwindigkeit ist konstant.

Legen wir nun das magnetische Feld in die 3-Richtung ($B^3 = B, B^1 = B^2 = 0$), dann erhalten wir aus (5.18) komponentenweise

$$\begin{aligned}
\dot{v}^1 &= +\frac{QB}{mc}v^2 \\
\dot{v}^2 &= -\frac{QB}{mc}v^1 \\
\dot{v}^3 &= 0,
\end{aligned} \tag{5.20}$$

wobei $v^i = \dot{x}^i$ die Geschwindigkeit des Teilchens ist.

Wenn wir die beiden ersten Gleichungen nochmals nach der Zeit ableiten, erhalten wir

$$\begin{aligned}
\ddot{v}^1 &= -\left(\frac{QB}{mc}\right)^2 v^1 \\
\ddot{v}^2 &= -\left(\frac{QB}{mc}\right)^2 v^2 \,.
\end{aligned} \tag{5.21}$$

Die Geschwindigkeiten genügen also einer Schwingungsgleichung, die wir wie (5.9) integrieren können:

$$v^1 = v_0 \sin(\omega t + \varphi)\,, \quad \omega = \frac{QB}{mc}\,. \tag{5.22}$$

Die Frequenz $\omega = \frac{QB}{mc}$ nennt man Zyklotronfrequenz. v^2 ergibt sich dann aus (5.20)

$$v^2 = \frac{mc}{QB}\dot{v}^1 = v_0 \cos(\omega t + \varphi)\,. \tag{5.23}$$

Wir integrieren noch einmal und erhalten

$$\begin{aligned}
x^1 &= x_0^1 - \frac{v_0}{\omega}\cos(\omega t + \varphi) \\
x^2 &= x_0^2 + \frac{v_0}{\omega}\sin(\omega t + \varphi) \\
x^3 &= x_0^3 + v_0^3 t \,.
\end{aligned} \tag{5.24}$$

Die Lösung hängt von den sechs Integrationskonstanten $(x_0^i, v_0^3, v_0, \varphi)$ ab. Dies stellt in der 1-2-Ebene eine Kreisbahn dar:

$$(x^1 - x_0^1)^2 + (x^2 - x_0^2)^2 = \frac{v_0^2}{\omega^2} = \rho^2 \tag{5.25}$$

Den Radius ρ nennt man Zyklotronradius.

Bewegt sich ein Teilchen mit bekannter Ladung Q in einem konstanten magnetischen Feld mit bekannter Feldstärke B, so kann der Impuls des Teilchens (mv_0) durch die Messung des Zyklotronradius bestimmt werden:

$$mv_0 = \frac{1}{c}QB\rho \tag{5.26}$$

Die Differenzialgleichung (5.18) ist linear homogen, Lösungen können überlagert werden.

Erhaltungssätze und Stoßprozesse

6 Energie, Impuls und Drehimpuls

Es ist leicht einzusehen, dass Aussagen über ein System viel konkreter werden, je genauer man dieses System kennt. Im vorhergehenden Kapitel haben wir für ganz spezielle Kräfte explizite Lösungen der Bewegungsgleichungen gefunden. Jetzt werden wir sehen, dass es für eine große Klasse von Kräften möglich ist, weitreichende Aussagen über einen Bewegungsablauf zu machen, ohne die explizite Lösung im Allgemeinen angeben zu können.

Wir wenden uns allgemeineren Aussagen über Lösungen der Newton'schen Bewegungsgleichung (4.1) zu. Dabei werden wir uns auf Kräfte beschränken, die nur von den Koordinaten $\boldsymbol{x}$ und der Zeit t abhängen, und die von einem Potenzial $U(\boldsymbol{x}, t)$ hergeleitet werden können:

$$K^i = -\frac{\partial}{\partial x^i} U(\boldsymbol{x}, t) \equiv -\partial^i U(\boldsymbol{x}, t) \equiv -\nabla^i U(\boldsymbol{x}, t). \qquad (6.1)$$

Wir haben hier verschiedene allgemein gebräuchliche Bezeichnungen für die partiellen Ableitungen eingeführt. Der Differenzialoperator ∇ wird Nabla genannt, wohl nach einem harfenähnlichen antiken Musikinstrument. Was die Existenz eines Potenzials für die Kräfte bedeutet, werden wir am Ende dieses Kapitels kurz erläutern.

Zunächst wollen wir uns überzeugen, dass viele interessante Systeme mit einem Potenzial beschrieben werden können.

Kräftefreies Teilchen:

$$U = \text{const.}, \quad K^l = 0 \qquad (6.2)$$

Konstante Kraft:

$$U = -\sum_l x^l b^l, \quad K^l = b^l \qquad (6.3)$$

Harmonischer Oszillator:

$$U = \frac{1}{2}kx^2, \quad K = -kx \tag{6.4}$$

Coulombpotenzial (Charles Augustin de Coulomb, Frankreich, 1736-1806), bzw. Newton'sches Gravitationspotenzial:

$$U = \frac{-\alpha}{r} = -\alpha\left[(x^1)^2 + (x^2)^2 + (x^3)^2\right]^{-\frac{1}{2}}, \quad K^l = -\alpha\frac{x^l}{r^3}. \tag{6.5}$$

In den folgenden zu behandelnden Systemen wollen wir uns nicht nur auf ein Teilchen beschränken, sondern gleich ein N-Teilchensystem betrachten, in dem N beliebig, aber endlich sein sollte. Um die Gleichungen verständlich schreiben zu können, führen wir folgende Notation ein. Die l-te Koordinate des A-ten Teilchens ($1 \leq A \leq N$) bezeichnen wir mit x_A^l, ebenso Geschwindigkeit $\dot{x}_A^l$ und Beschleunigung $\ddot{x}_A^l$; die l-te Komponente der Kraft auf das A-te Teilchen mit K_A^l, die Masse mit m_A. Wenn eine Funktion wie das Potenzial von allen Koordinaten abhängt, schreiben wir die Koordinaten ohne Indizes.

$$U(x_1^1, x_1^2, x_1^3, \ldots x_N^1, x_N^2, x_N^3, t) \equiv U(\boldsymbol{x}, t). \tag{6.6}$$

Des weiteren sollte über doppelt vorkommende Koordinatenindizes summiert werden, ohne dass dies noch durch ein Summenzeichen befohlen wird. Das nennt man die Einsteinkonvention (Albert Einstein, Deutschland/Schweiz/USA, 1879-1955). Diese Konvention hat sich sehr bewährt, sie macht Gleichungen viel übersichtlicher und führt nur selten zu Unklarheiten. Als Beispiel:

$$\sum_{i=1}^{3} x^i x^i \equiv x^i x^i, \quad \sum_{i=1}^{3} x^i \frac{\partial}{\partial x^i} \equiv x^i \partial^i, \quad \text{etc.} \tag{6.7}$$

Die Kraft auf das A-te Teilchen lautet

$$K_A^l = -\partial_A^l U(\boldsymbol{x}, t), \tag{6.8}$$

die Bewegungsgleichung

$$m_A \ddot{x}_A^l(t) = -\partial_A^l U(\boldsymbol{x}, t). \tag{6.9}$$

Energieerhaltung

Hängt das Potenzial nicht von der Zeit ab, dann gibt es eine erhaltene Größe, die wir Energie nennen. Wir leiten jetzt den Ausdruck für die Energie her und erklären dann, was erhalten bedeutet.

Nach Annahme gilt $\frac{\partial}{\partial t}U(\boldsymbol{x}) = 0$, daraus folgern wir

$$
\begin{aligned}
\frac{\mathrm{d}}{\mathrm{d}t}U(\boldsymbol{x}(t)) &= \sum_{A=1}^{N} \frac{\mathrm{d}x_A^l}{\mathrm{d}t} \frac{\partial U}{\partial x_A^l} \\
&= -\sum_{A=1}^{N} m_A \dot{x}_A^l \ddot{x}_A^l = -\frac{\mathrm{d}}{\mathrm{d}t} \frac{1}{2} \sum_{A=1}^{N} m_A \dot{x}_A^l \dot{x}_A^l \, .
\end{aligned}
\tag{6.10}
$$

Das erste Gleichheitszeichen folgt aus der Definition der totalen Zeitableitung, das zweite aus den Bewegungsgleichungen (6.9), das letzte aus der Leibnizregel der Ableitung (Gottfried Wilhelm Leibniz, Deutschland, 1646-1716).

Als Ergebnis erhalten wir

$$
\frac{\mathrm{d}}{\mathrm{d}t}\left\{ \frac{1}{2} \sum_A m_A \boldsymbol{v}_A^2 + U(\boldsymbol{x}) \right\} = 0 \, .
\tag{6.11}
$$

Dies ist der Erhaltungssatz der Energie:

$$
E = \frac{1}{2} \sum_A m_A \boldsymbol{v}_A^2 + U(\boldsymbol{x}) \equiv T + U \, .
\tag{6.12}
$$

Den ersten Teil nennt man kinetische, den zweiten Teil potenzielle Energie.

Erhalten heißt, dass der Wert der Energie während des Bewegungsablaufes zeitlich konstant bleibt. Wir können E zu einem beliebigen Zeitpunkt τ aus den Koordinaten $x_A^l(\tau)$ und den Geschwindigkeiten $\dot{x}_A^l(\tau)$ berechnen, der Wert von E hängt nicht von τ ab. Die Bewegungsgleichungen wurden bei der Herleitung des Erhaltungssatzes verwendet, es ist aber nicht erforderlich, diese explizit zu lösen, um zu einer beliebigen Zeit den Wert der Energie angeben zu können.

Die Annahme $\frac{\partial}{\partial t}U = 0$ kann man auch als infinitesimalen Ausdruck für die Invarianz des Potenzials unter Zeittranslation interpretieren. Invarianz unter zeitlicher Translation führt zur Energieerhaltung.

Die Nützlichkeit eines solchen Wissens um das System wollen wir gleich für ein eindimensionales System demonstrieren. Für die Variable x folgt aus (6.12)

$$
\frac{1}{2}m\dot{x}^2 = E - U(x)
\tag{6.13}
$$

oder

$$
\dot{x} = \sqrt{\frac{2}{m}(E - U(x))} \, .
\tag{6.14}
$$

Die Koordinaten und Geschwindigkeiten müssen reell bleiben, das Teilchen kann demnach nur solche Bereiche von x durchlaufen, in denen gilt

$$
E \geq U(x) \, .
\tag{6.15}
$$

An der Stelle $\tilde{x}$, wo $E = U(\tilde{x})$ ist, verschwindet die Geschwindigkeit, das Teilchen hat also die Möglichkeit „umzukehren" und seine Bahn in entgegengesetzter Richtung zu durchlaufen.

Die Gleichung (6.14) kann integriert werden:

$$dt = \frac{dx}{\sqrt{\frac{2}{m}(E - U(x))}} \tag{6.16}$$

$$t - t_1 = \int_{x_1}^{x} \frac{dx}{\sqrt{\frac{2}{m}(E - U(x))}} \,. \tag{6.17}$$

Im Bereich zwischen zwei Umkehrpunkten ist dies eine implizite Lösung der Bewegungsgleichungen, wir haben t als Funktion von x berechnet.

Erhaltene Größen heißen deshalb auch Integrale der Bewegung.

Impulserhaltung

Nun wollen wir zeigen, dass aus der Translationsinvarianz Impulserhaltung folgt. Das Potenzial sei invariant unter einer Translation, bei der sich alle Koordinaten um einen konstanten Vektor ändern:

$$\begin{aligned} \boldsymbol{x}'_A &= \boldsymbol{x}_A + \boldsymbol{a} \\ U(\boldsymbol{x}', t) &= U(\boldsymbol{x}, t) \,. \end{aligned} \tag{6.18}$$

Betrachten wir nur eine infinitesimale Translation, dann folgt aus (6.18)

$$U(\boldsymbol{x} + \boldsymbol{a}, t) = U(\boldsymbol{x}, t) + a^l \sum_A \partial^l_A U(\boldsymbol{x}, t) = U(\boldsymbol{x}, t) \tag{6.19}$$

oder

$$\sum_A \partial^l_A U(\boldsymbol{x}, t) = -\sum_A K^l_A = 0 \,. \tag{6.20}$$

Wir haben aus der Translationsinvarianz des Potenzials das dritte Newton'sche Gesetz hergeleitet. Die Wirkung der Kräfte auf einen Körper ist stets der Gegenwirkung gleich:

$$\sum_A \boldsymbol{K}_A = 0 \,. \tag{6.21}$$

Daraus folgt nun unmittelbar die Impulserhaltung. Wir verwenden die Bewegungsgleichung und erhalten aus (6.21)

$$0 = \sum_A m_A \ddot{\boldsymbol{x}}_A = \frac{d}{dt} \sum_A m_A \dot{\boldsymbol{x}}_A \,. \tag{6.22}$$

Der Gesamtimpuls

$$\boldsymbol{P} = \sum_A m_A \boldsymbol{v}_A \tag{6.23}$$

ist eine erhaltene Größe:

$$\frac{\mathrm{d}}{\mathrm{d}t}\boldsymbol{P} = 0 \tag{6.24}$$

Der Impuls der einzelnen Teilchen $\boldsymbol{p}_A = m_A \boldsymbol{v}_A$ kann sich dabei durchaus ändern. Impuls wird von einem Körper auf andere Körper übertragen.

Aufgrund von (6.23) liegt es nahe, den Schwerpunkt einzuführen:

$$M\boldsymbol{R} = \sum_{A=1}^{N} m_A \boldsymbol{x}_A \,. \tag{6.25}$$

Wobei M die Gesamtmasse des Systems ist:

$$M = \sum_A m_A \tag{6.26}$$

Aus (6.25) folgt

$$M\ddot{\boldsymbol{R}} = 0 \,. \tag{6.27}$$

Das ist der Schwerpunktsatz. Der Schwerpunkt bewegt sich infolge des dritten Newton'schen Gesetzes, beziehungsweise in Folge der Translationsinvarianz, wie ein kräftefreier Körper, geradlinig gleichförmig $\boldsymbol{R}(t) = \boldsymbol{R}_0 + \boldsymbol{V}t$. Für die Schwerpunktsgeschwindigkeit ergibt sich

$$\dot{\boldsymbol{R}} = \frac{\boldsymbol{P}}{M} \,. \tag{6.28}$$

Es gibt demnach ein Inertialsystem, in dem der Schwerpunkt ruht; dieses nennt man Schwerpunktsystem. Aus (6.28) folgt, dass im Schwerpunktsystem der Gesamtimpuls verschwindet.

Drehimpulserhaltung

Es ist jetzt nahe liegend, zu fragen, was aus der Rotationsinvarianz des Potenzials folgt, und es ist nicht verwunderlich, dass es die Drehimpulserhaltung sein wird.

Rotationsinvariant heißt

$$U(\boldsymbol{x}',t) = U(\boldsymbol{x},t) \,, \tag{6.29}$$

wobei alle Vektoren mit der gleichen Drehmatrix gedreht werden:

$$\boldsymbol{x}'_B = \boldsymbol{A}\boldsymbol{x}_B = (\boldsymbol{1} + a^r \boldsymbol{T}^r)\boldsymbol{x}_B = \boldsymbol{x}_B + [\boldsymbol{a} \times \boldsymbol{x}_B] \,. \tag{6.30}$$

Die Drehmatrizen und ihre infinitesimale Form haben wir in Kap. 1 kennen gelernt – (1.18), (1.22), (1.29) und (1.30). $\boldsymbol{T}^r$ sind antisymmetrische Matrizen. Wir können diese auch durch den ε-Tensor ausdrücken – (1.33).

Es folgt aus (6.29) für die infinitesimalen Drehungen

$$\sum_A a^r T_{ln}^r x_A^n \partial_A^l U(\boldsymbol{x}, t) = -\sum_A a^r T_{ln}^r x_A^n K_A^l = 0 \,. \qquad (6.31)$$

Dabei sind wir wie bei (6.20) vorgegangen.

Wir verwenden die Bewegungsgleichung. Da die Parameter a^r beliebig sind, erhalten wir

$$\sum_A T_{ln}^r x_A^n m_A \ddot{x}_A^l = 0 \,. \qquad (6.32)$$

Da die Matrix T_{ln}^r in l und n antisymmetrisch ist, verschwindet $T_{ln}^r \dot{x}_A^l \dot{x}_A^n$ und es folgt der Erhaltungssatz

$$\frac{\mathrm{d}}{\mathrm{d}t} \sum_A T_{ln}^r x_A^l m_A \dot{x}_A^n = 0 \,. \qquad (6.33)$$

Für die Erzeugenden wählen wir den ε-Tensor und bezeichnen den Drehimpuls eines Teilchens mit

$$\boldsymbol{L}_A = m_A [\boldsymbol{x}_A \times \boldsymbol{v}_A] = [\boldsymbol{x}_A \times \boldsymbol{p}_A] \qquad (6.34)$$

und den Gesamtdrehimpuls mit

$$\boldsymbol{L} = \sum_A \boldsymbol{L}_A = \sum_A [\boldsymbol{x}_A \times \boldsymbol{p}_A] \,. \qquad (6.35)$$

Gleichung (6.33) besagt dann

$$\frac{\mathrm{d}}{\mathrm{d}t} \boldsymbol{L} = 0 \,. \qquad (6.36)$$

Wir haben gezeigt, dass aus der Invarianz unter einer Zeitverschiebung Energieerhaltung, unter räumlichen Translationen Impulserhaltung und unter Drehungen Drehimpulserhaltung folgt. Die Invarianz eines Systems unter speziellen Symmetrietransformationen hat demnach weitreichende Konsequenzen für das System – nämlich Erhaltungssätze.

Wenn das Potenzial translationsinvariant ist, dann ist es auch invariant unter den eigentlichen Galileitransformationen. Wir erwarten keine weitere Information von der Galileiinvarianz.

Fordern wir für die entsprechenden Ausdrücke für Energie (6.12), Impuls (6.23) und Drehimpuls (6.34) einen Erhaltungssatz, dann können wir aus dieser Forderung über die Bewegungsgleichungen die entsprechenden Invarianzen des Potenzials herleiten.

Schließlich wollen wir noch das Transformationsverhalten der einzelnen erhaltenen Größen unter eigentlichen Galileitransformationen (2.8) untersuchen.

Kinetische Energie:

$$T' = \frac{1}{2} \sum_A m_A v_A'^2 = \frac{1}{2} \sum_A m_A (v_A^2 + 2\boldsymbol{V}\boldsymbol{v}_A + \boldsymbol{V}^2)$$
$$= T + \boldsymbol{V}\boldsymbol{P} + \frac{1}{2} M \boldsymbol{V}^2 \tag{6.37}$$

War das ursprüngliche System ein Schwerpunktsystem, in dem $\boldsymbol{P} = 0$ gilt, dann finden wir

$$T' = T_S + \frac{1}{2} M \boldsymbol{V}^2 \, . \tag{6.38}$$

Die kinetische Energie im Nichtschwerpunktsystem ist gleich der kinetischen Energie im Schwerpunktsystem plus der kinetischen Energie eines fiktiven Teilchens mit der Gesamtmasse des Systems und dessen Schwerpunktsgeschwindigkeit.

Impuls:

$$\boldsymbol{P}' = \boldsymbol{P} + \sum_A m_A \boldsymbol{V} = \boldsymbol{P} + M \boldsymbol{V} \tag{6.39}$$

Der Impuls im transformierten System ist gleich dem Impuls im ursprünglichen System plus dem Impuls eines fiktiven Teilchens mit Gesamtmasse M und Geschwindigkeit V.

Drehimpuls: Hier sind sowohl Translationen (1.4) als auch die eigentlichen Galileitransformationen interessant.
Translationen:

$$\boldsymbol{L}' = \boldsymbol{L} + [\boldsymbol{a} \times \sum_A \boldsymbol{p}_A] = \boldsymbol{L} + [\boldsymbol{a} \times \boldsymbol{P}] \tag{6.40}$$

Der Drehimpuls im transformierten System ist gleich dem Drehimpuls des ursprünglichen Systems plus dem Drehimpuls eines fiktiven Teilchens mit Ortskoordinaten $\boldsymbol{a}$ und Gesamtimpuls P.
Galilei:

$$\boldsymbol{L}' = \sum_A [(\boldsymbol{x}_A + \boldsymbol{V}t) \times (\boldsymbol{p}_A + m_A \boldsymbol{V})] = \boldsymbol{L} + t[\boldsymbol{V} \times \boldsymbol{P}] + M[\boldsymbol{R} \times \boldsymbol{V}] \tag{6.41}$$

Ist das ursprüngliche System ein Schwerpunktsystem $\boldsymbol{P} = 0$, dann ist der Drehimpuls im Nichtschwerpunktsystem gleich dem Drehimpuls im Schwerpunktsystem plus dem Drehimpuls eines fiktiven Teilchens mit Gesamtmasse M und Schwerpunktsgeschwindigkeit V.

Am Ende noch eine kurze Bemerkung über Kräfte, die sich aus einem Potenzial herleiten lassen:

$$\boldsymbol{K} = -\boldsymbol{\nabla} U \equiv -\operatorname{grad} U \, . \tag{6.42}$$

Wir haben den Teilchenindex A hier unterdrückt.

Bilden wir rot $\boldsymbol{K}$, so folgt

$$\mathrm{rot}\,\boldsymbol{K} \equiv [\boldsymbol{\nabla} \times \boldsymbol{K}] = -[\boldsymbol{\nabla} \times \boldsymbol{\nabla}]\,U = 0\,. \tag{6.43}$$

Verwenden wir nun den Stokes'schen Integralsatz (George Gabriel Stokes, Irland/England, 1819-1903), so erhalten wir

$$\oint \boldsymbol{K}\,\mathrm{d}\boldsymbol{s} = \int_F \mathrm{rot}\,\boldsymbol{K}\,\mathrm{d}\boldsymbol{F} = 0\,. \tag{6.44}$$

Das Wegintegral über die Kraft von einem Punkt $\boldsymbol{x}^{\mathrm{I}}$ zu einem anderen Punkt $\boldsymbol{x}^{\mathrm{II}}$ ist vom Weg unabhängig und gleich der Potenzialdifferenz:

$$U(\boldsymbol{x}^{\mathrm{II}}) - U(\boldsymbol{x}^{\mathrm{I}}) = -\int\limits_{\boldsymbol{x}^{\mathrm{I}}}^{\boldsymbol{x}^{\mathrm{II}}} \boldsymbol{K}\,\mathrm{d}\boldsymbol{s}\,. \tag{6.45}$$

Das Vorzeichen der Potenzialdifferenz ergibt sich aus (6.1) und ist so gewählt, dass wir längs des Weges gegen die Kraft Arbeit leisten.

7 Zerfall von Teilchen

Der Zerfall von Teilchen ist in der Atom-, Kern- und Elementarteilchenphysik eine wichtige Quelle physikalischer Information.

1) Zerfall in zwei Teilchen

Wir beobachten, dass ein Teilchen A in zwei andere Teilchen B, C zerfällt

$$\mathrm{A} \longrightarrow \mathrm{B} + \mathrm{C}\,, \tag{7.1}$$

ohne dass wir die Gesetzmäßigkeiten, die diesem Zerfall zu Grunde liegen, kennen. Diese möchten wir kennen lernen und setzen zunächst nur voraus, dass sie invariant unter Zeit- und Raumtranslationen sind; es sollte also Energie- und Impulserhaltung gelten.

Wir befassen uns hier mit der Zerfallskinematik, die aus den erwähnten Erhaltungssätzen folgt. Davon ausgehend kann dann nach weitergehenden Eigenschaften der Zerfallsdynamik gefragt werden, also nach Eigenschaften der zugrunde liegenden Kräfte.

Impulserhaltung:

$$\boldsymbol{p}_{\mathrm{A}} = \boldsymbol{p}_{\mathrm{B}} + \boldsymbol{p}_{\mathrm{C}} = m_{\mathrm{B}}\boldsymbol{v}_{\mathrm{B}} + m_{\mathrm{C}}\boldsymbol{v}_{\mathrm{C}} \tag{7.2}$$

Energieerhaltung: Wir nehmen an, dass das zerfallende Teilchen einen gewissen Energiebetrag E für die Zerfallsprodukte B, C bereitstellt, und dass die Teilchen B, C sich nach dem Zerfall kräftefrei bewegen:

$$E = E_{\mathrm{B}} + E_{\mathrm{C}} = T_{\mathrm{B}} + T_{\mathrm{C}} = \frac{1}{2}m_{\mathrm{B}}\boldsymbol{v}_{\mathrm{B}}^2 + \frac{1}{2}m_{\mathrm{C}}\boldsymbol{v}_{\mathrm{C}}^2\,. \tag{7.3}$$

Wir schreiben die kinetische Energie als Funktion des Impulses

$$T = \frac{1}{2}mv^2 = \frac{1}{2m}p^2 \tag{7.4}$$

und erhalten aus (7.3)

$$E = \frac{1}{2m_B}p_B^2 + \frac{1}{2m_C}p_C^2 \,. \tag{7.5}$$

Es liegt nahe, den Zerfall im Schwerpunktsystem, in dem System, in dem das zerfallende Teilchen ruht, zu untersuchen:

$$p_A = p_B + p_C = 0 \,. \tag{7.6}$$

Der Betrag des Impulses des B-Teilchens ist gleich dem Betrag des Impulses des C-Teilchens, die Richtung ist entgegengesetzt:

$$p_C = -p_B \,. \tag{7.7}$$

Aus (7.5) folgt:
$$E = \frac{1}{2}\left(\frac{1}{m_B} + \frac{1}{m_C}\right)p_B^2 = \frac{1}{2\mu}p_B^2 \,. \tag{7.8}$$

Hier haben wir die reduzierte Masse μ eingeführt:

$$\mu = \frac{m_B m_C}{m_B + m_C} \,. \tag{7.9}$$

Wir erhalten

$$p_B^2 = p_C^2 = 2\mu E \,, \quad E_B = \frac{\mu}{m_B}E \,, \quad E_C = \frac{\mu}{m_C}E \,. \tag{7.10}$$

Damit ist der Betrag des Impulses des B- sowie des C-Teilchens durch die zur Verfügung stehende Energie E festgelegt. Dies und Gleichung (7.7) ist alles, was wir aus Energie und Impulserhaltung für den Zerfall vorhersagen können. Aber schon daraus kann man einige physikalisch interessante Folgerungen ziehen:

Die Richtung von p_B bleibt unbestimmt. Da immer $\mu \leq m_B, \mu \leq m_C$ gilt, kann kein Teilchen die Gesamtenergie davontragen. Je schwerer das Teilchen C, um so mehr nähert sich die Energie des Teilchens B der gesamt zur Verfügung stehenden Energie, im Grenzfall $m_C \to \infty$ wird $E_B = E$. Diese Überlegungen spielen für die Kinematik beim Mößbauereffekt eine wichtige Rolle (Rudolf Mößbauer, Deutschland, *1929).

Sehr oft sind wir mit der Situation konfrontiert, dass N Teilchen pro Zeiteinheit zerfallen. Wir werden zunächst annehmen, dass die Wahrscheinlichkeit, dass ein Teilchen im Schwerpunktsystem in eine bestimmte Richtung zerfällt, nicht von dieser Richtung abhängt. Der Zerfall in jede Richtung ist gleich wahrscheinlich, die zerfallenden Teilchen bevorzugen keine Richtung (Rotationsinvarianz).

Legen wir um die zerfallenden Teilchen eine Kugel, dann wird die Zahl der Teilchen, die durch ein von den zerfallenen Teilchen weit entferntes Flächenelement der Kugel fliegen und von einem Detektor gemessen werden können proportional zu dieser Fläche sein, wenn nur N groß genug ist. Dieses Flächenelement ist in Kugelkoordinaten

$$\begin{aligned}
x^1 &= r \sin\theta \cos\varphi \\
x^2 &= r \sin\theta \sin\varphi \\
x^3 &= r \cos\theta
\end{aligned} \qquad (7.11)$$

gegeben durch

$$\mathrm{d}F = r^2 \sin\theta\, \mathrm{d}\theta \mathrm{d}\varphi \,. \qquad (7.12)$$

Die Gesamtfläche der Kugel beträgt $4\pi r^2$.

Die Zahl der Teilchen in einem Winkelsegment wird sich nicht mehr mit dem Radius ändern. Damit ist die Zahl der Teilchen unabhängig von r und hängt nur von Raumwinkelelement

$$\mathrm{d}\Omega = \sin\theta\, \mathrm{d}\theta \mathrm{d}\varphi \qquad (7.13)$$

ab. Die Zahl der Teilchen, die in ein solches Raumwinkelelement pro Zeiteinheit zerfallen, ist demnach

$$\mathrm{d}N = \frac{1}{4\pi} N\, \mathrm{d}\Omega \,. \qquad (7.14)$$

Über den gesamten Winkelbereich $(0 \le \varphi < 2\pi, 0 \le \theta < \pi)$ integriert, ergibt dies

$$\int \mathrm{d}N = N \,. \qquad (7.15)$$

Dies ist nach Voraussetzung die Zahl der im Schwerpunktsystem pro Zeiteinheit zerfallenden Teilchen.

Ein Abweichen von der Verteilung (7.14) lässt auf eine bevorzugte Richtung schließen. Dies ist z. B. der Fall, wenn die Teilchen nicht in Ruhe, sondern „im Flug" und daher nicht im Schwerpunktsystem zerfallen. Die Flugrichtung ist eine ausgezeichnete Richtung. Die entsprechenden Geschwindigkeiten erhalten wir durch eine Galileitransformation (2.9):

$$\boldsymbol{v}_\mathrm{L} = \boldsymbol{v}_\mathrm{S} + \boldsymbol{V} \,. \qquad (7.16)$$

$\boldsymbol{v}_\mathrm{S}$ ist die Geschwindigkeit der einzelnen Teilchen im Schwerpunktsystem, $\boldsymbol{V}$ die Geschwindigkeit der Galileitransformation. Sie ist, wie man leicht sieht, gleich der Schwerpunktsgeschwindigkeit im neuen Koordinatensystem. Dieses System wollen wir Laborsystem nennen, da im Labor im Allgemeinen die Teilchen nicht in Ruhe zerfallen. Wir wollen nun die Kinematik des Zerfalls im Laborsystem untersuchen und feststellen, welche Voraussagen allein aus der Kinematik folgen.

Die Addition der Geschwindigkeiten ist in Abb. 7.1 grafisch dargestellt. Wir haben für die Geschwindigkeit im Schwerpunktsystem einen Kreis gezeichnet, da der Betrag der Geschwindigkeit des Zerfallsprodukts im Schwerpunktsystem nicht von der Richtung abhängt. Es ist leicht, aus dieser Zeichnung den Zerfallswinkel im Laborsystem aus dem Winkel im Schwerpunktsystem zu berechnen:

$$\tan \theta_L = \frac{v_S \sin \theta_S}{V + v_S \cos \theta_S} \, . \tag{7.17}$$

V und v_S sind hier die Beträge der Geschwindigkeiten. Diese Beziehung gilt für Teilchen B oder C, wenn wir die entsprechenden Geschwindigkeiten einsetzen. Ist $V > v_S$, dann gibt es einen maximalen Winkel θ_L; dies ist aus der Zeichnung leicht ersichtlich.

Wollen wir nun die Zahl der Teilchen berechnen, die im Laborsystem in einen Winkelbereich $d\Omega_L$ zerfallen, so müssen wir die Formel (7.14) ins Laborsystem übersetzen. Wir lösen (7.17) nach $\cos \theta_S$ auf:

$$\cos \theta_S = -\frac{V}{v_S} \sin^2 \theta_L \pm \cos \theta_L \sqrt{1 - \frac{V^2}{v_S^2} \sin^2 \theta_L} \, . \tag{7.18}$$

Die beiden Vorzeichen entsprechen den beiden Schnittpunkten in Abb. 7.1.

Aus (7.14) folgt

$$
\begin{aligned}
dN &= \frac{1}{4\pi} N d\varphi_S \sin \theta_S \, d\theta_S \\
&= \frac{1}{4\pi} N d\varphi_S |d \cos \theta_S| \\
&= \frac{1}{4\pi} N d\varphi_L \left| \frac{d \cos \theta_S}{d \cos \theta_L} \right| |d \cos \theta_L| \\
&= \frac{1}{4\pi} N \left| \frac{d \cos \theta_S}{d \cos \theta_L} \right| d\Omega_L \, .
\end{aligned}
\tag{7.19}
$$

Wir haben den Betrag geschrieben, da die Zahl der Teilchen positiv ist. Die Ableitung von $\cos \theta_S$ nach $\cos \theta_L$ kann aus (7.18) berechnet werden. Die Zahl

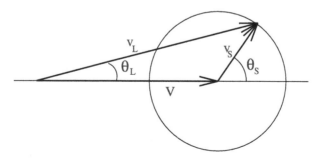

Abb. 7.1 Addition der Geschwindigkeiten

der Teilchen, die in einem Raumwinkel $d\Omega_L$ gemessen werden, hängt nun vom Winkel im Laborsystem ab.

Im Laborsystem gibt es auch eine maximale und eine minimale Geschwindigkeit und damit auch eine maximale und minimale Energie des Zerfallsprodukts B oder C:

$$
\begin{aligned}
T_{L\,min} &= \frac{1}{2}m(v_S - V)^2 \\
T_{L\,max} &= \frac{1}{2}m(v_S + V)^2 .
\end{aligned}
\tag{7.20}
$$

Nun interessieren wir uns noch für die Energieverteilung der Zerfallsprodukte zwischen der minimalen und der maximalen Energie. Masse und Geschwindigkeit bezieht sich auf das jeweilige Teilchen B oder C.

$$
\begin{aligned}
E_L = T_L &= \frac{1}{2}mv_L^2 \\
&= \frac{1}{2}m(v_S^2 + 2v_S V \cos\theta_S + V^2)
\end{aligned}
\tag{7.21}
$$

Für die Energieverteilung in Abhängigkeit von $\cos\theta_S$ erhalten wir aus (6.21)

$$
dE_L = mv_S V |d\cos\theta_S| ,
\tag{7.22}
$$

da $\cos\theta_S$ die einzige zu variierende Größe ist. Wir können also $|d\cos\theta_S|$ durch dE_L ausdrücken. Aus (7.14) folgt dann, wenn wir über den Winkel φ, von dem die Energie nicht abhängt, integrieren:

$$
dN = \frac{1}{2}N\frac{1}{mv_S V}dE_L
\tag{7.23}
$$

Die Energie ist im Laborsystem gleichmäßig verteilt, dN hängt nur vom Energieintervall dE_L im Laborsystem und nicht von der Energie selbst ab.

Integrieren wir (7.23) von der minimalen zur maximalen Energie, so erhalten wir

$$
\int_{T_{min}}^{T_{max}} dN = \frac{1}{2}N\frac{1}{mv_S V}(T_{max} - T_{min}) = N ,
\tag{7.24}
$$

wie es sein sollte.

2) Zerfall in drei Teilchen

$$
A \longrightarrow B + C + D
\tag{7.25}
$$

Wir betrachten diesen Zerfall wieder im Schwerpunktsystem.

Impulserhaltung:

$$
\boldsymbol{p}_B + \boldsymbol{p}_C + \boldsymbol{p}_D = 0
\tag{7.26}
$$

Dies besagt, dass die drei Vektoren in einer Ebene liegen und ein geschlossenes Dreieck bilden. Da wir nur noch die Energieerhaltung berücksichtigen wollen und diese keine Aussage über Richtungen macht, wird die Lage dieses Dreiecks im Raum unbestimmt bleiben.

Energieerhaltung:

$$E = E_B + E_C + E_D \tag{7.27}$$

Die Energie der Zerfallsprodukte ist beschränkt, keine der einzelnen Energien kann größer als die zur Verfügung stehende Energie E werden. Wir wollen den Bereich, auf den sich die Energie der Zerfallsprodukte verteilen kann, berechnen. Einer der Impulse kann aufgrund von (7.26) durch die anderen beiden ausgedrückt werden: wir wählen $\boldsymbol{p}_D$. Damit wird E_D zu

$$E_D = \frac{1}{2m_D}(p_B^2 + p_C^2 + 2p_B p_C \cos\theta). \tag{7.28}$$

Den von $\boldsymbol{p}_B$ und $\boldsymbol{p}_C$ eingeschlossenen Winkel haben wir mit θ bezeichnet. Wir wählen nun E_B und E_C als unabhängige Variable und kombinieren (7.27) und (7.28).

$$\begin{aligned}
p_D^2 = 2m_D E_D &= 2m_D(E - E_B - E_C) \\
&= 2m_B E_B + 2m_C E_C + 4\sqrt{m_B m_C E_B E_C}\cos\theta
\end{aligned} \tag{7.29}$$

Das erste Gleichheitszeichen gilt in Folge von (7.27), das zweite infolge von (7.28). Daraus ergibt sich

$$2\sqrt{m_B m_C E_B E_C}\cos\theta = m_D E - (m_B + m_D)E_B - (m_C + m_D)E_C. \tag{7.30}$$

Die Begrenzung des kinematisch erlaubten Gebietes in der E_B-E_C-Ebene folgt aus $|\cos\theta| \le 1$. Aus (7.30) können wir bei festgehaltenem E_C den maximalen und minimalen Wert von E_B berechnen; diese werden bei $\cos\theta = \pm 1$ angenommen. Den Rand des Gebietes erhalten wir demnach, wenn wir $\cos\theta = \pm 1$ setzen. Mit dieser Bedingung quadrieren wir Gleichung (7.30) und erhalten eine quadratische Gleichung in E_B, E_C, die eine Kurve festlegt. Einfach wird die Berechnung dieser Kurve, wenn wir alle Massen als gleich annehmen. Unter der Voraussetzung $m_B = m_C = m_D$ folgt aus (7.30) für $\cos\theta = \pm 1$

$$E_B^2 + E_C^2 + E_B E_C - (E_B + E_C)E + \frac{1}{4}E^2 = 0. \tag{7.31}$$

Um die so bestimmte Kurve in der E_B und E_C zu erkennen, eliminieren wir den gemischten Term $E_B E_C$ durch eine Rotation und den linearen Term durch eine Translation in der $E_B E_C$-Ebene.

$$\begin{aligned}
x &= \frac{1}{\sqrt{2}}(E_B + E_C) - \frac{\sqrt{2}}{3}E \\
y &= \frac{1}{\sqrt{2}}(E_B - E_C)
\end{aligned} \tag{7.32}$$

Wir erhalten aus (7.31) die Ellipsengleichung

$$\frac{3}{2}x^2 + y^2 - \frac{1}{12}E^2 = 0. \tag{7.33}$$

Die den kinematisch erlaubten Bereich eingrenzende Kurve ist im Falle gleicher Massen eine in der E_B-E_C-Ebene schräg liegende Ellipse. Sie berührt die E_B, E_C Achsen. Die Berührungspunkte liegen, wie aus (7.31) ersichtlich, bei

$$E_B = \frac{1}{2}E, \quad E_C = 0 \quad \text{und} \quad E_B = 0, \quad E_C = \frac{1}{2}E. \qquad (7.34)$$

Falls wir nichts weiteres über den Zerfall wissen, wird jeder Punkt in der Ellipse gleich wahrscheinlich für die Energieverteilung in der E_B-E_C-Ebene sein. Wir erwarten also beim Zerfall von N Teilchen, dass sich die Teilchen gleichmäßig über die Ellipse verteilen. Diese kinematische Darstellung des 3-Teilchenzerfalles nennt man Dalitzplot (Richard Henry Dalitz, Australien/England, 1925-2006). Dies wird in Abb. 7.2 veranschaulicht.

Sehr oft stellt man fest, dass sich die Messpunkte um eine bestimmte Energie eines Teilchens – wir wählen E_B – häufen. Dies ist in Abb. 7.3 zu sehen.

Daraus schließen wir, dass es sich eigentlich um einen Zweiteilchenzerfall handelt, wobei eines der Teilchen sehr schnell in zwei weitere zerfällt. Dabei handelt es sich dann um einen Zerfall, der nicht im Schwerpunktsystem der Teilchen C und D erfolgt.

$$A \longrightarrow B + E$$
$$\hookrightarrow C + D$$

Da E sehr kurzlebig sein kann, spricht man auch von einer Resonanz. Bei einem solchen Zerfall haben die Teilchen B und E eine feste Energie, da es sich zunächst um einen Zweikörperzerfall handelt. Das Teilchen E zerfällt jedoch im Flug und führt in einem Zweiteilchenzerfall zu einer gleichmäßigen Verteilung der Energie für die Teilchen C und D jeweils zwischen einem maximalen

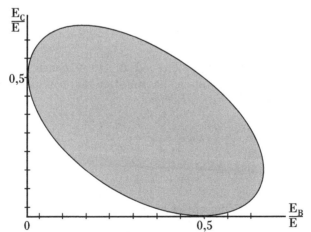

Abb. 7.2 Dalitzplot für einen Zerfall in drei Teilchen

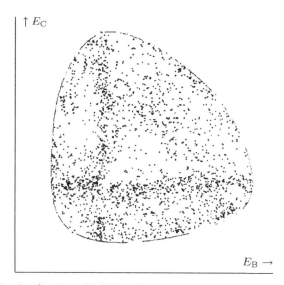

$\uparrow E_{\mathrm{C}}$

$E_{\mathrm{B}} \rightarrow$

Abb. 7.3 Dalitzplot für einen Zerfall in drei Teilchen mit Resonanz bei relativistischer Kinematik

und einem minimalen Wert. Man kann demnach die „Resonanz" der Teilchen C und D mithilfe eines solchen Dalitzplots nachweisen.

Abbildung 7.3 ist eine realistische Darstellung eines Dalitzplots bei relativistischer Kinematik. Hier sind die Endprodukte (Teilchen B, C, D) ein Kaon und zwei Pionen. E entspricht der K*-Resonanz.

8 Elastischer Stoß von zwei Teilchen

Wir wenden wieder Impuls und Energieerhaltung auf ein System an, in dem sich zwei Teilchen mit Masse m_1, m_2 als kräftefreie Teilchen aufeinander zu und nach einem elastischen Stoß mit den gleichen Massen als kräftefreie Teilchen wieder von einander weg bewegen. Wir untersuchen demnach die Kinematik des elastischen Stoßes.

Impulserhaltung:

$$\boldsymbol{p}_1 + \boldsymbol{p}_2 = \boldsymbol{p}_1' + \boldsymbol{p}_2' \tag{8.1}$$

Die ungestrichenen Variablen bezeichnen die Teilchen vor, die gestrichenen die Teilchen nach dem Stoß.

Es ist wieder zweckmäßig, zum Schwerpunktsystem überzugehen:

$$\boldsymbol{p}_1 + \boldsymbol{p}_2 = 0, \quad \boldsymbol{p}_1' + \boldsymbol{p}_2' = 0 \tag{8.2}$$

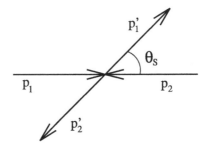

Abb. 8.1 Elastischer Stoß zweier Teilchen

Energieerhaltung:

$$\frac{1}{2m_1}p_1^2 + \frac{1}{2m_2}p_2^2 = \frac{1}{2m_1}p_1'^2 + \frac{1}{2m_2}p_2'^2 \qquad (8.3)$$

Im Schwerpunktsystem folgt daraus

$$p_1 = p_2 = p_1' = p_2' \,. \qquad (8.4)$$

Wir bezeichnen hier mit p_1, p_2, etc. den Betrag des jeweiligen Vektors und sehen, dass jeder Impulsvektor im Schwerpunktsystem den gleichen Betrag hat; $\boldsymbol{p}_1$ und $\boldsymbol{p}_2$, bzw. $\boldsymbol{p}_1'$ und $\boldsymbol{p}_2'$ sind entgegengesetzt gerichtet. Über den Winkel θ_S, unter dem die Teilchen nach dem Stoß auseinander fliegen, können wir nichts aussagen.

Im Schwerpunktsystem ist die Rechnung besonders leicht. Im Laboratorium werden wir meist in einem anderem Bezugssystem arbeiten. Wir nennen es das Laborsystem. In diesem System besitzen die beiden Teilchen die Geschwindigkeit $\boldsymbol{v}_{1L}$ bzw. $\boldsymbol{v}_{2L}$. Die Schwerpunktsgeschwindigkeit ergibt sich daraus zu

$$\boldsymbol{V}_S = \frac{m_1\boldsymbol{v}_{1L} + m_2\boldsymbol{v}_{2L}}{m_1 + m_2} \,. \qquad (8.5)$$

Diese Geschwindigkeit bleibt unverändert. Um die Ergebnisse vom Schwerpunktsystem ins Laborsystem zu übertragen, müssen wir eine Galileitransformation mit der Geschwindigkeit $\boldsymbol{V} = \boldsymbol{V}_S$ durchführen. Für jede der Geschwindigkeiten gilt

$$\boldsymbol{v}_L = \boldsymbol{v}_S + \boldsymbol{V} \,. \qquad (8.6)$$

Es ist nun vorteilhaft, die Ergebnisse durch die Relativgeschwindigkeit auszudrücken. Diese ist als Differenz der Geschwindigkeiten definiert:

$$\boldsymbol{v} = \boldsymbol{v}_{1L} - \boldsymbol{v}_{2L} = \boldsymbol{v}_{1S} - \boldsymbol{v}_{2S} = \frac{1}{\mu}\boldsymbol{p}_S \,. \qquad (8.7)$$

Das zweite Gleichheitszeichen folgt unmittelbar aus (8.6). Die Relativgeschwindigkeit ist demnach unabhängig vom Bezugssystem und kann im

Schwerpunktsystem infolge von (8.2) durch den Schwerpunktsimpuls eines Teilchens vor dem Stoß ausgedrückt werden.

Im Schwerpunktsystem können wir die Gleichungen

$$\boldsymbol{v}_{1S} - \boldsymbol{v}_{2S} = \boldsymbol{v}$$
$$m_1 \boldsymbol{v}_{1S} + m_2 \boldsymbol{v}_{2S} = 0 \tag{8.8}$$

nach $\boldsymbol{v}_{1S}$ und $\boldsymbol{v}_{2S}$ auflösen:

$$\boldsymbol{v}_{1S} = +\frac{m_2 \boldsymbol{v}}{m_1 + m_2}$$
$$\boldsymbol{v}_{2S} = -\frac{m_1 \boldsymbol{v}}{m_1 + m_2}\,. \tag{8.9}$$

Die Relativgeschwindigkeit der beiden Teilchen nach dem Stoß wird den gleichen Betrag wie vor dem Stoß haben; dies folgt aus (8.7) und (8.9). Ihre Richtung ist jedoch nicht festgelegt. Wir schreiben sie mit einem beliebigen Einheitsvektor $\boldsymbol{e}$ wie folgt:

$$\boldsymbol{v}' = v\boldsymbol{e}\,. \tag{8.10}$$

Entsprechend zu (8.9) erhalten wir nun

$$\boldsymbol{v}'_{1S} = +\frac{m_2 v}{m_1 + m_2}\boldsymbol{e}$$
$$\boldsymbol{v}'_{2S} = -\frac{m_1 v}{m_1 + m_2}\boldsymbol{e}\,. \tag{8.11}$$

Im Laborsystem ergibt sich aus (8.6)

$$\boldsymbol{v}'_{1L} = +\frac{m_2}{m_1 + m_2}v\boldsymbol{e} + \boldsymbol{V}$$
$$\boldsymbol{v}'_{2L} = -\frac{m_1}{m_1 + m_2}v\boldsymbol{e} + \boldsymbol{V}\,. \tag{8.12}$$

Die Relativgeschwindigkeit $\boldsymbol{v}$ und ihr Betrag, sowie die Geschwindigkeit $\boldsymbol{V}$ sind aus den Daten vor dem Stoß bekannt. Allein die Richtung des Einheitsvektors $\boldsymbol{e}$ ist aus Impuls und Energieerhaltung nicht vorhersagbar.

Sehr oft haben wir es mit dem Spezialfall zu tun, dass ein Teilchen vor dem Stoß ruht. Wir setzen $\boldsymbol{v}_{2L}$ gleich Null und haben dann

$$\boldsymbol{v}_{2L} = 0\,, \quad \boldsymbol{V} = \frac{m_1}{m_1 + m_2}\boldsymbol{v}_{1L}\,, \quad \boldsymbol{v} = \boldsymbol{v}_{1L}\,. \tag{8.13}$$

Wir setzen dies in (8.12) ein und erhalten die Geschwindigkeiten der Teilchen nach dem Stoß:

$$\boldsymbol{v}'_{1L} = \frac{m_2}{m_1 + m_2}v\boldsymbol{e} + \frac{m_1}{m_1 + m_2}\boldsymbol{v}$$
$$\boldsymbol{v}'_{2L} = \frac{m_1}{m_1 + m_2}(\boldsymbol{v} - v\boldsymbol{e})\,. \tag{8.14}$$

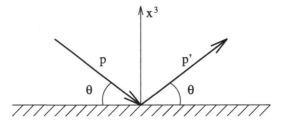

Abb. 8.2 Reflexion an einer unendlich schweren Wand

Wir sehen, dass v'_{2L} maximal sein wird, wenn v und e entgegengesetzt gerichtet sind. Die bei einem solchen Stoß vom Teilchen eins auf das Teilchen zwei übertragene Energie ist dann auch maximal.

$$E'_{2\max} = \frac{m_2}{2}\left(\frac{2m_1}{m_1 + m_2}\right)^2 v^2 = \frac{4m_1 m_2}{(m_1 + m_2)^2} E_1 \qquad (8.15)$$

E_1 ist die Energie des einlaufenden Teilchens vor dem Stoß. Wollen wir nun die Masse des Stoßpartners m_2 so wählen, dass der Energiebetrag als Funktion von m_2 wiederum maximal wird, dann erhalten wir aus (8.15) die Bedingung $m_1 = m_2$. Die gesamte Energie wird in diesem Fall auf den Stoßpartner übertragen, der zunächst in Ruhe war. Will man Neutronen, etwa in einem Reaktor, abbremsen, dann wird man dies mit möglichst gleich schweren Stoßpartnern tun.

In den Grenzfällen, wo eine der Massen sehr groß im Verhältnis zur anderen Masse ist, wird jedoch praktisch keine Energie übertragen. Das Teilchen wird reflektiert.

Es ist auch leicht, aus der Impulserhaltung ein Reflexionsgesetz herzuleiten. Wir stellen uns vor, dass ein Teilchen von einer (unendlich schweren) Wand reflektiert wird. Die Wand liege in der 1-2-Ebene. Das Problem ist also auch im Laborsystem (ruhende Wand) invariant unter Translation in der 1- bzw. 2-Richtung. Der Impuls in diesen Richtungen ist demnach erhalten. Aus der Energieerhaltung folgt $(p'_3)^2 = (p_3)^2$ für die dritte Komponente des Impulses vor und nach der Reflexion. Es gilt

$$p'_1 = p_1, \quad p'_2 = p_2, \quad p'_3 = -p_3, \qquad (8.16)$$

da das Teilchen die Wand nicht durchdringen kann.

Die dritte Komponente des Impulses besitzt zum Zeitpunkt der Reflexion eine Unstetigkeit, ihre Zeitableitung und somit die Kraft ist zu diesem Zeitpunkt singulär. Dies entspricht der Annahme, dass eine unendlich schwere Wand durch einen Potenzialsprung beschrieben werden kann:

$$\begin{aligned} U &= 0 \quad \text{für } x_3 > 0, \\ U &= \infty \quad \text{für } x_3 < 0 \end{aligned} \qquad (8.17)$$

Aus (8.16) folgt das Reflexionsgesetz – das Teilchen fliegt nach der Reflexion in der gleichen, zur 1-2-Ebene senkrechten Ebene wie vor der Reflexion; der Winkel der geradlinig gleichförmigen Bewegung zur 1-2-Ebene ist vor und nach der Reflexion dem Betrag nach gleich.

Bei einer Reflexion an einer unendlich schweren Kugel kann man von der Rotationssymmetrie und der daraus folgenden Drehimpulserhaltung ausgehen um zu zeigen, dass die Tangentialebene am Reflexionspunkt die vorhergehende 1-2-Ebene ersetzt.

Die Stoßkinematik ist, wie wir gesehen haben, reich an Information über das physikalische Verhalten der betrachteten Systeme. Zur Herleitung haben wir nur Energie- und Impulssatz verwendet. Diese folgen wiederum aus der Invarianz unter Zeit-Raumtranslation.

Zweikörperproblem

9 Relativkoordinaten

Wir beginnen mit den Bewegungsgleichungen für zwei Massenpunkte mit Massen m_1, m_2, Koordinaten $\boldsymbol{x}_1$ und $\boldsymbol{x}_2$ und einem Potenzial $U(\boldsymbol{x}_1, \boldsymbol{x}_2, t)$:

$$
\begin{aligned}
m_1 \ddot{\boldsymbol{x}}_1 &= -\boldsymbol{\nabla}_1 U(\boldsymbol{x}_1, \boldsymbol{x}_2, t) \\
m_2 \ddot{\boldsymbol{x}}_2 &= -\boldsymbol{\nabla}_2 U(\boldsymbol{x}_1, \boldsymbol{x}_2, t) \,.
\end{aligned}
\tag{9.1}
$$

Dies sind sechs Differenzialgleichungen zweiter Ordnung, die es zu lösen gilt. Mit einem ganz allgemeinen Potenzial ist dies sicher nicht explizit möglich. Wir haben aber gesehen, dass Symmetrien das System so einschränken, dass es Erhaltungssätze gibt, die uns einer Lösung näher bringen können.

Wir beginnen mit der Translation. Translationsinvarianz bedeutet bei einem Zweikörperproblem, dass das Potenzial nur von der Differenz der beiden Vektoren $\boldsymbol{x}_1 - \boldsymbol{x}_2$ abhängt. Es liegt nahe, Relativkoordinaten und Schwerpunktskoordinaten als unabhängige Variable einzuführen:

$$
\begin{aligned}
\boldsymbol{x} &= \boldsymbol{x}_1 - \boldsymbol{x}_2 \\
\boldsymbol{R} &= \frac{m_1 \boldsymbol{x}_1 + m_2 \boldsymbol{x}_2}{m_1 + m_2} \,.
\end{aligned}
\tag{9.2}
$$

Daraus ergeben sich die ursprünglichen Koordinaten wie folgt:

$$
\begin{aligned}
\boldsymbol{x}_1 &= \boldsymbol{R} + \frac{m_2}{M} \boldsymbol{x} \\
\boldsymbol{x}_2 &= \boldsymbol{R} - \frac{m_1}{M} \boldsymbol{x} \\
M &= m_1 + m_2 \,.
\end{aligned}
\tag{9.3}
$$

Wir wissen, dass aus der Translationsinvarianz Impulserhaltung folgt und dass sich daher der Schwerpunkt geradlinig gleichförmig bewegt:

$$
\boldsymbol{R} = \boldsymbol{R}_0 + \boldsymbol{V} t \,.
\tag{9.4}
$$

Drei der Differenzialgleichungen zweiter Ordnung haben wir damit integriert; es bleiben noch die Differenzialgleichungen für die Relativkoordinaten.

Dividieren wir die Gleichungen (9.1) jeweils durch die entsprechenden Massen und subtrahieren die Gleichungen, dann erhalten wir eine Differenzialgleichung für die Relativkoordinaten:

$$\ddot{\boldsymbol{x}} = \ddot{\boldsymbol{x}}_1 - \ddot{\boldsymbol{x}}_2 = \left(-\frac{1}{m_1}\boldsymbol{\nabla}_1 + \frac{1}{m_2}\boldsymbol{\nabla}_2 \right) U(\boldsymbol{x}_1 - \boldsymbol{x}_2, t) . \qquad (9.5)$$

Für ein Potenzial, das nur von der Differenz zweier Koordinaten abhängt, gilt:

$$\boldsymbol{\nabla}_1 U(\boldsymbol{x}_1 - \boldsymbol{x}_2, t) = -\boldsymbol{\nabla}_2 U(\boldsymbol{x}_1 - \boldsymbol{x}_2, t) . \qquad (9.6)$$

Mit der reduzierten Masse $\mu = \frac{m_1 m_2}{m_1 + m_2}$ und infolge von (9.6) ergibt sich aus (9.5)

$$\mu\ddot{\boldsymbol{x}} = -\boldsymbol{\nabla} U(\boldsymbol{x}, t) . \qquad (9.7)$$

Dies sind die Bewegungsgleichungen in den Relativkoordinaten.

Verlangen wir noch Rotationsinvarianz, dann darf das Potenzial nur vom Betrag von $\boldsymbol{x}$ abhängen:

$$r = \sqrt{(x^1)^2 + (x^2)^2 + (x^3)^2} . \qquad (9.8)$$

Wir sprechen dann von einer Bewegung im Zentralfeld.

Wir zeigen im nächsten Kapitel, dass die Bewegungsgleichungen für die Bewegung im Zentralfeld bei zeitunabhängigem Potenzial implizit gelöst werden können.

10 Bewegung im Zentralfeld

Die Bewegungsgleichung in Relativkoordinaten lautet

$$\mu\ddot{\boldsymbol{x}} = -\boldsymbol{\nabla} U(r) . \qquad (10.1)$$

Da das Potenzial drehinvariant ist, folgt Drehimpulserhaltung:

$$\boldsymbol{L} = \mu[\boldsymbol{x} \times \boldsymbol{v}] , \quad \frac{\mathrm{d}\boldsymbol{L}}{\mathrm{d}t} = 0 . \qquad (10.2)$$

Der Drehimpuls ist ein konstanter Vektor. Aus (10.2) folgt

$$\boldsymbol{x}\cdot\boldsymbol{L} = \boldsymbol{v}\cdot\boldsymbol{L} = 0 . \qquad (10.3)$$

Die Bewegung spielt sich in einer Ebene senkrecht zum Drehimpuls ab. Wir setzen voraus, dass der Drehimpuls nicht verschwindet und legen das Koordinatensystem so, dass seine 3-Achse in Richtung des Drehimpulses liegt:

$$\boldsymbol{L} = (0, 0, L) . \qquad (10.4)$$

In der 1-2-Ebene führen wir Polarkoordinaten ein

$$x^1 = r \cos \varphi$$
$$x^2 = r \sin \varphi \tag{10.5}$$

und berechnen die 3-Komponente des Drehimpulses:

$$L^3 = \mu(x^1 \dot{x}^2 - x^2 \dot{x}^1). \tag{10.6}$$

Setzen wir (10.5) und

$$\dot{x}^1 = \dot{r} \cos \varphi - r\dot{\varphi} \sin \varphi$$
$$\dot{x}^2 = \dot{r} \sin \varphi + r\dot{\varphi} \cos \varphi \tag{10.7}$$

in (10.6) ein, so erhalten wir

$$L = \mu r^2 \dot{\varphi} \tag{10.8}$$

oder

$$\dot{\varphi} = \frac{L}{\mu r^2}. \tag{10.9}$$

Ist r als Funktion der Zeit bekannt, dann können wir aus (10.9) φ als Funktion der Zeit berechnen.

Um $r(t)$ zu erhalten, verwenden wir Energieerhaltung:

$$\begin{aligned} E &= \frac{1}{2}\mu \dot{\boldsymbol{x}}^2 + U \\ &= \frac{1}{2}\mu(\dot{r}^2 + r^2\dot{\varphi}^2) + U(r). \end{aligned} \tag{10.10}$$

Hier haben wir (10.7) verwendet. Wir setzen $\dot{\varphi}$ aus Gleichung (10.9) in (10.10) ein und erhalten

$$E = \frac{1}{2}\mu\left(\dot{r}^2 + \frac{L^2}{\mu^2}\frac{1}{r^2}\right) + U(r). \tag{10.11}$$

Wir definieren das effektive Potenzial

$$U_{\text{eff}}(r) \equiv U(r) + \frac{1}{2\mu}\frac{L^2}{r^2} \tag{10.12}$$

und lösen (10.11) nach $\dot{r}$ auf:

$$\dot{r} = \sqrt{\frac{2}{\mu}(E - U_{\text{eff}}(r))}. \tag{10.13}$$

Diese Differenzialgleichung kann implizit integriert werden; dies entspricht unserem Vorgehen am Ende von Kap. 5, wo wir das eindimensionale Bewegungsproblem implizit gelöst haben.

$$\mathrm{d}t = \frac{\mathrm{d}r}{\sqrt{\frac{2}{\mu}(E - U_{\text{eff}}(r))}} \tag{10.14}$$

Wir erhalten implizit r als Funktion der Zeit und mit (10.9) dann auch φ als Funktion der Zeit. Wir können aber auch r als Funktion von φ berechnen:

$$\frac{\mathrm{d}r}{\mathrm{d}\varphi} = \frac{\mathrm{d}r}{\mathrm{d}t}\frac{\mathrm{d}t}{\mathrm{d}\varphi} \,. \tag{10.15}$$

Verwenden wir (10.13) und (10.9), so erhalten wir

$$\frac{\mathrm{d}r}{\mathrm{d}\varphi} = \frac{r^2}{L}\sqrt{2\mu(E - U_{\text{eff}})} \tag{10.16}$$

oder

$$\mathrm{d}\varphi = \mathrm{d}r\,\frac{L}{r^2}\frac{1}{\sqrt{2\mu(E - U_{\text{eff}})}} \,. \tag{10.17}$$

Bei der Integration dieser Gleichung müssen wir wieder darauf achten, dass nur solche Bereiche für r erlaubt sind, in denen die Quadratwurzel reell ist:

$$E \geq U_{\text{eff}} \,. \tag{10.18}$$

Für $E = U_{\text{eff}}$ folgt aus (10.13) $\dot{r} = 0$; es wird sich dann um einen Umkehrpunkt in der Radialbewegung handeln.

In Abb. 11.1 im nächsten Kapitel werden wir U_{eff} für das Coulombpotenzial $U = -\frac{\alpha}{r}$ zeichnen. Als charakteristisch entnehmen wir, dass es im erlaubten Energiebereich, in dem $E \geq U_{\text{eff}}$ ist, finite und infinite Bewegungen geben kann. Entweder hat die Bahnkurve zwei Umkehrpunkte und verläuft im Endlichen, oder sie hat nur einen Umkehrpunkt und kann ins Unendliche laufen. Im ersten Fall können die beiden Umkehrpunkte natürlich für einen bestimmten Wert von E auch zusammenfallen. Die Bewegung verläuft dann auf einer Kreisbahn ($r = \text{const}$).

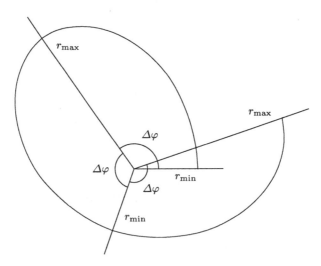

Abb. 10.1 Bahnkurve im allgemeinen Zentralpotenzial über den Winkel $3\Delta\varphi$

Wir wenden uns zunächst den im Endlichen verlaufenden Bahnkurven, den finiten Bahnen zu. Die Umkehrpunkte für die Radialbewegung sind dann durch die Nullstellen von $E - U_{\text{eff}}$ bestimmt. Für eine Bahnstrecke zwischen zwei Umkehrpunkten erhalten wir für die Winkeländerung

$$\Delta\varphi = \int\limits_{r_{\min}}^{r_{\max}} \mathrm{d}r\, \frac{L}{r^2} \frac{1}{\sqrt{2\mu(E - U_{\text{eff}})}}\,. \tag{10.19}$$

Das nächste Stück der Bahnkurve von $r_{\max}$ zu $r_{\min}$ wird dann symmetrisch verlaufen, die Änderung des Winkels wird wieder $\Delta\varphi$ sein. Die Kurve setzt sich dann in dieser Weise fort. Dies ist schematisch in Abb. 10.1 gezeigt.

Um eine geschlossene Bahn kann es sich nur handeln, falls $\Delta\varphi = 2\pi\frac{m}{n}$ ist, wobei m, n ganze Zahlen sind. Nach dem n-ten Kurvenstück wird sich die Bahn dann schließen.

11 Keplerproblem

Wir betrachten nun das Newton'sche Gravitationspotenzial, bzw. das Coulombpotenzial (6.5):

$$U(r) = -\frac{\alpha}{r}\,. \tag{11.1}$$

Beim Gravitationspotenzial ist α stets positiv, beim Coulombpotenzial kann es beide Vorzeichen annehmen. Die entsprechenden Bahnkurven können durch Integration der Differenzialgleichung (10.16) erhalten werden. Einfacher ist es jedoch, eine Stammfunktion $r(\varphi)$ anzugeben, deren Ableitung die rechte Seite von (10.16) ergibt. Wir schreiben nochmals die Gleichung (10.16) für das Coulombpotenzial

$$\left(\frac{\mathrm{d}r}{\mathrm{d}\varphi}\right)^2 = \frac{r^4}{L^2} 2\mu\left(E + \frac{\alpha}{r} - \frac{L^2}{2\mu r^2}\right) \tag{11.2}$$

und behaupten, dass die folgende Bahnkurve diese Gleichung erfüllt:

$$\frac{p}{r} = 1 + e\cos\varphi\,, \tag{11.3}$$

p, e sind Konstanten, die sich aus den Parametern L, E und α, μ ergeben. Aus (11.3) folgt

$$\left(\frac{\mathrm{d}r}{\mathrm{d}\varphi}\right)^2 = r^4\left\{\frac{e^2 - 1}{p^2} + \frac{2}{pr} - \frac{1}{r^2}\right\}\,. \tag{11.4}$$

Dies vergleichen wir mit (11.2) und erhalten

$$p = \frac{L^2}{\mu\alpha}\,, \quad e^2 = 1 + \frac{2EL^2}{\alpha^2\mu}\,. \tag{11.5}$$

Wir haben also tatsächlich eine Bahnkurve gefunden. Bei der Bahnkurve
(11.3) handelt es sich um einen Kreis, eine Ellipse, eine Parabel oder eine
Hyperbel, je nach dem Wert, den der Exzentrizitätsparameter e annimmt.
Es ist leicht zu sehen, dass $e = 0$ eine Kreisbahn mit Radius $r = p = \frac{L^2}{\mu\alpha}$
ergibt. Die dazugehörige Energie ist nach (11.5) $E = -\frac{\alpha^2\mu}{2L^2}$. Dies entspricht
der Lage und dem Wert des Minimums von U_{eff},

$$U_{\mathrm{eff}} = \frac{L^2}{2\mu r^2} - \frac{\alpha}{r}, \tag{11.6}$$

wie auch aus Abb. 11.1 deutlich wird.

Um die weiteren Behauptungen bezüglich der Bahnkurve zu verifizieren,
schreiben wir (11.3) in der Form

$$p - er\cos\varphi = r \tag{11.7}$$

und quadrieren diese Gleichung:

$$p^2 - 2epr\cos\varphi + e^2 r^2 \cos^2\varphi = r^2\,. \tag{11.8}$$

In kartesischen Koordinaten x, y wird dies zu

$$\begin{aligned}
p^2 - 2epx + e^2 x^2 &= x^2 + y^2 \\
x^2(1 - e^2) + 2epx + y^2 &= p^2\,.
\end{aligned} \tag{11.9}$$

Sei nun $e \neq 0$. Durch eine Translation in der x-Richtung

$$x = \hat{x} - \frac{ep}{1 - e^2} \tag{11.10}$$

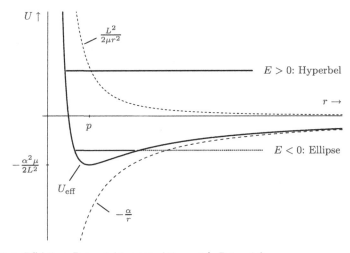

Abb. 11.1 Effektives Potenzial bei attraktivem $1/r$-Potenzial

kann (11.9), falls $0 < e < 1$ ist, in die Hauptachsenform der Ellipsengleichung gebracht werden

$$\frac{\hat{x}^2}{a^2} + \frac{y^2}{b^2} = 1 , \quad a^2 = \frac{p^2}{(1-e^2)^2} , \quad b^2 = \frac{p^2}{1-e^2} , \qquad (11.11)$$

sowie für $e > 1$ in die Hauptachsenform der Hyperbel

$$\frac{\hat{x}^2}{a^2} - \frac{y^2}{b^2} = 1 , \quad a^2 = \frac{p^2}{(1-e^2)^2} , \quad b^2 = \frac{p^2}{e^2-1} . \qquad (11.12)$$

Ist $e = 1$, dann ergibt eine Translation

$$x = \hat{x} + \frac{p}{2} \qquad (11.13)$$

eine Parabel:

$$y^2 + 2p\hat{x} = 0 . \qquad (11.14)$$

Aus (11.5) folgt unmittelbar, dass $-\frac{\alpha^2\mu}{2L} < E < 0$ einer Ellipse, $E = 0$ einer Parabel und $E > 0$ einer Hyperbel entspricht. Dies sieht man auch aus dem Verlauf des effektiven Potenzials in Abb. 11.1.

Die Umkehrpunkte der Bahnkurve (11.3) lassen sich leicht bestimmen, wenn man bemerkt, dass aus (11.3) auch folgt

$$1 - e \le \frac{p}{r} \le 1 + e \qquad (e \ge 0) . \qquad (11.15)$$

Für $e = 0$ ist r konstant, das ist eine Kreisbahn. Für $0 < e < 1$ gibt es die beiden Umkehrpunkte

$$r_{\min} = \frac{p}{1+e} , \quad r_{\max} = \frac{p}{1-e} . \qquad (11.16)$$

Für $e \ge 1$ gibt es nur einen Umkehrpunkt, da p gemäß (11.15) stets positiv ist.

$$r_{\min} = \frac{p}{1+e} \qquad (11.17)$$

Die Bahnkurve (11.3) wird für einen Wert von φ_∞, der durch die Gleichung

$$1 + e\cos\varphi_\infty = 0 \qquad (11.18)$$

bestimmt ist, ins Unendliche gehen.

Wir können stets $e \ge 0$ annehmen, da eine Vorzeichenänderung von e der Änderung des Winkelbereiches $\phi \to \phi + \pi$ gleichkommt.

Bemerkenswert ist, dass die im Endlichen verlaufenden, d. h. die finiten Bahnen geschlossene Bahnen sind. Dies gilt für das Coulombpotenzial und ist letztlich Konsequenz eines speziellen Erhaltungssatzes, den es genau für das Coulombpotenzial gibt. Dies ist der Erhaltungssatz des Runge-Lenz-Vektors $\boldsymbol{M}$, den wir hier kurz erwähnen möchten (Carl David Tolmé Runge, Deutschland, 1856-1927 und Wilhelm Lenz, Deutschland, 1888-1957):

$$\boldsymbol{M} = \boldsymbol{v} \times \boldsymbol{L} - \frac{\alpha\boldsymbol{x}}{r} \qquad (11.19)$$

Wir zeigen, dass es sich dabei um eine erhaltene Größe handelt:

$$\frac{\mathrm{d}}{\mathrm{d}t}\boldsymbol{M} = [\dot{\boldsymbol{v}} \times \boldsymbol{L}] - \frac{\alpha \boldsymbol{v}}{r} + \frac{\alpha \boldsymbol{x}}{r^3}(\boldsymbol{x} \cdot \boldsymbol{v})$$
$$= m\left[\dot{\boldsymbol{v}} \times [\boldsymbol{x} \times \boldsymbol{v}]\right] - \frac{\alpha \boldsymbol{v}}{r} + \frac{\alpha \boldsymbol{x}}{r^3}(\boldsymbol{x} \cdot \boldsymbol{v}) \, . \tag{11.20}$$

Unter Verwendung der Bewegungsgleichungen ergibt sich daraus

$$\frac{\mathrm{d}}{\mathrm{d}t}\boldsymbol{M} = -\frac{\alpha}{r^3}\left[\boldsymbol{x} \times [\boldsymbol{x} \times \boldsymbol{v}]\right] - \frac{\alpha \boldsymbol{v}}{r} + \frac{\alpha \boldsymbol{x}}{r^3}(\boldsymbol{x} \cdot \boldsymbol{v})$$
$$= -\frac{\alpha \boldsymbol{x}}{r^3}(\boldsymbol{x} \cdot \boldsymbol{v}) + \frac{\alpha \boldsymbol{v}}{r} - \frac{\alpha \boldsymbol{v}}{r} + \frac{\alpha \boldsymbol{x}}{r^3}(\boldsymbol{x} \cdot \boldsymbol{v}) \tag{11.21}$$
$$= 0 \, .$$

Der Runge-Lenz-Vektor ist eine erhaltene Größe.

Für die geschlossenen Bahnen haben wir mit (11.3) das erste Kepler'sche Gesetz hergeleitet (Johannes Kepler, Deutschland, 1571-1630). Dieses Gesetz besagt, dass sich die Planeten auf Ellipsenbahnen bewegen, in deren gemeinsamen Brennpunkt die Sonne steht. Dies ist richtig, da die Sonnenmasse viel größer als die Masse der Planeten ist und somit die Koordinaten der Sonne mit den Schwerpunktskoordinaten näherungsweise übereinstimmen. Dies folgt aus (9.2).

Das zweite Kepler'sche Gesetz besagt, dass der „Fahrstrahl" der Ellipse in gleichen Zeiten gleiche Flächen überstreicht – dies ist eine Konsequenz der Drehimpulserhaltung. Die überstrichene Fläche für einen Ausschnitt der Bahnbewegung – angedeutet in Abb. 11.2 – ergibt sich zu:

$$\mathrm{d}F = \frac{1}{2}r^2\mathrm{d}\varphi \tag{11.22}$$

oder

$$\dot{F} = \frac{1}{2}r^2\dot{\varphi} = \frac{L}{2\mu} \, . \tag{11.23}$$

Die Flächengeschwindigkeit ist demnach konstant.

Wir kommen nun zum dritten Kepler'schen Gesetz, wonach sich die Quadrate der Umlaufzeiten der Planeten wie die dritten Potenzen der kleinen Halbachse verhalten. Wir berechnen zunächst die Umlaufzeit T aus der Flächengeschwindigkeit mithilfe der Gleichung (11.23):

$$\dot{F}T = F = \text{Fläche der Ellipse} = \pi a b \, ,$$
$$T = \frac{\pi a b}{\dot{F}} = \frac{\pi a b 2\mu}{L} \, . \tag{11.24}$$

Wir wollen nun anstelle der Parameter e, p die Ellipsenparameter a, b verwenden. Aus (11.11) ergibt sich

$$p = \frac{b^2}{a} \, , \quad e^2 = 1 - \frac{b^2}{a^2} \, . \tag{11.25}$$

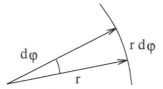

Abb. 11.2 Das von r und $r\,d\varphi$ aufgespannte Dreieck ergibt das infinitesimale Flächenelement dF.

Drücken wir nun mithilfe von (11.25) auch L durch a, b aus, dann erhalten wir aus (11.24)

$$T = 2\pi\sqrt{\frac{\mu}{\alpha}}a^{\frac{3}{2}}\,. \tag{11.26}$$

Dies ist eine Beziehung zwischen T und $a^{\frac{3}{2}}$, die nur von μ und α, also von zwei das Problem und nicht die jeweilige Bahnkurve charakterisierenden Parametern, abhängt. Sie gilt für alle finiten Bahnkurven.

In (11.26) ist μ die reduzierte Masse und α die Stärke des Potenzials:

$$\mu = \frac{m_1 m_2}{m_1 + m_2}\,, \quad \alpha = m_1 m_2 \gamma\,. \tag{11.27}$$

Dabei ist γ die Newton'sche Gravitationskonstante:

$$\gamma = 6.67 \times 10^{-11}\,\mathrm{N\,m^2\,kg^{-2}}\,.$$

Aus (11.27) ergibt sich das Verhältnis $\frac{\mu}{\alpha}$ zu

$$\frac{\mu}{\alpha} = \frac{1}{\gamma(m_1 + m_2)} \approx \frac{1}{\gamma m_2}\,, \tag{11.28}$$

falls die Sonnenmasse m_2 viel größer als die Planetenmasse ist. Kepler hat demgemäß festgestellt, dass das Verhältnis (11.26) von T^2 zu a^3 für alle Planeten denselben Wert hat, was unserer Näherung (11.28) entspricht. Die Sonnenmasse ist demnach aus T und a, der Umlaufzeit und der großen Halbachse, in dieser Näherung berechenbar.

12 Streuprobleme und Wirkungsquerschnitt

Wir betrachten Bahnkurven mit nur einem Umkehrpunkt. Ein Teilchen kommt aus dem Unendlichen bis zu einem Abstand $r_{\min}$ an das Potenzial heran, um sich dann wieder ins Unendliche zu entfernen. Die Bahnkurve eines Kometen entspricht zum Beispiel dieser Annahme.

Wir wollen diesen Bewegungsablauf bei Streuexperimenten im Laboratorium für ein beliebiges Zentralpotenzial untersuchen. Dabei hat man sich

folgende Versuchsanordnung vorzustellen. Im Unendlichen, das ist dort, wo
das Potenzial, an dem gestreut wird, verschwindet oder vernachlässigt werden
kann, befindet sich eine Quelle, aus der Teilchen auf ein Streuzentrum (Target) fliegen. Die Teilchen werden abgelenkt und entfernen sich unter einem
bestimmten Winkel wieder. Im Unendlichen misst ein Detektor beim Winkel
χ zur Einfallsrichtung die Zahl der in diese Richtung gestreuten Teilchen.

Von der Quelle wird erwartet, dass sie Teilchen mit einer bestimmten festgelegten Geschwindigkeit $\boldsymbol{v}_\infty$ präparieren kann. Damit ist auch die Energie
der Teilchen festgelegt, da die potenzielle Energie am Ort der Quelle vernachlässigt werden kann:

$$E = \frac{1}{2}\mu \boldsymbol{v}_\infty^2 \,. \tag{12.1}$$

Energie und Drehimpuls sind die beiden Parameter, die die Bahnkurve und
damit den Streuwinkel bestimmen.

Der Drehimpuls lässt sich durch den Stoßparameter R ausdrücken, dies ist
der Abstand der zunächst gerade verlaufenden Bahnkurve ($U = 0$) von der
durch den Ursprung des Potenzials gehenden parallelen Geraden.

$$L = \mu R \boldsymbol{v}_\infty \tag{12.2}$$

Wir können die jeweilige Bahnkurve nun durch die Energie E und den Stoßparameter R festlegen. Wir verfolgen die Bahnkurve von der Quelle bis zum
Punkt r_{min}, der als Umkehrpunkt in der Radialbewegung durch die Gleichung

$$E = U_{\mathrm{eff}}(r_{\mathrm{min}}) \tag{12.3}$$

festgelegt ist. Wir nehmen der Einfachheit halber an, dass es einen eindeuti-
gen Zusammenhang zwischen r und φ für die Bahnkurve gibt – sonst müssen

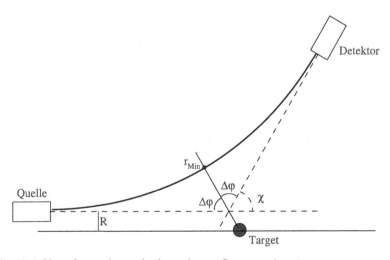

Abb. 12.1 Versuchsanordnung des betrachteten Streuexperiments

wir die Bahn stückweise zusammensetzen. Die Winkeländerung von $r = \infty$ bis r_{min} ergibt sich aus (10.17):

$$\Delta\varphi = L \int\limits_{r_{\mathrm{min}}}^{\infty} \frac{\mathrm{d}r}{r^2} \frac{1}{\sqrt{2\mu(E - U_{\mathrm{eff}})}}$$
$$= \mu R v_{\infty} \int\limits_{r_{\mathrm{min}}}^{\infty} \frac{\mathrm{d}r}{r^2} \frac{1}{\sqrt{2\mu(E - U_{\mathrm{eff}})}} \, . \tag{12.4}$$

Der Wert von r_{min} ergibt sich dabei aus der Nullstelle der Wurzel und ist somit eine Funktion von E. Wir haben die Integration so gewählt, dass $\Delta\varphi$ positiv ist.

Vom Punkt r_{min} an verläuft die Bahn symmetrisch. Daraus ergibt sich nach Abb. 12.1 der Streuwinkel

$$\chi = \pi - 2\Delta\varphi \, . \tag{12.5}$$

Somit ist χ als Funktion von v_{∞} bzw. E und R berechnet:

$$\chi = \chi(E, R) \, . \tag{12.6}$$

Wir können jedoch nicht erwarten, dass R ein im Experiment messbarer Parameter ist. Dies schon deshalb, weil die Lage des Streuzentrums, etwa ein Atom im Target, nicht genau festgelegt werden kann. Wir können jedoch in der Quelle einen Strahl von Teilchen präparieren, der weitgehend homogen ist, d. h. die Zahl der durch eine Fläche senkrecht zur Strahlrichtung einlaufenden Teilchen ist zu dieser Fläche proportional. Damit wird die Zahl der Teilchen, die mit einem Stoßparameter zwischen R und $R + \mathrm{d}R$ auf das Streuzentrum zulaufen, proportional zur Fläche des Kreisringes zwischen Radius R und $R + \mathrm{d}R$ sein. Ist n die Zahl der pro Flächen- und Zeiteinheit einlaufenden Teilchen, dann laufen pro Zeiteinheit $n2\pi R\,\mathrm{d}R$ Teilchen mit Stoßparameter zwischen R und $R + \mathrm{d}R$ auf das Streuzentrum zu. Diese werden in einem Winkelbereich zwischen χ und $\chi + \mathrm{d}\chi$ gestreut, der sich aus (12.6) berechnen lässt.

In dem Winkelbereich zwischen χ und $\chi + \mathrm{d}\chi$ sowie zwischen ϕ und $\phi + \mathrm{d}\phi$ werden

$$\mathrm{d}N = nR \left| \frac{\mathrm{d}R}{\mathrm{d}\chi} \right| \mathrm{d}\chi \, \mathrm{d}\phi \tag{12.7}$$

Teilchen gestreut, da der Streuwinkel unabhängig von ϕ ist.

Der differenzielle Wirkungsquerschnitt ist nun sinnvollerweise definiert als

$$\mathrm{d}\sigma = \frac{\mathrm{d}N}{n} \, , \tag{12.8}$$

d. h. als die Zahl der pro Zeiteinheit in den Raumwinkel $\mathrm{d}\Omega$ gestreuten Teilchen $\mathrm{d}N$, dividiert durch die per Zeit- und Flächeneinheit einfallenden Teilchen n. Integrieren wir über den gesamten Raumwinkel, so erhalten wir den totalen Wirkungsquerschnitt:

$$\sigma_{\text{tot}} = \int d\sigma .$$

(12.9)

Aus (12.7) und (12.8) ergibt sich

$$d\sigma = R \left| \frac{dR}{d\chi} \right| d\chi \, d\phi .$$

(12.10)

Der Wirkungsquerschnitt hat demnach die Dimension einer Fläche. Aus (12.6) ist dieser Wirkungsquerschnitt als Funktion von E und χ berechenbar. Wir müssen dazu aus (12.6) nur R als Funktion von E und χ berechnen.

Um dies zu veranschaulichen, betrachten wir den Fall der Streuung an einem Coulombpotenzial. Die Bahnkurve ist durch (11.3) gegeben, $r_{\min}$ wird erreicht für $\cos\varphi = 1$, also für $\varphi = 0$. Im Unendlichen ($r = \infty$) erhalten wir aus (11.3)

$$1 + e\cos\varphi_\infty = 0 .$$

(12.11)

Die Winkeländerung $\Delta\varphi$ beträgt demnach φ_∞ und ist durch (12.11) bestimmt. Aus (11.5) erhalten wir, wenn wir in (12.2) für den Drehimpuls L einsetzen und zudem (12.1) verwenden,

$$e^2 = 1 + \frac{R^2 4E^2}{\alpha^2} .$$

(12.12)

Um den Wirkungsquerschnitt $d\sigma$ zu berechnen, machen wir nun folgende Umformungen. Um den Zusammenhang zwischen R und φ_∞ herzustellen verwenden wir (12.11):

$$e^2 \cos^2\varphi_\infty = 1 = \cos^2\varphi_\infty + \sin^2\varphi_\infty .$$

(12.13)

Wir setzen e^2 aus (12.12) ein und erhalten

$$\frac{R^2 4E^2}{\alpha^2} \cos^2\varphi_\infty = \sin^2\varphi_\infty$$

(12.14)

oder

$$R^2 = \left(\frac{\alpha}{2E} \right)^2 \tan^2\varphi_\infty .$$

(12.15)

Wir interessieren uns für den Zusammenhang zwischen R und dem Streuwinkel χ, der durch (12.5) gegeben ist. Aus (12.5) folgt

$$\cos(\tfrac{1}{2}\chi + \varphi_\infty) = \cos\frac{\pi}{2} = 0$$

(12.16)

und aus dem Additionstheorem des Kosinus

$$\cos\frac{\chi}{2}\cos\varphi_\infty - \sin\frac{\chi}{2}\sin\varphi_\infty = 0$$

$$\cot\frac{\chi}{2} = \tan\varphi_\infty .$$

(12.17)

Aus (12.15) erhalten wir nun den gewünschten Zusammenhang zwischen dem Streuwinkel χ und den Parametern E und R:

$$R^2 = \left(\frac{\alpha}{2E}\right)^2 \left(\cot\frac{\chi}{2}\right)^2. \tag{12.18}$$

Dies ergibt

$$2R\left|\frac{dR}{d\chi}\right| = \left(\frac{\alpha}{2E}\right)^2 \frac{\cos\frac{\chi}{2}}{\sin^3\frac{\chi}{2}}. \tag{12.19}$$

Mit $d\Omega = \sin\chi\, d\chi\, d\phi$ wird der differenzielle Wirkungsquerschnitt (12.10) zu

$$d\sigma = R\left|\frac{dR}{d\chi}\right|\frac{1}{\sin\chi}\, d\Omega. \tag{12.20}$$

Setzen wir (12.19) in (12.20) ein und berücksichtigen, dass $\sin\chi = 2\sin\frac{\chi}{2}\cos\frac{\chi}{2}$ ist, dann finden wir als Ergebnis:

$$d\sigma = \left(\frac{\alpha}{4E}\right)^2 \frac{d\Omega}{\sin^4\frac{\chi}{2}}. \tag{12.21}$$

Dies ist die Rutherford'sche Streuformel (Ernest Rutherford, Neuseeland/ England, 1871-1937).

Der Faktor $\left(\frac{\alpha}{E}\right)^2$ ist verständlich, da der Wirkungsquerschnitt die Dimension einer Fläche hat. Aus den Parametern α, μ und E müssen wir demnach eine Größe der Dimension Fläche bilden. Da das Potenzial $\frac{\alpha}{r}$ die Dimension einer Energie hat, folgt der obige Faktor.

Dass der Wirkungsquerschnitt für kleine Winkel singulär ist, folgt aus der unendlichen Reichweite des Coulombpotenzials. Teilchen im unendlich weit entfernten Kreisring, der eine unendlich große Fläche besitzt, werden noch um einen sehr kleinen Winkel abgelenkt.

Zu beachten ist auch, dass α^2, d. h. im Coulombpotenzial das Quadrat der Ladungen, den Wirkungsquerschnitt bestimmt. Das relative Vorzeichen der Ladungen spielt für den Wirkungsquerschnitt keine Rolle.

Mithilfe der Gleichung (12.21) konnte Rutherford in seinen berühmten Streuexperimenten von α Teilchen an einer dünnen Goldfolie (sodass Doppelstreuung vernachlässigt werden kann) den Atomaufbau der Materie nachweisen.

Man stellte fest, dass diese Streuformel eine überzeugend gute Beschreibung der Streudaten liefert, obwohl (12.21) im Schwerpunktsystem gilt und im Laborsystem die Streuzentren in der Folie als ruhend betrachtet werden können. Aus den Stoßgesetzen schließt man, dass die Masse der streuenden Teilchen sehr viel größer als die Masse der gestreuten Teilchen sein muss. Weiter stellte Rutherford fest, dass es durchaus auch Streuung in die Rückwärtsrichtung ($\chi \approx \pi$) gibt. Da die Energie der einlaufenden Teilchen relativ groß war, bedeutet dies, dass es stärkerer elektrischer Felder bedarf, um das

Teilchen zum „Umkehren" zu zwingen. Das heißt aber, dass $r_{\min}$ für die so gestreuten Teilchen sehr klein sein muss. Daraus konnte Rutherford folgern, dass am Streuzentrum eine relativ schwere Masse mit elektrischer Ladung auf ein sehr kleines Volumen verteilt sein muss.

Aus unseren Formeln ergibt sich dies wie folgt: $\chi \approx \pi$ bedeutet nach (12.5) $\Delta\varphi = \varphi_\infty \approx 0$. Aus (12.15) folgt dann $\frac{ER}{\alpha} \ll 1$. Wird E groß, muss R klein werden. Unter diesen Bedingungen wird dann nach (12.12) $e \approx 1$ und (gemäß (11.16), (11.5) und (12.2)) $r_{\min} \approx \frac{1}{2}p = \frac{1}{2}\frac{L^2}{\alpha\mu} = \frac{ER}{\alpha}R$. Das heißt, die Bahnkurve muss sehr nahe an das Streuzentrum heranführen.

Es ist erstaunlich, und wie ich glaube eine Bemerkung wert, dass die Newton'schen Vorstellungen einer Bewegungsgleichung auf Systeme wie das Sonnensystem bis hin zu Systemen atomarer Größenordnung anwendbar sind, dass sie diese Systeme überzeugend gut beschreiben, und dass wir zu eindrucksvollen Kenntnissen gelangen. Für Systeme atomarer Größenordnung kann es sich dabei jedoch nur um eine gute Näherung handeln, da wir hier zu einer quantenmechanischen Beschreibung übergehen müssten. Man kann wohl von Glück sprechen, dass diese im Fall der Coulombstreuung sehr gut mit der klassischen Beschreibung, die wir hier hergeleitet haben, übereinstimmt.

Es wäre unendlich viel schwerer gewesen, den Aufbau der Materie zu verstehen, hätten wir zur Beschreibung der Rutherford'schen Experimente schon die Quantenmechanik gebraucht.

Wir wollen noch den Wirkungsquerschnitt für die Streuung an einer unendlich harten Kugel vom Radius a berechnen. Dies entspricht einem Potenzial

$$
\begin{aligned}
U(r) &= \infty \quad \text{für } r < a \\
U(r) &= 0 \quad \text{für } r > a \, .
\end{aligned}
\tag{12.22}
$$

Aus der Drehimpulserhaltung wissen wir, dass ein Teilchen, das auf die Kugel auftrifft, von der Tangentialebene reflektiert wird. Der Winkel des einlaufenden Teilchens zur Tangentialebene ist vom Betrag gleich dem Winkel des auslaufenden Teilchens zur Tangentialebene; die Bahnkurve verläuft in einer zur Tangentialebene senkrechten Ebene (siehe Abb. 12.2).

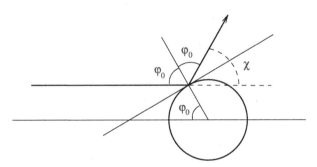

Abb. 12.2 Streuung an einer harten Kugel

Daraus ergibt sich

$$R = a \sin \varphi_0 = a \sin \frac{1}{2}(\pi - \chi) = a \cos \frac{1}{2}\chi$$
$$\left| \frac{dR}{d\chi} \right| = \frac{a}{2} \left| \sin \frac{\chi}{2} \right| .$$
(12.23)

Setzen wir dies in (12.10) ein, so erhalten wir den Wirkungsquerschnitt

$$d\sigma = \frac{1}{2}a^2 |\cos\frac{1}{2}\chi \sin\frac{1}{2}\chi| \frac{1}{\sin\chi} d\Omega$$
$$= \frac{1}{4}a^2 d\Omega .$$
(12.24)

Der Wirkungsquerschnitt ist isotrop, er hängt nicht vom Streuwinkel ab. Der totale Wirkungsquerschnitt wird zu

$$\sigma_{\text{tot}} = \pi a^2$$
(12.25)

und entspricht der Kreisscheibe, die der einlaufende Strahl von der Kugel sieht. Dies ist eine sehr anschauliche Interpretation des Wirkungsquerschnitts.

Am Ende wollen wir noch die Winkel ins Laborsystem umrechnen. Im Laborsystem sollte das Targetteilchen ruhen, die Schwerpunktsgeschwindigkeit ist dann

$$\boldsymbol{V} = \frac{m_1}{m_1 + m_2} \boldsymbol{v}_{1L}^{(\text{ein})}$$
(12.26)

und die Relativgeschwindigkeit

$$\boldsymbol{v} = \boldsymbol{v}_{1L}^{(\text{ein})} ,$$
(12.27)

wobei $\boldsymbol{v}_{1L}^{(\text{ein})}$ die Geschwindigkeit des im Laborsystem einlaufenden Teilchens ist. Die Geschwindigkeit des auslaufenden Teilchens im Unendlichen erhalten wir aus (8.14)

$$\boldsymbol{v}_{1L}^{(\text{aus})} = \frac{m_2}{m_1 + m_2} v\boldsymbol{e} + \frac{m_1}{m_1 + m_2} \boldsymbol{v} ,$$
(12.28)

$\boldsymbol{v}$ ist die in (12.27) gegebene Relativgeschwindigkeit und v ihr Betrag. Die Richtung des Einheitsvektors $\boldsymbol{e}$ ist der Streuwinkel im Schwerpunktsystem χ.

Wir interessieren uns für den Streuwinkel des gestreuten Teilchens im Laborsystem; dies ist die Richtung von $\boldsymbol{v}_{1L}^{(\text{aus})}$.

Grafisch entspricht dies der Abb. 7.1, und wir erhalten

$$\tan\chi_L = \frac{\frac{m_2}{m_1+m_2}v\sin\chi}{\frac{m_2}{m_1+m_2}v\cos\chi + \frac{m_1}{m_1+m_2}v} = \frac{m_2\sin\chi}{m_2\cos\chi + m_1} .$$
(12.29)

Ist $m_2 \gg m_1$, so wird wie erwartet $\tan\chi_L = \tan\chi$; ist $m_1 \gg m_2$, so wird $\tan\chi_L \ll 1$, d. h. χ_L sehr klein, das gestreute Teilchen wird kaum abgelenkt.

Daher tragen die Elektronen in der Goldfolie beim Rutherford'schen Streu-
experiment nur zur Streuung in die Vorwärtsrichtung bei und konnten in der
obigen Diskussion des Rutherford'schen Streuexperiments unberücksichtigt
bleiben.

13 Homogene Potenziale

Wir wenden uns jetzt einer Klasse von Potenzialen zu, die homogene Funktionen der Koordinaten sind; das heißt

$$U(\lambda \boldsymbol{x}_1, \lambda \boldsymbol{x}_2, \ldots \lambda \boldsymbol{x}_N) = \lambda^n U(\boldsymbol{x}_1, \ldots \boldsymbol{x}_N) \, . \tag{13.1}$$

n ist der Grad der Homogenität. Dieser Homogenitätsbegriff wurde von Euler
eingeführt (Leonhard Euler, Schweiz/Russland, 1707-1783). (13.1) ist gleich-
bedeutend mit

$$\sum_{A=1}^{N} \boldsymbol{x}_A \boldsymbol{\nabla}_A U = nU \, , \tag{13.2}$$

wovon man sich leicht überzeugt. Beispiele homogener Potenziale sind das
Coulombpotenzial oder das Potenzial des harmonischen Oszillators.

Für Potenziale dieser Art können wir einige allgemeine Eigenschaften herleiten. Wir beginnen mit dem Virialsatz.

Die kinetische Energie ist gegeben durch

$$T = \frac{1}{2} \sum_A m_A \dot{\boldsymbol{x}}_A \dot{\boldsymbol{x}}_A = \frac{1}{2} \sum_A m_A \left(\frac{\mathrm{d}}{\mathrm{d}t} (\boldsymbol{x}_A \dot{\boldsymbol{x}}_A) - \boldsymbol{x}_A \ddot{\boldsymbol{x}}_A \right) \, . \tag{13.3}$$

Nun verwenden wir die Bewegungsgleichung und anschließend (13.2):

$$T = \frac{1}{2} \frac{\mathrm{d}}{\mathrm{d}t} \sum_A m_A \boldsymbol{x}_A \dot{\boldsymbol{x}}_A + \frac{1}{2} \sum_A \boldsymbol{x}_A \boldsymbol{\nabla}_A U = \frac{1}{2} \frac{\mathrm{d}}{\mathrm{d}t} \sum_A m_A \boldsymbol{x}_A \dot{\boldsymbol{x}}_A + \frac{n}{2} U \, . \tag{13.4}$$

Integrieren wir über eine endliche Zeit, so wird für eine finite Bewegung, deren
Bahnkurve immer im Endlichen liegt, das Integral über einer Zeitableitung,
wie sie in (13.4) auftritt, immer endlich sein.

Wir führen die zeitliche Mittelung einer Funktion $F(x(t), \dot{x}(t))$ ein:

$$\overline{F} = \lim_{\tau \to \infty} \frac{1}{\tau} \int_0^\tau \mathrm{d}t \, F(x(t), \dot{x}(t)) \, . \tag{13.5}$$

Die zeitliche Mittelung über die Ableitung einer Funktion der Koordinaten
und der Geschwindigkeiten wird für eine finite Bewegung stets Null ergeben,
da τ gegen unendlich strebt, während das Integral stets einen endlichen Wert

behält:

$$\overline{\frac{d}{dt} F(x, \dot{x})} = \lim_{\tau \to \infty} \frac{1}{\tau} (F(x(\tau), \dot{x}(\tau)) - F(x(0), \dot{x}(0))) = 0 \,. \tag{13.6}$$

Daher folgt aus (13.4) der Virialsatz

$$\overline{T} = \frac{n}{2} \overline{U} \,. \tag{13.7}$$

Er gilt für ein homogenes Potenzial vom Grad n bei einer finiten Bewegung. Für den harmonischen Oszillator ($n = 2$) folgt daraus

$$\overline{T} = \overline{U} \,, \quad \text{Harmonischer Oszillator}, \tag{13.8}$$

für das Coulombpotenzial ($n = -1$)

$$\overline{T} = -\frac{1}{2} \overline{U} \,, \quad \text{Coulombpotenzial.} \tag{13.9}$$

In diesen und nur, wie sich beweisen lässt, in diesen beiden Fällen haben wir geschlossene Bahnkurven, und es genügt, über einen Bahnumlauf zu mitteln.

Eine weitere Eigenschaft ergibt sich aus dem Skalenverhalten. Wir skalieren die Koordinaten und die Zeit mit einem konstanten Faktor

$$\begin{aligned} \boldsymbol{x}'_A &= \lambda \boldsymbol{x}_A \\ t' &= \kappa t \,. \end{aligned} \tag{13.10}$$

Dies nennt man auch eine Skalentransformation. Für die Ableitungen folgt daraus

$$\boldsymbol{\nabla}'_A = \lambda^{-1} \boldsymbol{\nabla}_A, \quad \frac{d}{dt'} = \kappa^{-1} \frac{d}{dt} \,. \tag{13.11}$$

Für Potenziale mit der Eigenschaft (13.1) sind die Bewegungsgleichungen invariant unter der Skalentransformation (13.11), falls

$$\kappa^2 = \lambda^{2-n} \tag{13.12}$$

ist. Die Bahnkurve $x(t)$ wird abgebildet auf eine Bahnkurve $x'(t')$:

$$\boldsymbol{x}'_A(t') = \lambda \boldsymbol{x}_A(t) \,. \tag{13.13}$$

Und aus

$$m_A \frac{d^2}{dt'^2} \boldsymbol{x}'_A(t') = -\boldsymbol{\nabla}'_A U(\boldsymbol{x}'(t')) \tag{13.14}$$

folgt mithilfe von (13.11) und (13.13), sowie (13.1)

$$m_A \frac{\lambda}{\kappa^2} \frac{d^2}{dt^2} \boldsymbol{x}_A(t) = -\frac{1}{\lambda} \boldsymbol{\nabla}_A U(\lambda \boldsymbol{x}_A(t)) = -\lambda^{n-1} \boldsymbol{\nabla}_A U(\boldsymbol{x}) \,. \tag{13.15}$$

Berücksichtigen wir (13.12), so erhalten wir

$$m_A \frac{\mathrm{d}^2}{\mathrm{d}t^2} \boldsymbol{x}_A(t) = -\boldsymbol{\nabla}_A U(\boldsymbol{x}) \,. \tag{13.16}$$

Daraus folgt, dass mit der Bahnkurve $\boldsymbol{x}_A(t)$ auch die Bahnkurve

$$\boldsymbol{x}'_A(t) = \lambda \boldsymbol{x}(\kappa^{-1}t) \tag{13.17}$$

eine Lösung der Bewegungsgleichung ist, falls $\kappa^2 = \lambda^{2-n}$ gilt. Wir zeigen dies nochmals ausführlich:

$$
\begin{aligned}
m_A \ddot{\boldsymbol{x}}'_A(t) &= \lambda m_A \frac{\mathrm{d}^2}{\mathrm{d}t^2} \boldsymbol{x}_A(\kappa^{-1}t) \\
&= \lambda m_A \frac{1}{\kappa^2} \frac{\mathrm{d}^2}{\mathrm{d}(\kappa^{-1}t)^2} \boldsymbol{x}_A(\kappa^{-1}t) \\
&= -\frac{\lambda}{\kappa^2} \boldsymbol{\nabla}_A U(\boldsymbol{x}_A(\kappa^{-1}t)) \\
&= -\frac{\lambda}{\kappa^2} \lambda \boldsymbol{\nabla}'_A U(\lambda^{-1}\boldsymbol{x}'_A(t)) \\
&= -\frac{\lambda^{2-n}}{\kappa^2} \boldsymbol{\nabla}'_A U(\boldsymbol{x}'_A) = -\boldsymbol{\nabla}'_A U(\boldsymbol{x}'_A(t)) \,.
\end{aligned}
\tag{13.18}
$$

Für das erste Gleichheitszeichen haben wir (13.17) verwendet, für das dritte die Bewegungsgleichungen, für das vierte wieder (13.17), für das fünfte (13.1) und für das letzte die Bedingung $\kappa^2 = \lambda^{2-n}$.

Für das Coulombpotenzial ist $n = -1$, und wir erhalten $\kappa^2 = \lambda^3$, eine Gesetzmäßigkeit, die wir schon im dritten Kepler'schen Gesetz kennen gelernt haben.

Für den harmonischen Oszillator ($n = 2$) folgt $\kappa = 1$, die Zeit bleibt unverändert, und mit $\boldsymbol{x}$ ist auch $\lambda \boldsymbol{x}$ eine Lösung der homogenen Gleichung.

Schwingungen

14 Schwingungsgleichung

Als Beispiel einer Schwingungsgleichung betrachten wir die gedämpfte, erzwungene harmonische Schwingung:

$$m\ddot{x} + \gamma\dot{x} + kx = F(t)\,. \tag{14.1}$$

$F(t)$ ist die antreibende Kraft, k die rücktreibende Kraft, und γ die Dämpfungskonstante, $\gamma \geq 0$.

Mit $\gamma \neq 0$ lässt sich diese Gleichung nicht von einem Potenzial herleiten. Wir dividieren (14.1) durch m:

$$\ddot{x} + \frac{1}{\tau}\dot{x} + \omega_0^2 x = \frac{1}{m}F(t)\,. \tag{14.2}$$

$\tau = \frac{m}{\gamma}$ hat die Dimension einer Zeit und heißt Relaxationszeit, ω_0 hat die Dimension $[\text{Zeit}]^{-1}$ und ist die Frequenz der entsprechenden ungedämpften Schwingung.

Die Gleichung (14.2) ist eine lineare, inhomogene Differenzialgleichung zweiter Ordnung, ihre allgemeine Lösung setzt sich aus einer speziellen Lösung der inhomogenen Gleichung und der allgemeinen Lösung der homogenen Gleichung zusammen.

Wir lösen erst die homogene Gleichung, der inhomogenen Gleichung werden wir uns erst im nächsten Kapitel zuwenden.

$$\ddot{x} + \frac{1}{\tau}\dot{x} + \omega_0^2 x = 0 \tag{14.3}$$

Bei linearen Differenzialgleichungen empfiehlt sich immer ein Ansatz mit einer Exponentialfunktion:

$$x(t) = A\,\mathrm{e}^{\mathrm{i}\lambda t}\,. \tag{14.4}$$

Die Differenzialgleichung (14.3) wird damit zu einer algebraischen Gleichung:

$$\left(-\lambda^2 + \frac{i\lambda}{\tau} + \omega_0^2\right) A\,e^{i\lambda t} = 0 \,. \tag{14.5}$$

Da die Exponentialfunktion im Endlichen nirgends verschwindet, muss

$$\left(-\lambda^2 + \frac{i\lambda}{\tau} + \omega_0^2\right) = 0 \tag{14.6}$$

sein. Diese Gleichung hat die beiden Lösungen

$$\lambda_{1,2} = \frac{i}{2\tau} \pm \omega\,, \quad \omega = \omega_0 \sqrt{1 - (2\tau\omega_0)^{-2}}\,. \tag{14.7}$$

Die allgemeine Lösung von (14.3) ist daher

$$x(t) = e^{-\frac{t}{2\tau}} \left\{ A_1\,e^{i\omega t} + A_2\,e^{-i\omega t} \right\}\,. \tag{14.8}$$

Die Amplituden A_1 und A_2 können komplexe Zahlen sein. Der Realteil und Imaginärteil von (14.8) sind für sich Lösungen, da die Gleichung (14.3) nur reelle Parameter enthält.

Im Folgenden wollen wir annehmen, dass

$$\tau\omega_0 \gg 1 \tag{14.9}$$

ist.

Die Lösung (14.8) können wir dann als Schwingung der Frequenz ω auffassen, deren Amplitude mit dem Faktor $e^{-\frac{t}{2\tau}}$ abklingt.

Zum Vergleich einige realistische Werte für die dimensionslose Konstante $\tau\omega_0$:

$$\begin{array}{lll}
\text{Wellen eines Erdbebens} & : & \tau\omega_0 \approx 250 - 1400 \\
\text{Klaviersaite} & : & \tau\omega_0 \approx 10^3 \\
\text{Angeregtes Atom} & : & \tau\omega_0 \approx 10^7 \\
\text{Angeregter Atomkern} & : & \tau\omega_0 \approx 10^{12}\,.
\end{array} \tag{14.10}$$

Für die Lösungen der Differenzialgleichung (14.3) gibt es keinen Energieerhaltungssatz; dies folgt schon aus dem exponentiellen Abklingen der Amplitude und auch aus der Tatsache, dass es für diese Gleichung kein Potenzial gibt. Wir können aber fragen, wie sich die Energie, die sich aus der kinetischen und der potenziellen Energie des ungedämpften Oszillators zusammensetzt,

$$E_0 = \frac{1}{2}m\dot{x}^2 + \frac{1}{2}kx^2\,, \tag{14.11}$$

mit der Zeit ändert. Aus der homogenen Schwingungsgleichung (14.3) folgt dann

$$\frac{dE_0}{dt} = (m\ddot{x} + kx)\dot{x} = -\gamma\dot{x}^2\,. \tag{14.12}$$

Wir betrachten eine reelle Lösung der Gleichung (14.3):

$$x(t) = C e^{-\frac{t}{2\tau}} \cos\omega t\,, \quad C^* = C\,. \tag{14.13}$$

Diese Lösung leiten wir nach der Zeit ab:

$$\dot{x}(t) = -C\mathrm{e}^{-\frac{t}{2\tau}} \left\{ \frac{1}{2\tau} \cos \omega t + \omega \sin \omega t \right\} . \tag{14.14}$$

Dies setzen wir in (14.12) ein.

Nun berechnen wir den zeitlichen Mittelwert von (14.12), indem wir über eine Schwingungsdauer $\Delta t = \frac{2\pi}{\omega}$ mitteln und dabei die Amplitude $C\,\mathrm{e}^{-\frac{t}{2\tau}}$ als kaum veränderlich auffassen.

Bei Mittelung über eine Periode findet man

$$\overline{\cos^2 \omega t} = \overline{\sin^2 \omega t} = \frac{1}{2}, \quad \overline{\cos \omega t \, \sin \omega t} = 0 . \tag{14.15}$$

Somit erhalten wir

$$\overline{\frac{\mathrm{d}E_0}{\mathrm{d}t}} = -\gamma C^2 \mathrm{e}^{-\frac{t}{\tau}} \frac{1}{2} \left\{ \left(\frac{1}{2\tau} \right)^2 + \omega_0^2 \left(1 - (2\omega_0\tau)^{-2} \right) \right\}$$
$$= -\gamma \frac{1}{2} \omega_0^2 C^2 \mathrm{e}^{-\frac{t}{\tau}} . \tag{14.16}$$

Dies vergleichen wir mit der mittleren Energie eines (ungedämpften) harmonischen Oszillators der Frequenz ω_0 und Amplitude $C\,\mathrm{e}^{-\frac{t}{2\tau}}$. Diese berechnet sich bei langsam abklingender Amplitude zu

$$\overline{E}_0 = \frac{m}{2} C^2 \mathrm{e}^{-\frac{t}{\tau}} \omega_0^2 . \tag{14.17}$$

Die Gleichung (14.16) kann nun wie folgt gelesen werden:

$$\overline{\frac{\mathrm{d}E_0}{\mathrm{d}t}} = -\frac{1}{\tau} \overline{E}_0 . \tag{14.18}$$

Die Abnahme der Energie ist der momentanen Energie proportional. Dies gilt für eine große Relaxationszeit $\tau\omega_0 \gg 1$.

Wir sehen, dass es sich bei (14.3) um ein dissipatives System handelt; die Energie dissipiert infolge der Dämpfung, die beispielsweise durch Reibung entsteht.

15 Erzwungene Schwingungen

Wir werden die Schwingungsgleichung (14.2) mit einer periodisch antreibenden Kraft

$$F(t) = mf\mathrm{e}^{\mathrm{i}\Omega t}, \quad f^* = f \tag{15.1}$$

lösen und sehen, was wir daraus lernen können. Natürlich machen wir wieder einen Ansatz mit einer Exponentialfunktion:

$$x(t) = A\mathrm{e}^{\mathrm{i}\Omega t} . \tag{15.2}$$

Aus (14.2) folgt nun

$$\left(-\Omega^2 + \frac{i}{\tau}\Omega + \omega_0^2\right) A = f \, . \tag{15.3}$$

Daraus bestimmt sich die Amplitude der Schwingung (15.2):

$$A = \frac{f}{-\Omega^2 + \frac{i}{\tau}\Omega + \omega_0^2} = \frac{f}{\sqrt{(\omega_0^2 - \Omega^2)^2 + \frac{\Omega^2}{\tau^2}}} \, e^{i\varphi} \, . \tag{15.4}$$

Dabei haben wir die komplexe Zahl $(\omega_0^2 - \Omega^2 + \frac{i}{\tau}\Omega)^{-1}$ durch Betrag und Phase dargestellt.

$$\sin\varphi = -\frac{\Omega}{\tau}\frac{1}{\sqrt{(\omega_0^2 - \Omega^2)^2 + \frac{\Omega^2}{\tau^2}}} \, , \quad \cos\varphi = \frac{\omega_0^2 - \Omega^2}{\sqrt{(\omega_0^2 - \Omega^2)^2 + \frac{\Omega^2}{\tau^2}}} \tag{15.5}$$

Wir erhalten die Lösung

$$x(t) = \frac{f}{\sqrt{(\omega_0^2 - \Omega^2)^2 + \frac{\Omega^2}{\tau^2}}} \, e^{i(\Omega t + \varphi)} \, . \tag{15.6}$$

Dies ist eine Schwingung mit der Frequenz Ω der antreibenden Kraft, ihre Phase ist gegenüber der Phase der antreibenden Kraft um den Winkel φ verschoben. Die Amplitude ist durch die Parameter des Systems festgelegt.

Zu dieser Lösung können wir eine Lösung der homogenen Gleichung addieren, da diese aber exponentiell abklingt, wird sie nach einiger Zeit kaum noch wesentlich beitragen; wir denken uns also im Folgenden, dass diese Lösung bereits abgeklungen ist.

Die Phase φ ist nach (15.5) immer negativ. Genauer – ist

$$\begin{aligned} 0 \leq \Omega < \omega_0 \quad &\text{dann ist} \quad -\tfrac{\pi}{2} < \varphi \leq 0 \, , \\ \Omega = \omega_0 \quad &\text{dann ist} \quad \varphi = -\tfrac{\pi}{2} \, , \\ \Omega > \omega_0 \quad &\text{dann ist} \quad -\pi < \varphi < -\tfrac{\pi}{2} \, . \end{aligned}$$

Die Phase der durch die periodische Kraft erzwungenen Schwingung hinkt also stets der Phase der erzeugenden Schwingung nach. Es entspricht unserem Kausalitätsverständnis, dass die Wirkung, das ist die erzwungene Schwingung, immer nach der Ursache, das ist die erzwingende Kraft, eintreten muss.

Zu beachten ist, dass bei der Resonanzfrequenz $\Omega = \omega_0$ die Phase φ immer genau den Wert $\varphi = -\frac{\pi}{2}$ annimmt, unabhängig von der Dämpfung und der Stärke f der antreibenden Kraft. Durch eine Beobachtung der Phase der erzwungenen Schwingung in Abhängigkeit von der Frequenz der erzwingenden Schwingung kann man also die Resonanzfrequenz ω_0 bestimmen.

Wir untersuchen noch die Abhängigkeit der Amplitude von der Frequenz Ω (Abb. 15.1):

$$|A| = \frac{f}{\sqrt{(\omega_0^2 - \Omega^2)^2 + \frac{\Omega^2}{\tau^2}}} \, . \tag{15.7}$$

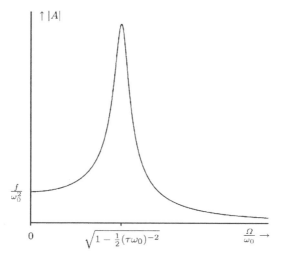

Abb. 15.1 Amplitude des gedämpften harmonischen Oszillators als Funktion der Frequenz einer periodisch antreibenden Kraft

Eine kurze Rechnung zeigt, dass diese Amplitude ihr Maximum bei

$$\Omega^2 = \omega_0^2 \left(1 - \frac{1}{2}(\tau\omega_0)^{-2}\right) \tag{15.8}$$

annimmt. Dazu lösen wir die Gleichung

$$\frac{\mathrm{d}|A|}{\mathrm{d}\Omega} = 0 \tag{15.9}$$

und finden $\Omega = 0$, $\Omega = \infty$ und den obigen Wert (15.8) von Ω als Lösung. Bei $\Omega = 0$ und $\Omega = \infty$ befinden sich Minima. Bei $\Omega = 0$ finden wir eine zeitunabhängige Lösung mit $A = \frac{f}{\omega_0^2}$. Mit dieser Auslenkung reagiert das System auf eine zeitunabhängige Kraft. Bei $\Omega = \infty$ finden wir, dass die Amplitude verschwindet ($A = 0$); das System hat keine Zeit, auf die so schnell veränderliche Kraft zu reagieren.

Die Amplitude erreicht ihr Maximum vor der Resonanzfrequenz ω_0. Dies ist unabhängig von der Stärke der antreibenden Kraft. Aus dieser Differenz erhält man Auskunft über die Relaxationszeit τ.

Mithilfe einer veränderbaren Frequenz der antreibenden Kraft können wir demnach durch Beobachtung der Phase φ und der Amplitude A die Resonanzfrequenz ω_0 und die Relaxationszeit τ, beides Parameter der homogenen Gleichung (14.3), experimentell bestimmen.

Der Maximalwert der Amplitude beträgt

$$|A_{\max}| = \frac{f\tau^2}{\sqrt{\omega_0^2\tau^2 - \frac{1}{4}}} . \tag{15.10}$$

Je kleiner die Dämpfung γ, je größer also die Relaxationszeit τ, desto größer ist der Maximalwert der Amplitude.

Der Wert der Amplitude bei der Resonanzfrequenz ω_0 beträgt hingegen

$$|A(\omega_0)| = \frac{f\tau}{\omega_0}\,, \tag{15.11}$$

ist also kleiner als A_{max}.

Wir berechnen noch die Schwingung für eine reelle antreibende Kraft

$$F(t) = mf\sin\Omega t\,. \tag{15.12}$$

Wir sehen, dass die zu (15.6) komplex konjugierte Lösung

$$x(t) = \frac{f}{\sqrt{(\omega_0^2 - \Omega^2)^2 + \frac{\Omega^2}{\tau^2}}}\,\mathrm{e}^{-\mathrm{i}(\Omega t + \varphi)} \tag{15.13}$$

die Differenzialgleichung (14.1) mit der antreibenden Kraft

$$F(t) = mf\mathrm{e}^{-\mathrm{i}\Omega t} \tag{15.14}$$

löst. Kombinieren wir die beiden Lösungen (15.6) und (15.13), so erhalten wir

$$x(t) = \frac{f}{\sqrt{(\omega_0^2 - \Omega^2)^2 + \frac{\Omega^2}{\tau^2}}}\sin(\Omega t + \varphi) \tag{15.15}$$

als Lösung zur antreibenden Kraft (15.12).

Einer Überlagerung von Exponentialfunktionen für die antreibende Kraft entspricht auch eine Überlagerung, eine Superposition, der Lösungen.

16 Energiebilanz der gedämpften erzwungenen Schwingung

Wie in Kap. 14 betrachten wir die Energie E_0

$$E_0 = \frac{1}{2}m\dot{x}^2 + \frac{1}{2}kx^2\,, \tag{16.1}$$

die im „Teilsystem" harmonischer Oszillator gespeichert ist. Die zeitliche Änderung von E_0 wird durch die Differenzialgleichung (14.1) bestimmt.

$$\frac{\mathrm{d}E_0}{\mathrm{d}t} = (m\ddot{x} + kx)\dot{x} = \dot{x}\{F(t) - \gamma\dot{x}\} \tag{16.2}$$

Dieses System ist an eine antreibende Kraft und an ein dissipatives Medium (z. B. Reibung) gekoppelt. Dadurch wird dem harmonischen Oszillator

Energie zugeführt und vom harmonischen Oszillator an das Medium abgegeben.

Zunächst interessieren wir uns für die von der antreibenden Kraft am System pro Zeiteinheit geleisteten Arbeit

$$\dot{x}F(t) \,. \tag{16.3}$$

Dies ist durch die Gleichung (16.2) zu berechnen. Für die antreibende Kraft (15.12) und die Lösung (15.15) wird daraus

$$\dot{x}F(t) = \frac{mf^2\Omega}{\sqrt{(\omega_0^2 - \Omega^2)^2 + \frac{\Omega^2}{\tau^2}}} \sin\Omega t \cos(\Omega t + \varphi) \,. \tag{16.4}$$

Diesmal mitteln wir zeitlich über die Periode der antreibenden Kraft und erhalten

$$\overline{\dot{x}F} = -\frac{1}{2} \frac{mf^2\Omega}{\sqrt{(\omega_0^2 - \Omega^2)^2 + \frac{\Omega^2}{\tau^2}}} \sin\varphi \,. \tag{16.5}$$

Setzen wir für $\sin\varphi$ aus (15.5) ein, so ergibt dies

$$\overline{\dot{x}F} = \frac{1}{2}mf^2\frac{\Omega^2}{\tau}\frac{1}{(\omega_0^2 - \Omega^2)^2 + \frac{\Omega^2}{\tau^2}} \,. \tag{16.6}$$

Das positive Vorzeichen zeigt, dass die antreibende Kraft am System Arbeit leistet.

Eine kurze Rechnung zeigt auch, dass das Maximum der am System geleisteten Arbeit genau bei der Resonanzfrequenz $\Omega = \omega_0$ liegt. Von der Lage dieses Maximums können wir also ebenfalls die Frequenz ω_0 bestimmen. Der Wert von $\overline{\dot{x}F}$ bei der Frequenz ω_0 ist

$$\overline{\dot{x}F}\Big|_{\Omega=\omega_0} = \frac{1}{2}mf^2\tau \,, \tag{16.7}$$

nimmt also wieder mit der Relaxationszeit zu.

Wir bestimmen noch den Wert von Ω, bei dem $\overline{\dot{x}F}$ auf die Hälfte des Maximalwertes abgeklungen ist. Mit $\Omega = \omega_0 + \Delta\Omega$ führt dies zur folgenden Gleichung:

$$\begin{aligned}
\overline{\dot{x}F}\Big|_{\Omega=\omega_0+\Delta\Omega} &= \frac{1}{2}mf^2\frac{(\omega_0 + \Delta\Omega)^2}{\tau}\frac{1}{(\omega_0^2 - (\omega_0 + \Delta\Omega)^2)^2 + \frac{(\omega_0+\Delta\Omega)^2}{\tau^2}} \\
&= \frac{m}{4}f^2\tau \,. \tag{16.8}
\end{aligned}$$

Nach einer kurzen Rechnung ergibt sich aus (16.8)

$$(\omega_0 + \Delta\Omega)^2 = \tau^2(\Delta\Omega^2 + 2\omega_0\Delta\Omega)^2 \tag{16.9}$$

und daraus, wenn wir die beiden Vorzeichen der Quadratwurzel nicht vergessen

$$(\tau\Delta\Omega)^2 + (\tau\Delta\Omega)(2\tau\omega_0 \pm 1) \pm \tau\omega_0 = 0 \,. \qquad (16.10)$$

Diese Gleichung besitzt die Lösungen

$$\tau\Delta\Omega = -(\tau\omega_0 \pm \frac{1}{2}) \pm \sqrt{(\tau\omega_0)^2 + \frac{1}{4}} \,. \qquad (16.11)$$

Das negative Vorzeichen der Wurzel führt zu Lösungen, bei denen $\Delta\Omega < -\omega_0$ ist, $\Omega = \omega_0 + \Delta\Omega$ wird dann negativ. Negative Ω würden gerade einem Vorzeichenwechsel von f in (15.11) entsprechen. Wir können daher $\Omega > 0$ annehmen, wenn wir beide Vorzeichen von f zulassen. Damit bleibt dann nur die Lösung mit dem positiven Vorzeichen der Wurzel.

Erinnern wir uns an (14.9), $\tau\omega_0 \gg 1$, so könnten wir zunächst versuchen, die Zahlen $\frac{1}{2}$ und $\frac{1}{4}$ in (16.11) gegen $\tau\omega_0$ zu vernachlässigen; dies ergibt aber $\Delta\Omega = 0$, ein klarer Widerspruch, da die Amplitude bei $\Omega = \omega_0$ nicht gleich ihrer Hälfte sein kann, es sei denn, sie ist Null oder Unendlich. In der Tat geht $\overline{xF}|_{\Omega=\omega_0}$ für $\tau \to \infty$ gegen Unendlich. Es sind also die Terme der nächsten Ordnung, die die gesuchte Lösung von (16.11) bestimmen. Wir entwickeln die Wurzel in (16.11) und erhalten:

$$\tau\Delta\Omega = \pm\frac{1}{2} + \frac{1}{8}\frac{1}{\tau\omega_0}6 + \cdots \,. \qquad (16.12)$$

In führender Ordnung erhalten wir also das Ergebnis

$$\Delta\Omega = \pm\frac{1}{2\tau} \,. \qquad (16.13)$$

$\Delta\Omega$ nennt man die Halbwertsbreite. Sie hängt demnach nur von der Dämpfung und nicht von ω_0 oder f ab. Die Breite der Resonanz $2\Delta\Omega$ ist demnach ein Maß für die Stärke der Dämpfung. In Abb.16.1 haben wir die Resonanzkurve $\overline{xF}$ gezeichnet. Wir sehen, dass die Resonanz umso größer und schmaler wird, je größer τ ist.

Physikalisch wird sich oft folgende Situation ergeben. Wir wissen, dass sich ein System näherungsweise durch einen gedämpften harmonischen Oszillator beschreiben lässt. Wir wollen die Frequenz ω_0 und die Relaxationszeit dieses Systems bestimmen. Dazu zwingen wir das System durch eine periodische antreibende Kraft, deren Frequenz wir ändern können, zum Mitschwingen.

Durch Beobachtung der Phase und den Maximalwert der Amplitude können wir ω_0 und τ bestimmen. Können wir auch die auf das System übertragene Energie messen, dann ergeben sich aus der Resonanzkurve ebenfalls die Werte von ω_0 und τ. Die Resonanzkurve hat ihr Maximum bei $\Omega = \omega_0$ und die Breite $2\Delta\Omega = \frac{1}{\tau}$.

Nun berechnen wir noch die im zeitlichen Mittel vom schwingenden System durch die Dämpfung abgegebene Energie. Diese ist nach (16.2) gleich

$$-\overline{\gamma\dot{x}^2} \,. \qquad (16.14)$$

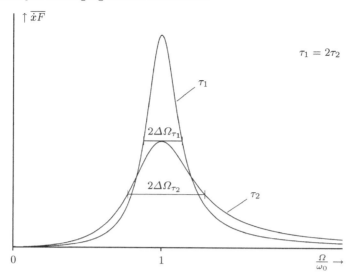

Abb. 16.1 Gemittelte Leistung der antreibenden Kraft als Funktion ihrer Frequenz Ω für zwei verschiedene Relaxationszeiten τ_1, τ_2

Setzen wir hier die Lösung (15.15) ein, so erhalten wir

$$-\overline{\gamma \dot{x}^2} = -\frac{1}{2}\frac{m}{\tau}\frac{\Omega^2 f^2}{(\omega_0^2 - \Omega^2)^2 + \frac{\Omega^2}{\tau^2}}\, . \qquad (16.15)$$

Dies stimmt bis auf das Vorzeichen mit (16.6) überein. Im Mittel wird gleich viel Energie vom System an das dämpfende Medium abgegeben wie von der antreibenden Kraft aufgenommen wird. Daher hat die Lösung auch eine stationäre Amplitude.

Es ist bemerkenswert, wie viele physikalische Erfahrungen durch eine einfache Differenzialgleichung, abhängig von wenigen Parametern, beschrieben werden können. Es ist auch eindrucksvoll zu sehen, wie systematisch die freien Parameter aus experimentellen Beobachtungen bestimmt werden können. Man wird daher versuchen, viele Systeme durch die Differenzialgleichung (14.2) näherungsweise zu beschreiben.

17 Ungedämpfte Schwingung und der Resonanzfall

Bei der ungedämpften Schwingung

$$\ddot{x} + \omega_0^2 x = \frac{1}{m}F(t) \qquad (17.1)$$

klingt die Lösung der homogenen Gleichung nicht mit der Zeit ab. Die allgemeine Lösung der homogenen Gleichung ist

$$x(t) = a \sin \omega_0 t + b \cos \omega_0 t \,. \tag{17.2}$$

Wir wählen nun die antreibende Kraft wie in (15.12)

$$F(t) = mf \sin \Omega t \tag{17.3}$$

und erhalten als spezielle Lösung der inhomogenen Gleichung

$$x(t) = \frac{f}{-\Omega^2 + \omega_0^2} \sin \Omega t \,. \tag{17.4}$$

Die allgemeine Lösung lautet demnach

$$x(t) = a \sin \omega_0 t + b \cos \omega_0 t + \frac{f}{\omega_0^2 - \Omega^2} \sin \Omega t \,. \tag{17.5}$$

Nähert sich die Frequenz der antreibenden Kraft der Resonanzfrequenz, so divergiert die Amplitude der speziellen Lösung. Wir müssen diesen Fall genauer untersuchen. Dazu begeben wir uns in die Nähe der Resonanzfrequenz:

$$\Omega = \omega_0 + \varepsilon \tag{17.6}$$

ε sei also eine infinitesimale Größe, deren Quadrat wir immer vernachlässigen können. Dies setzen wir in (17.5) ein:

$$x(t) = a \sin \omega_0 t + b \cos \omega_0 t - \frac{f}{2\omega_0\varepsilon} \sin \left[(\omega_0 + \varepsilon)t \right] \,. \tag{17.7}$$

Mithilfe des Additionstheorems für den Sinus wird dies zu

$$x(t) = \left(a - \frac{f \cos \varepsilon t}{2\omega_0\varepsilon} \right) \sin \omega_0 t + \left(b - \frac{f \sin \varepsilon t}{2\omega_0\varepsilon} \right) \cos \omega_0 t \,. \tag{17.8}$$

Dies kann man für kleines ε als eine Schwingung mit der Resonanzfrequenz ω_0 und mit modulierten Amplituden auffassen:

$$x(t) = c_1(t) \sin \omega_0 t + c_2(t) \cos \omega_0 t$$
$$c_1(t) = a - \frac{f \cos \varepsilon t}{2\omega_0\varepsilon}$$
$$c_2(t) = b - \frac{f \sin \varepsilon t}{2\omega_0\varepsilon} \,. \tag{17.9}$$

Dieses Phänomen ist als Schwebung bekannt und wird umso ausgeprägter, je kleiner ε ist.

Die Amplituden a, b bestimmen die Lösung bei vorgegebenem Ω, bzw. ε. Sie können aber für jedes ε neu gewählt werden. Wir wählen

$$a = \frac{f}{2\omega_0 \varepsilon} + \tilde{a}, \quad b = \tilde{b}, \tag{17.10}$$

d. h. wir wählen eine Amplitude a für die Lösung der homogenen Gleichung, die mit $\varepsilon \to 0$ divergiert. Für c_1 und c_2 ergeben sich dann aber endliche Grenzwerte

$$\begin{aligned} c_1(t) &\xrightarrow{\varepsilon \to 0} \tilde{a} \\ c_2(t) &\xrightarrow{\varepsilon \to 0} \tilde{b} - \frac{f}{2\omega_0} t \,. \end{aligned} \tag{17.11}$$

Wir erhalten somit im Resonanzfall $\Omega = \omega_0$ die allgemeine Lösung

$$x(t) = \tilde{a} \sin \omega_0 t + \left(\tilde{b} - \frac{f}{2\omega_0} t \right) \cos \omega_0 t \,. \tag{17.12}$$

Eine explizite Rechnung zeigt, dass dies eine Lösung der Gleichung

$$\ddot{x} + \omega_0^2 x = f \sin \omega_0 t \tag{17.13}$$

ist. Diese Lösung hätten wir auch durch die Methode der zeitabhängigen Koeffizienten erhalten können. Es ist aber doch recht lehrreich zu sehen, wie ein Ansatz mit divergierenden Amplituden durchaus zu einem sinnvollen Ergebnis führen kann.

18 Fouriertransformation und verallgemeinerte Funktionen

Unser Ziel ist es, die Schwingungsgleichung (14.1) für eine möglichst allgemeine antreibende Kraft zu lösen. Lösen heißt, die Berechnung von $x(t)$ auf eine Integration zurückzuführen, bei der natürlich $F(t)$ im Integral auftritt. Dazu brauchen wir als mathematisches Hilfsmittel die Fouriertransformation (Jean Baptiste Joseph Fourier, Frankreich, 1768-1830). Ohne auf Beweise einzugehen, wollen wir uns dieses Hilfsmittel zurechtlegen.

Es sei $f(x)$ eine stückweise stetige, quadratintegrierbare Funktion, d. h. das Integral

$$\int_{-\infty}^{\infty} f^*(x) f(x) \, dx < \infty \tag{18.1}$$

soll existieren. Die Fouriertransformierte einer solchen Funktion ist definiert als

$$\tilde{f}(k) = \frac{1}{\sqrt{2\pi}} \int\limits_{-\infty}^{\infty} \mathrm{d}x\, \mathrm{e}^{-\mathrm{i}kx} f(x)\,. \tag{18.2}$$

Zunächst wird behauptet, dass diese Funktion wieder quadratintegrierbar sei und es gilt

$$\int\limits_{-\infty}^{\infty} \mathrm{d}k\, \tilde{f}^*(k)\tilde{f}(k) = \int\limits_{-\infty}^{\infty} \mathrm{d}x\, f^*(x)f(x)\,. \tag{18.3}$$

Dies wird als Satz von Plancherel bezeichnet (Michael Plancherel, Schweiz, 1885-1967). Des weiteren kann man aus der Fouriertransformierten $\tilde{f}(k)$ die ursprüngliche Funktion $f(x)$ wieder zurückgewinnen:

$$f(x) = \frac{1}{\sqrt{2\pi}} \int\limits_{-\infty}^{\infty} \mathrm{d}k\, \mathrm{e}^{\mathrm{i}kx} \tilde{f}(k)\,. \tag{18.4}$$

Die Kenntnis von $f(x)$ oder $\tilde{f}(k)$ ist demnach gleichwertig, die tatsächliche Integration mag beliebig kompliziert sein.

Wir betrachten ein Beispiel. Die Gaußfunktion (Carl Friedrich Gauß, Deutschland, 1777-1855), bzw. Glockenkurve ist folgendermaßen definiert:

$$g(x) = \mathrm{e}^{-\frac{x^2}{a^2}}\,. \tag{18.5}$$

Das Integral über diese Funktion lässt sich elementar berechnen:

$$\int\limits_{-\infty}^{\infty} \mathrm{d}x\, \mathrm{e}^{-\frac{x^2}{a^2}} = \sqrt{\pi}a\,. \tag{18.6}$$

Nun berechnen wir die Fouriertransformierte, indem wir den Exponenten zu einem vollständigen Quadrat ergänzen:

$$\begin{aligned}
\tilde{g}(k) &= \frac{1}{\sqrt{2\pi}} \int\limits_{-\infty}^{\infty} \mathrm{d}x\, \mathrm{e}^{-\mathrm{i}kx} \mathrm{e}^{-\frac{x^2}{a^2}} \\
&= \frac{1}{\sqrt{2\pi}} \int\limits_{-\infty}^{\infty} \mathrm{d}x\, \mathrm{e}^{-\left(\frac{x}{a}+\frac{\mathrm{i}ka}{2}\right)^2} \mathrm{e}^{-\frac{k^2a^2}{4}}\,.
\end{aligned} \tag{18.7}$$

Wir ändern nun die Integrationsvariable in $y = \frac{x}{a} + \frac{\mathrm{i}ka}{2}$. Damit verschieben wir die Integration ins Komplexe, das Integral ist jedoch berechenbar und ergibt den gleichen Wert wie bereits in (18.6) berechnet. Der Faktor $\mathrm{e}^{-\frac{k^2a^2}{4}}$ kann aus dem Integral herausgehoben werden. Wir erhalten das Ergebnis

$$\frac{1}{\sqrt{2\pi}} \int\limits_{-\infty}^{\infty} \mathrm{d}x\, \mathrm{e}^{-\mathrm{i}kx} \mathrm{e}^{-\frac{x^2}{a^2}} = \frac{a}{\sqrt{2}} \mathrm{e}^{-\frac{k^2a^2}{4}}\,. \tag{18.8}$$

Die Fouriertransformierte der Gaußfunktion ist wieder eine Gaußfunktion. Dies ist eine für die Gaußfunktion charakteristische Eigenschaft.

Nun noch zu einer wichtigen Eigenschaft der Fouriertransformation. Differenzieren wir (18.4), so erhalten wir

$$\frac{\mathrm{d}}{\mathrm{d}x} f(x) = \frac{1}{\sqrt{2\pi}} \int\limits_{-\infty}^{\infty} \mathrm{d}k \, \mathrm{i}k \tilde{f}(k) \mathrm{e}^{\mathrm{i}kx} \,. \tag{18.9}$$

Das heißt, die Fouriertransformierte der Ableitung einer Funktion ist gleich $\mathrm{i}k$ mal der Fouriertransformierten der Funktion

$$\left(\widetilde{\frac{\mathrm{d}}{\mathrm{d}x} f}\right)(k) = \mathrm{i}k \tilde{f}(k) \,. \tag{18.10}$$

Dies legt es nahe, die Fouriertransformation im Zusammenhang mit Differenzialgleichungen zu verwenden. Aus Differenzialgleichungen werden algebraische Gleichungen, wie wir es bereits bei den Gleichungen (14.3) und (14.5) gesehen haben.

Wenn wir die Behauptung (18.2), dass die Fouriertransformierte einer weitgehend beliebigen Funktion die ursprüngliche Funktion reproduziert (18.4), explizit ausschreiben, erhalten wir durch Einsetzen von (18.2) in (18.4):

$$f(x) = \frac{1}{\sqrt{2\pi}} \int\limits_{-\infty}^{\infty} \mathrm{d}k \, \mathrm{e}^{\mathrm{i}kx} \frac{1}{\sqrt{2\pi}} \int\limits_{-\infty}^{\infty} \mathrm{d}y \, \mathrm{e}^{-\mathrm{i}ky} f(y) \,. \tag{18.11}$$

Wir vertauschen die Integrationen

$$f(x) = \int\limits_{-\infty}^{\infty} \mathrm{d}y \, \frac{1}{2\pi} \int\limits_{-\infty}^{\infty} \mathrm{d}k \, \mathrm{e}^{\mathrm{i}k(x-y)} f(y) \,. \tag{18.12}$$

Dies sollte für weitgehend beliebige Funktionen $f(x)$ gelten, deren Funktionswert an der Stelle $y \neq x$ vom Funktionswert an der Stelle x unabhängig ist. Daraus schließen wir, dass der Teil des Integranden in (18.12), der $f(y)$ an einer Stelle $y \neq x$ multipliziert, Null sein muss. Für $x = y$ muss dieser Teil allerdings so singulär sein, dass $f(x)$ durch das Integral (18.12) reproduziert wird.

Dies ist die Definition der Dirac'schen δ-Funktion (Paul Adrien Maurice Dirac, England, 1902-1984).

$$\delta(x - y) = 0 \quad \text{für} \quad x \neq y \,,$$
$$\int\limits_{-\infty}^{\infty} \mathrm{d}y \, f(y)\delta(x - y) = f(x) \tag{18.13}$$

Dies sollte für beliebige Funktionen $f(x)$ gelten.

Die Relation (18.12) ergibt demnach

$$\frac{1}{2\pi} \int\limits_{-\infty}^{\infty} \mathrm{d}k \, e^{ik(x-y)} = \delta(x-y) \,. \tag{18.14}$$

(18.14) nennt man auch die Vollständigkeitsrelation der Fouriertransformation. Sie garantiert, dass man die Funktion $f(x)$ vollständig durch die Funktion $\tilde{f}(k)$ reproduzieren kann.

Durch Umbenennen der Variablen wird (18.14) zu

$$\frac{1}{2\pi} \int\limits_{-\infty}^{\infty} \mathrm{d}x \, e^{-i(k-k')x} = \delta(k-k') \,, \tag{18.15}$$

was sich auch als Orthogonalitätsrelation der Exponentialfunktionen

$$u_k(x) = \frac{1}{\sqrt{2\pi}} e^{-ikx} \tag{18.16}$$

lesen lässt – wir schreiben (18.15) sinngemäß:

$$\int\limits_{-\infty}^{\infty} \mathrm{d}x \, u_{k'}^*(x) u_k(x) = \delta(k-k') \,. \tag{18.17}$$

Dies erinnert an die Orthogonalitätsrelation von Vektoren in einem komplexen Vektorraum. Die Dirac'sche δ-Funktion ersetzt das Kroneckersymbol.

Die δ-Funktion ist keine Funktion im eigentlichen Sinne. In der mathematischen Literatur wird sie auch als verallgemeinerte Funktion oder Distribution bezeichnet. Zu den Umgangsformen mit der Dirac'schen δ-Funktion gehört es, dass man sie sich immer unter einem Integral, multipliziert mit einer wohldefinierten Funktion, vorzustellen hat. Trotzdem kann man Relationen mit der δ-Funktion ohne Integral hinschreiben – man muss sich nur überzeugen, dass sie unter einem Integral sinnvoll sind. Beispielsweise ist die Fouriertransformierte der δ-Funktion, die sich aus (18.4) oder aus der Definition der δ-Funktion (18.13) ergibt

$$\frac{1}{\sqrt{2\pi}} \int\limits_{-\infty}^{\infty} \mathrm{d}k \, e^{-ikx} \delta(x) = \frac{1}{\sqrt{2\pi}} \,. \tag{18.18}$$

Die Fouriertransformierte von $\delta(x)$ ist eine Konstante. Diese ist, wie die δ-Funktion selbst, keine quadratisch integrierbare Funktion.

Aus der Definition der δ-Funktion (18.13) ergibt sich, dass sie eine gerade Funktion ist:

$$\delta(-x) = \delta(x) \,. \tag{18.19}$$

Dies kann man auch aus der Fouriertransformierten (18.14) sehen. Man ersetzt in (18.14) die Integrationsvariable k durch $-k$, ändert die Grenzen der Integration entsprechend und erhält (18.19).

Wir haben die Methode der Fouriertransformation auf Funktionen ausgedehnt, die nicht mehr der ursprünglichen Forderung, quadratintegrierbar zu sein, genügen. Mutig geworden, versuchen wir dies nun auch für eine weitere Funktion, die Heaviside'sche Stufenfunktion, die wir auch Θ-Funktion nennen werden (Oliver Heaviside, England, 1850-1925). Sie ist wie folgt definiert:

$$\Theta(x) = \begin{cases} 1 & : & x > 0 \\ 0 & : & x < 0 \end{cases} . \tag{18.20}$$

Mit den gleichen Umgangsformen wie bei der δ-Funktion bedeutet dies

$$\int\limits_{-\infty}^{\infty} \mathrm{d}x \, \Theta(x) f(x) = \int\limits_{0}^{\infty} \mathrm{d}x \, f(x) . \tag{18.21}$$

Die Θ-Funktion gehört natürlich auch zu den verallgemeinerten Funktionen. Wir definieren die Fouriertransformierte als Limes folgenden Integrals:

$$\begin{aligned} \tilde{\Theta}(k) &= \frac{1}{\sqrt{2\pi}} \lim_{\varepsilon \to +0} \int\limits_{-\infty}^{\infty} \mathrm{d}x \, \Theta(x) \mathrm{e}^{-\mathrm{i}(k-\mathrm{i}\varepsilon)x} \\ &= \frac{1}{\sqrt{2\pi}} \lim_{\varepsilon \to +0} \int\limits_{0}^{\infty} \mathrm{d}x \, \mathrm{e}^{-\mathrm{i}(k-\mathrm{i}\varepsilon)x} . \end{aligned} \tag{18.22}$$

Dieses Integral konvergiert und wir erhalten

$$\tilde{\Theta}(k) = \lim_{\varepsilon \to +0} \frac{1}{\sqrt{2\pi}} \frac{1}{\mathrm{i}(k - \mathrm{i}\varepsilon)} . \tag{18.23}$$

Bei $k = 0$ besitzt diese Funktion eine Singularität, die wir ins Komplexe verschoben haben. Wir können jedoch $\tilde{\Theta}(k)$ mit $\mathrm{i}k$ multiplizieren und den Limes ausführen:

$$\mathrm{i}k\tilde{\Theta}(k) = \frac{1}{\sqrt{2\pi}} . \tag{18.24}$$

Gemäß (18.10) legt dies nahe, dass die Ableitung der Stufenfunktion die δ-Funktion ist.

Wir betrachten die Ableitung der Θ-Funktion gemäß unseren Umgangsformen. Durch partielle Integration erhalten wir

$$\int\limits_{-\infty}^{\infty} \frac{\mathrm{d}}{\mathrm{d}x} \Theta(x) f(x) \, \mathrm{d}x = - \int\limits_{0}^{\infty} \frac{\mathrm{d}}{\mathrm{d}x} f(x) \, \mathrm{d}x = f(0) , \tag{18.25}$$

da f im Unendlichen verschwinden soll.

Auch ein Vergleich mit (18.13) verleitet uns zu folgender Relation:

$$\frac{\mathrm{d}}{\mathrm{d}x}\Theta(x) = \delta(x)\,. \tag{18.26}$$

Bei einer Sprungstelle wird die Ableitung unendlich.

Ein weiteres Beispiel: Aus

$$\int\limits_{-\infty}^{\infty} \mathrm{d}x\,\delta(x)x f(x) = 0 \tag{18.27}$$

folgern wir

$$x\delta(x) = 0\,. \tag{18.28}$$

Differenzieren wir mutigerweise diese Relation, so erhalten wir

$$\delta(x) + x\delta'(x) = 0\,. \tag{18.29}$$

Die Ableitung haben wir durch einen Strich angedeutet.

$$\frac{\mathrm{d}}{\mathrm{d}x}\delta(x) = \delta'(x) = -\frac{1}{x}\delta(x) \tag{18.30}$$

Unter dem Integral ergibt die linke Seite von (18.30) durch partielle Integration

$$\int\limits_{-\infty}^{\infty} \left(\frac{\mathrm{d}}{\mathrm{d}x}\delta(x)\right) g(x)\,\mathrm{d}x = -\int\limits_{-\infty}^{\infty} \delta(x)\frac{\mathrm{d}}{\mathrm{d}x}g(x)\,\mathrm{d}x = -g'(0)\,. \tag{18.31}$$

Die Ableitung von g muss demnach an der Stelle $x = 0$ existieren, um das Integral sinnvoll definieren zu können.

Nun zur rechten Seite von (18.30):

$$-\int\limits_{-\infty}^{\infty} \frac{1}{x}\delta(x)g(x)\,\mathrm{d}x = -\int\limits_{-\infty}^{\infty} \frac{1}{2x}\delta(x)\left(g(x) - g(-x)\right)\,\mathrm{d}x\,. \tag{18.32}$$

wegen (18.19). Ist nun $g(x)$ differenzierbar bei $x = 0$ und in einer Umgebung in eine Potenzreihe entwickelbar, so stimmt (18.32) mit (18.31) überein. Wir lernen auch, dass die Ableitung der δ-Funktion eine ungerade Funktion ist

$$\delta'(-x) = -\delta'(x)\,. \tag{18.33}$$

Vorsicht ist allerdings beim Multiplizieren von verallgemeinerten Funktionen geboten. Haben sie die Singularität an der gleichen Stelle, so kann das Produkt im Allgemeinen nicht sinnvoll definiert werden.

19 Die Green'sche Funktion des harmonischen Oszillators

In diesem Kapitel wollen wir eine Methode entwickeln, um die Bewegungsgleichung der erzwungenen Schwingung (14.1) zu integrieren. Dazu zerlegen wir die antreibende Kraft mithilfe der δ-Funktion in einzelne „Kraftstöße" $F(t')$:

$$F(t) = \int\limits_{-\infty}^{\infty} dt'\, \delta(t-t') F(t') \qquad (19.1)$$

und lösen die Gleichung (14.1) für die einzelnen Kraftstöße:

$$\ddot{G}(t-t') + \frac{1}{\tau}\dot{G}(t-t') + \omega_0^2 G(t-t') = \delta(t-t')\,. \qquad (19.2)$$

Die Funktion $G(t-t')$ nennen wir die Green'sche Funktion des gedämpften harmonischen Oszillators (George Green, England, 1793-1841).

Da die Definition der Green'schen Funktion die δ-Funktion enthält, wird sie auch zu den verallgemeinerten Funktionen gehören; wir müssen sie unseren Regeln zufolge unter einem Integral betrachten und behaupten, dass

$$x(t) = \frac{1}{m} \int\limits_{-\infty}^{\infty} dt'\, G(t-t') F(t') \qquad (19.3)$$

die Differenzialgleichung (14.1) löst:

$$m\ddot{x} + \gamma\dot{x} + kx = \int\limits_{-\infty}^{\infty} dt' \left\{ \ddot{G}(t-t') + \frac{1}{\tau}\dot{G}(t-t') + \omega_0^2 G(t-t') \right\} F(t')$$

$$= \int\limits_{-\infty}^{\infty} dt'\, \delta(t-t') F(t') = F(t)\,. \qquad (19.4)$$

Wir erreichen unser Ziel, indem wir die Kraft $F(t)$ in Kraftstöße zerlegen, für jeden Kraftstoß die Gleichung (14.1) lösen und, da die Gleichung linear ist, die einzelnen Beträge aufintegrieren. Es ist leicht einzusehen, dass diese Methode für beliebige lineare nichthomogene Differenzialgleichungen angewendet werden kann. So hat dann jede derartige Differenzialgleichung ihre Green'sche Funktion.

Zur Lösung (19.2) kann noch eine beliebige Lösung der homogenen Gleichung addiert werden.

Wir haben noch die Gleichung (19.2) zu lösen. Dazu betrachten wir die Fouriertransformierte von $G(t - t')$:

$$G(t - t') = \frac{1}{\sqrt{2\pi}} \int\limits_{-\infty}^{\infty} d\omega \, e^{i\omega(t-t')} \tilde{G}(\omega) \,. \tag{19.5}$$

Es ist üblich, bei der Fouriertransformation nach der Zeit die Integrationsvariable ω zu nennen.

Wir setzen (19.5) in (19.2) ein und benutzen die Darstellung (18.14) der δ-Funktion:

$$\frac{1}{\sqrt{2\pi}} \int\limits_{-\infty}^{\infty} d\omega \left\{ -\omega^2 + \frac{i}{\tau}\omega + \omega_0^2 \right\} \tilde{G}(\omega) e^{i\omega(t-t')} = \frac{1}{2\pi} \int\limits_{-\infty}^{\infty} d\omega \, e^{i\omega(t-t')} \,. \tag{19.6}$$

Damit erhalten wir die Fouriertransformierte

$$\tilde{G}(\omega) = \frac{1}{\sqrt{2\pi}} \frac{1}{-\omega^2 + \frac{i}{\tau}\omega + \omega_0^2} \tag{19.7}$$

und damit auch $G(t - t')$:

$$G(t - t') = \frac{1}{2\pi} \int\limits_{-\infty}^{\infty} d\omega \, \frac{e^{i\omega(t-t')}}{-\omega^2 + \frac{i}{\tau}\omega + \omega_0^2} \,. \tag{19.8}$$

Dies ist die Fourierdarstellung der Green'schen Funktion des gedämpften harmonischen Oszillators.

Die Funktion $G(t - t')$ ist reell. Nehmen wir das Komplexkonjugierte von (19.8), ändern die Integrationsvariable von ω zu $-\omega$, berücksichtigen dabei auch die Grenzen des Integrals, so erhalten wir wieder (19.8).

Wir versuchen nun mithilfe von (19.8) und (19.3) die Lösung der Gleichung (14.1) mit der periodisch antreibenden Kraft (15.1) zu reproduzieren:

$$\begin{aligned} x(t) &= \int\limits_{-\infty}^{\infty} dt' \, G(t - t') f e^{i\Omega t'} \\ &= \int\limits_{-\infty}^{\infty} dt' \int\limits_{-\infty}^{\infty} d\omega \, \frac{1}{2\pi} \frac{e^{i\omega(t-t')}}{-\omega^2 + \frac{i}{\tau}\omega + \omega_0^2} e^{i\Omega t'} f \,. \end{aligned} \tag{19.9}$$

Wir vertauschen die Integration:

$$
\begin{aligned}
x(t) &= \int\limits_{-\infty}^{\infty} d\omega\, f \frac{e^{i\omega t}}{-\omega^2 + \frac{i}{\tau}\omega + \omega_0^2} \frac{1}{2\pi} \int\limits_{-\infty}^{\infty} dt'\, e^{i(\Omega-\omega)t'} \\
&= \int\limits_{-\infty}^{\infty} d\omega\, f \frac{e^{i\omega t}}{-\omega^2 + \frac{i}{\tau}\omega + \omega_0^2} \delta(\Omega-\omega) \\
&= \frac{f e^{i\Omega t}}{-\Omega^2 + \frac{i}{\tau}\Omega + \omega_0^2}\,.
\end{aligned}
\tag{19.10}
$$

Dies stimmt mit (15.2) und (15.4) überein, wie es auch sein sollte.

Wir berechnen noch die von einer antreibenden Kraft am System geleistete Arbeit. Gemäß (16.3) ist diese gegeben durch

$$
A_F = \int\limits_{-\infty}^{\infty} dt\, \dot{x}(t) F(t)\,.
\tag{19.11}
$$

Die Geschwindigkeit $\dot{x}$ erhalten wir aus (19.3). Wir setzen dies in (19.11) ein und erhalten

$$
A_F = \frac{1}{m} \int\limits_{-\infty}^{\infty} dt \int\limits_{-\infty}^{\infty} dt'\, F(t) \dot{G}(t-t') F(t')\,.
\tag{19.12}
$$

Wir erinnern daran, dass $G(t-t')$ eine reelle Funktion ist. Setzen wir die Fouriertransformierte ein, so erhalten wir

$$
A_F = \frac{1}{m} \int\limits_{-\infty}^{\infty} d\omega\, \tilde{F}(-\omega) \frac{i\omega}{-\omega^2 + \frac{i}{\tau}\omega + \omega_0^2} \tilde{F}(\omega)\,,
\tag{19.13}
$$

wobei $\tilde{F}(\omega)$ die Fouriertransformierte von $F(t)$ ist:

$$
\tilde{F}(\omega) = \frac{1}{\sqrt{2\pi}} \int\limits_{-\infty}^{\infty} dt\, e^{-i\omega t} F(t)\,.
\tag{19.14}
$$

Natürlich ist für reelles F auch (19.13) reell.

Die abgegebene Energie ist endlich, falls $F(t)$ quadratintegrierbar ist. Dies ist für die antreibende Kraft (15.12) mit $\Omega \neq 0$ nicht der Fall:

$$
F(t) = m f \sin \Omega t\,.
\tag{19.15}
$$

Hier finden wir

$$\tilde{F}(\omega) = \sqrt{2\pi}\, mf \frac{1}{2\mathrm{i}} \left(\delta(\omega - \Omega) - \delta(\omega + \Omega) \right) . \tag{19.16}$$

Das Quadrat dieser Funktion ist zunächst sinnlos. Trotzdem wollen wir (19.13) weiter auswerten und dann die pro Zeiteinheit an das System abgegebene Energie mit (16.6) vergleichen. Wir setzen recht unschuldig (19.16) in (19.13) ein:

$$A_F = \frac{\pi}{2} mf^2 \int\limits_{-\infty}^{\infty} \mathrm{d}\omega \, \frac{\mathrm{i}\omega}{-\omega^2 + \frac{\mathrm{i}}{\tau}\omega + \omega_0^2} \left[\delta^2(\omega - \Omega) - \delta^2(\omega + \Omega) \right] . \tag{19.17}$$

Die Terme proportional zu $\delta(\omega-\Omega)\delta(\omega+\Omega)$ fallen weg, da ω nicht gleichzeitig $+\Omega$ und $-\Omega$ sein kann. Das Quadrat der δ-Funktion ist natürlich so nicht definiert. Wir setzen jedoch für eine der δ-Funktionen die Fouriertransformierte ein

$$\delta^2(\omega - \Omega) = \delta(\omega - \Omega) \frac{1}{2\pi} \int\limits_{-\infty}^{\infty} \mathrm{d}t \, \mathrm{e}^{\mathrm{i}(\omega - \Omega)t} \tag{19.18}$$

und regularisieren das Integral durch einen cutoff. Das heißt, wir schneiden das Integral bei $|t| > T$ ab und integrieren nur von $-T$ bis $+T$. Dann erhalten wir

$$\delta(\omega - \Omega)\delta_{\mathrm{reg}}(\omega - \Omega) = \delta(\omega - \Omega) \frac{2T}{2\pi} . \tag{19.19}$$

Nun interessieren wir uns nicht für die (divergierende) über alle Zeiten geleistete Arbeit, sondern für die mittlere Arbeit pro Zeiteinheit. Wir teilen also durch das betrachtete Zeitintervall $2T$ und führen dann den Limes $T \to \infty$ durch:

$$\begin{aligned} \lim_{T\to\infty} \frac{1}{2T} A_F^{\mathrm{reg}} &= \frac{1}{4} mf^2 \left(\frac{\mathrm{i}\Omega}{-\Omega^2 + \frac{\mathrm{i}}{\tau}\Omega + \omega_0^2} - \frac{\mathrm{i}\Omega}{-\Omega^2 - \frac{\mathrm{i}}{\tau}\Omega + \omega_0^2} \right) \\ &= \frac{1}{2} mf^2 \frac{\Omega^2}{\tau} \frac{1}{(\omega_0^2 - \Omega^2)^2 + \frac{\Omega^2}{\tau^2}} . \end{aligned} \tag{19.20}$$

Dies stimmt mit (16.6) überein.

Wir haben eine weitere wichtige Umgangsform mit Funktionen wie der δ-Funktion kennen gelernt. Die Singularitäten einer δ-Funktion können zunächst durch eine Regularisierung vermieden werden. Wir behandeln dann das regularisierte Problem und verschieben den Limesprozess (cutoff $T \to \infty$) an das Ende der Rechnung.

Größen, die vom cutoff unabhängig sind, können damit durchaus sinnvoll berechnet werden. Man muss natürlich darauf achten, dass das Ergebnis vom jeweils gewählten Regularisierungsverfahren unabhängig ist.

20 Integration in der komplexen Ebene zur Berechnung Green'scher Funktionen

Ein wichtiges mathematisches Hilfsmittel zur Berechnung von Integralen wie (19.8) ist der Cauchy'sche Integralsatz (Augustin Louis Cauchy, Frankreich, 1789-1857). Ohne Beweise wollen wir ihn uns jetzt zurechtlegen (so wie ein guter Mechaniker sich sein Werkzeug zurechtlegt). Für Beweise und genaue Definitionen müssen wir auf die mathematische Literatur verweisen.

Wir betrachten die Funktionen $f(z)$ auf der Riemann'schen Zahlenebene

$$z = x + \mathrm{i}y = re^{\mathrm{i}\varphi}\,, \tag{20.1}$$

die in einem Gebiet analytisch sind, d. h. ihre Ableitung soll in diesem Gebiet existieren (Bernhard Riemann, Deutschland, 1826-1866).

Dann gilt für eine Integration über einen geschlossenen Weg in diesem Gebiet

$$\int \mathrm{d}z\, f(z) = 0\,. \tag{20.2}$$

Es sei nun $\hat{z}$ ein Punkt in diesem Gebiet, der im Inneren des geschlossenen Weges liegt; dann gilt der Cauchy'sche Integralsatz:

$$f(\hat{z}) = \frac{1}{2\pi\mathrm{i}} \int_{+\hat{z}} \frac{f(z)}{z - \hat{z}}\, \mathrm{d}z\,. \tag{20.3}$$

Dies ist eine sehr starke Aussage. Wenn wir wissen, dass eine Funktion in einem Gebiet analytisch ist, und wir kennen diese Funktion längs eines geschlossenen Weges in diesem Gebiet, dann kennen wir sie überall innerhalb des Integrationsweges.

Als einfaches Beispiel integrieren wir über die Funktionen

$$f(z) = z^n \tag{20.4}$$

längs des Einheitskreises mit elementaren Mitteln

$$\int_{+} z^n\, \mathrm{d}z = \int_{\substack{z=re^{\mathrm{i}\varphi} \\ r=1\,,\, 0 \leq \varphi < 2\pi}} z^n \frac{\mathrm{d}z}{\mathrm{d}\varphi}\, \mathrm{d}\varphi = \mathrm{i} \int_0^{2\pi} e^{\mathrm{i}(n+1)\varphi}\, \mathrm{d}\varphi = 2\pi\mathrm{i}\delta_{n,-1} \tag{20.5}$$

mithilfe des Cauchy'schen Integralsatzes. Für $n \geq 0$ ist z^n in einem entsprechenden Bereich analytisch. Es sei nun $f(z)$ eine Potenzreihe in z, dann besagt der Cauchy'sche Integralsatz

$$f(0) = \frac{1}{2\pi\mathrm{i}} \int_{+} \frac{f(z)}{z}\, \mathrm{d}z\,, \tag{20.6}$$

was genau mit (20.5) übereinstimmt.

Um die Methode, mit der wir das Integral (19.8) berechnen wollen, zu erläutern, versuchen wir zunächst die Fouriertransformierte der Θ-Funktion (18.23) rückzutransformieren.

$$\frac{1}{\sqrt{2\pi}} \int\limits_{-\infty}^{\infty} \tilde{\Theta}(k) e^{ikx}\, \mathrm{d}k = \frac{1}{2\pi} \lim_{\varepsilon \to 0} \int\limits_{-\infty}^{\infty} \frac{e^{ikx}}{i(k - i\varepsilon)}\, \mathrm{d}k \qquad (20.7)$$

Wir betrachten den Integranden als Funktion der komplexen Variablen k und das Integral als Wegintegral längs der reellen k-Achse. Der Integrand hat eine Singularität, einen Pol bei $k = i\varepsilon$; er liegt in der oberen Halbebene der komplexen k-Ebene. Dies ist die einzige im Endlichen gelegene Singularität des Integranden.

Nun unterscheiden wir zwei Fälle, $x < 0$ und $x > 0$.

Zunächst $x < 0$: Dann geht der Integrand für großen negativen Imaginärteil von k gegen Null. Dies nützen wir, um den Integrationsweg in der unteren Halbebene im Unendlichen zu schließen (siehe Fig. 20.1). Das Wegintegral längs des unendlich großen Halbkreises verschwindet. Für $x < 0$ gilt demnach

$$\int\limits_{-\infty}^{\infty} \frac{e^{ikx}}{k - i\varepsilon}\, \mathrm{d}k = \int\limits_{\curvearrowright} \frac{e^{ikx}}{k - i\varepsilon}\, \mathrm{d}k = 0\,. \qquad (20.8)$$

Das letzte Gleichheitszeichen folgt aus (20.2), da der Integrand innerhalb des Integrationsgebietes analytisch ist.

Nun zu $x > 0$: Jetzt können wir mit der gleichen Argumentation das Integral in der oberen Halbebene schließen (Abb. 20.1). Für $x > 0$ gilt demnach

$$\int\limits_{-\infty}^{\infty} \frac{e^{ikx}}{k - i\varepsilon}\, \mathrm{d}k = \int\limits_{\curvearrowleft} \frac{e^{ikx}}{k - i\varepsilon}\, \mathrm{d}k = 2\pi i e^{-\varepsilon x}\,. \qquad (20.9)$$

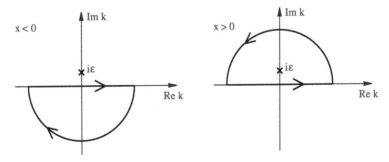

Abb. 20.1 Integrationswege in der komplexen Ebene

Hier folgt das zweite Gleichheitszeichen aus dem Cauchy'schen Integralsatz (20.3), da der Integrationsweg den Pol bei $k = \mathrm{i}\varepsilon$ einschließt. Setzen wir dies in (20.7) ein und führen den Limes $\varepsilon \to 0$ durch, so erhalten wir

$$\frac{1}{\sqrt{2\pi}} \int\limits_{-\infty}^{\infty} \tilde{\Theta}(k)\mathrm{e}^{\mathrm{i}kx}\,\mathrm{d}k = \frac{1}{2\pi} \lim_{\varepsilon \to 0} \int\limits_{-\infty}^{\infty} \frac{\mathrm{e}^{\mathrm{i}kx}}{\mathrm{i}(k - \mathrm{i}\varepsilon)}\,\mathrm{d}k = \Theta(x)\,. \qquad (20.10)$$

Dies ist das erwartete Ergebnis.

Mit der gleichen Methode berechnen wir nun das Integral (19.8), jetzt in der komplexen ω-Ebene:

$$G(t - t') = \frac{1}{2\pi} \int\limits_{-\infty}^{\infty} \mathrm{d}\omega\; \frac{\mathrm{e}^{\mathrm{i}\omega(t-t')}}{-\omega^2 + \frac{\mathrm{i}}{\tau}\omega + \omega_0^2}\,. \qquad (20.11)$$

Der Integrand hat zwei Singularitäten bei

$$\omega_{1,2} = \frac{\mathrm{i}}{2\tau} \pm \omega_0\sqrt{1 - (2\tau\omega_0)^{-2}}\,. \qquad (20.12)$$

Es sei wieder $\omega_0\tau \gg 1$. Beide Pole liegen dann in der oberen Halbebene der komplexen ω-Ebene.

Für $t < t'$ schließen wir den Integrationsweg in der unteren Halbebene und erhalten

$$G(t - t') = 0 \quad \text{für} \quad t < t'\,. \qquad (20.13)$$

Dies entspricht wieder unserem Kausalitätsempfinden. Vergleichen wir (20.13) mit (19.3), so sehen wir, dass die Wirkung der Kraft $F(t')$ sich nur auf Zeiten $t > t'$ auswirken kann. Kausalität und Analytizität in der unteren komplexen Halbebene sind eng miteinander verbunden.

Für $t > t'$ schließen wir den Integrationsweg in der oberen Halbebene:

$$G(t - t') = -\frac{1}{2\pi} \int\limits_{\circlearrowleft} \frac{\mathrm{e}^{\mathrm{i}\omega(t-t')}}{(\omega - \omega_1)(\omega - \omega_2)}\,\mathrm{d}\omega\,. \qquad (20.14)$$

Aufgrund von (20.2) können wir den Integrationsweg so formieren, dass wir jeweils um einen der Pole integrieren (Abb. 20.2).

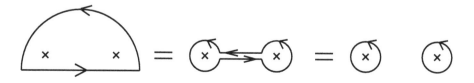

Abb. 20.2 Integrationswege in der komplexen Ebene

Für $t > t'$ gilt

$$G(t - t') = -\frac{1}{2\pi} \int_{\bigoplus + \bigoplus} \frac{e^{i\omega(t-t')}}{(\omega - \omega_1)(\omega - \omega_2)} \, d\omega$$

$$= -i \left\{ \frac{e^{i\omega_1(t-t')}}{(\omega_1 - \omega_2)} + \frac{e^{i\omega_2(t-t')}}{(\omega_2 - \omega_1)} \right\}$$

$$= -i \frac{1}{\omega_1 - \omega_2} \left(e^{i\omega_1(t-t')} - e^{i\omega_2(t-t')} \right)$$

$$= e^{-\frac{(t-t')}{2\tau}} \frac{1}{\omega_0 \sqrt{1 - (2\tau\omega_0)^{-2}}} \sin\left(\omega_0 \sqrt{1 - (2\tau\omega_0)^{-2}} \, (t - t') \right).$$

$$(20.15)$$

Der letzte Schritt ergibt sich nach einer kurzen Rechnung unter Verwendung von (20.12). Vergleichen wir dies mit (14.8), so sehen wir, dass es sich für $t > t'$ bei (20.15) um eine Lösung der homogenen Schwingungsgleichung für den gedämpften harmonischen Oszillator handelt. Diese Lösung genügt den Anfangsbedingungen

$$x(0) = 0, \quad \dot{x}(0) = 1. \tag{20.16}$$

Für die Green'sche Funktion (20.11) ergibt sich demnach

$$G(t - t') = \Theta(t - t')x(t - t'), \tag{20.17}$$

wobei $x(t - t')$ eine Lösung der homogenen Gleichung mit den Anfangswerten (20.16) ist.

Nun wollen wir zeigen, dass (20.17) und (20.16) tatsächlich zu einer Lösung von (19.2) führen. Wir berechnen die linke Seite von (19.2) für die durch (20.17) und (20.16) definierte Funktion $G(t - t')$:

$$\ddot{G}(t - t') + \frac{1}{\tau}\dot{G}(t - t') + \omega_0^2 G(t - t')$$

$$= \left\{ \ddot{\Theta}(t - t')x(t - t') + 2\dot{\Theta}(t - t')\dot{x}(t - t') + \Theta(t - t')\ddot{x}(t - t') \right\}$$

$$+ \frac{1}{\tau}\left\{ \dot{\Theta}(t - t')x(t - t') + \Theta(t - t')\dot{x}(t - t') \right\} \tag{20.18}$$

$$+ \omega_0^2 \Theta(t - t')x(t - t').$$

Die Terme proportional zu $\Theta(t - t')$ verschwinden wegen der Differenzialgleichung (14.3), der $x(t - t')$ genügt. Für die Ableitungen der Stufenfunktion verwenden wir (18.26) und erhalten

$$\ddot{G}(t - t') + \frac{1}{\tau}\dot{G}(t - t') + \omega_0^2 G(t - t')$$

$$= \dot{\delta}(t - t')x(t - t') + \delta(t - t')\{2\dot{x}(t - t') + \frac{1}{\tau}x(t - t')\} \tag{20.19}$$

$$= \frac{d}{dt}\{\delta(t - t')x(t - t')\} + \delta(t - t')\left\{ (\dot{x}(t - t') + \frac{1}{\tau}x(t - t') \right\}.$$

Nun verwenden wir die Anfangsbedingungen (20.16) und Gleichung (18.28)
und erhalten (20.16):

$$\ddot{G}(t-t') + \frac{1}{\tau}\dot{G}(t-t') + \omega_0^2 G(t-t') = \delta(t-t')\dot{x}(t-t') = \delta(t-t') \,. \quad (20.20)$$

Dies ist das gewünschte Ergebnis.

21 Störungstheorie

Wir betrachten eine anharmonische Schwingung, die der Differenzialgleichung

$$\ddot{x}(t) + \omega_0^2 x(t) = \lambda F(x(t), t) \qquad (21.1)$$

genügt. Den Parameter λ nennt man Kopplungskonstante.

Im Allgemeinen wird es nicht möglich sein, eine Lösung der Gleichung
(21.1) zu finden. Wir wollen nun so vorgehen, dass wir unter der Annahme,
λ sei klein, eine Potenzreihe der Lösung in λ suchen. Ob diese Potenzreihe
konvergiert, hängt natürlich von der Funktion F ab.

Mithilfe der Green'schen Funktion des harmonischen Oszillators

$$\ddot{G}_0(t-t') + \omega_0^2 G_0(t-t') = \delta(t-t')$$

$$G_0(t-t') = \frac{1}{2\pi}\int\limits_{-\infty}^{\infty} d\omega \, \frac{e^{i\omega(t-t')}}{-\omega^2 + \omega_0^2} \qquad (21.2)$$

schreiben wir (21.1) in eine Integralgleichung um:

$$x(t) = x_0(t) + \lambda \int dt' \, G_0(t-t') F(x(t'), t') \qquad (21.3)$$

$x_0(t)$ sei eine Lösung der homogenen Gleichung. Wir setzen (21.3) in (21.1)
ein, vertauschen Integration und Ableitung, verwenden (21.2) und (18.13) um
zu verifizieren, dass $x(t)$ die Gleichung (21.1) erfüllt. Da die rechte Seite von
(21.3) auch die unbekannte Funktion $x(t)$ enthält, haben wir die Differenzialgleichung (21.1) mit (21.3) nur in eine Integralgleichung umgeformt. Diese
Gleichung bietet sich aber für eine Potenzreihenentwicklung in λ an.

In niedrigster Ordnung ($\lambda = 0$) ist x_0 eine Lösung von (21.1). Setzen wir
diese Lösung auf der rechten Seite von (21.3) ein, so erhalten wir eine Lösung
in erster Ordnung in λ:

$$x_1(t) = x_0(t) + \lambda \int dt' \, G_0(t-t') F(x_0(t'), t') \,. \qquad (21.4)$$

Auf der rechten Seite von (21.4) haben wir über eine bekannte Funktion zu
integrieren. $x_1(t)$ ist somit berechenbar und eine Lösung von (21.1) zur ersten
Ordnung in λ.

Wir setzen diesen Prozess fort

$$x_2(t) = x_0(t) + \lambda \int dt' G_0(t - t') F(x_1(t'), t')$$

$$\vdots \tag{21.5}$$

$$x_{n+1}(t) = x_0(t) + \lambda \int dt' G_0(t - t') F(x_n(t'), t')$$

und hoffen, dass die Reihe konvergiert:

$$x(t) = \lim_{n \to \infty} x_n(t). \tag{21.6}$$

Dies kann jedoch nur mithilfe weiterer Kenntnisse von $F(x, t)$ entschieden werden.

Noch eine Bemerkung zu $G_0(t - t')$. Die Singularität des Integranden liegt genau am Integrationsweg bei $\omega = \pm\omega_0$. Dies ist auch die Frequenz der Lösung der homogenen Gleichung. Bei dieser Frequenz bleibt die Lösung unbestimmt, da wir eine beliebige Lösung der homogenen Gleichung dazu addieren können. Dementsprechend können wir beliebig um diese Singularität herumintegrieren.

Betrachten wir G_0 als Grenzwert von G in (19.8) für $\frac{1}{\tau} \to 0$, dann entspricht dies einer Integration, bei der wir der Singularität in der unteren Halbebene der komplexen ω-Ebene ausweichen. $G_0(t - t')$ verschwindet dann für $t < t'$. Wir nennen diese Green'sche Funktion retardiert.

$$G_0^{\text{ret}}(t - t') = \lim_{\varepsilon \to 0} \frac{1}{2\pi} \int\limits_{-\infty}^{\infty} d\omega \, \frac{e^{i\omega(t-t')}}{-\omega^2 + \omega_0^2 + i\varepsilon\omega}$$

$$= \frac{1}{2\pi} \int\limits_{\smile\frown} d\omega \, \frac{e^{i\omega(t-t')}}{-\omega^2 + \omega_0^2} \tag{21.7}$$

ε ist ein beliebig kleiner Parameter. Der Integrationsweg unter dem Integral soll andeuten, wie wir der Singularität am Integrationsweg ausgewichen sind. Es gilt

$$G_0^{\text{ret}}(t - t') = 0 \quad \text{für} \quad t < t'. \tag{21.8}$$

Ist $F(x, t)$ Null für $t < T$, so wird die aus (21.3) erhaltene Lösung mit $G_0 = G_0^{\text{ret}}$ gleich $x_0(t)$ für $t < T$; $x_0(t)$ bezeichnen wir dann als einlaufende Schwingung.

Wir hätten den Singularitäten auch in der oberen Halbebene ausweichen können. $G_0(t - t')$ verschwindet dann für $t > t'$, wir nennen diese Green'sche Funktion avanciert.

$$G_0^{\text{ava}}(t - t') = \lim_{\varepsilon \to 0} \frac{1}{2\pi} \int\limits_{-\infty}^{\infty} d\omega \, \frac{e^{i\omega(t-t')}}{-\omega^2 + \omega_0^2 - i\varepsilon\omega}$$

$$= \frac{1}{2\pi} \int\limits_{\frown\smile} d\omega \, \frac{e^{i\omega(t-t')}}{-\omega^2 + \omega_0^2} \tag{21.9}$$

Es gilt

$$G_0^{\text{ava}}(t - t') = 0 \quad \text{für} \quad t > t'. \tag{21.10}$$

Ist $F(x, t)$ Null für $t > T$, so wird $x(t)$ zu $x_0(t)$ für $t > T$. Wir nennen $x_0(t)$ dann die auslaufende Schwingung.

Wir betrachten als Beispiel eine Kraft, die von einem Potenzial hergeleitet werden kann, wobei das Potenzial ein Minimum bei $x = 0$ haben sollte. Im Punkt $x = 0$ wirkt keine Kraft auf das Teilchen, es hat dort eine stabile Ruhelage. Wir entwickeln das Potenzial nach x:

$$U(x) = U_0 + \frac{1}{2}x^2 U''(0) + \frac{1}{6}x^3 U'''(0) + \dots. \tag{21.11}$$

Der lineare Term verschwindet am Minimum des Potenzials. Für kleine Schwingungen wird das harmonische Potenzial eine gute Näherung sein, der x^3 Term trägt in nächster Ordnung bei. Dies ergibt für (21.1) mit entsprechendem λ die Kraft

$$F(x(t), t) = \lambda x^2(t). \tag{21.12}$$

Als Lösung der homogenen Gleichung wählen wir

$$x_0 = A \cos \omega_0 t. \tag{21.13}$$

Damit wird x_1 gemäß (21.4) zu

$$x_1(t) = A \cos \omega_0 t + \lambda \int dt'\, G_0(t - t') A^2 \cos^2 \omega_0 t'. \tag{21.14}$$

Wir werten das Integral aus:

$$\int dt'\, G_0(t - t') \cos^2 \omega_0 t' =$$

$$= \frac{1}{2\pi} \int dt' \int d\omega \frac{e^{i\omega(t-t')}}{-\omega^2 + \omega_0^2} \frac{1}{4} \left(e^{i\omega_0 t'} + e^{-i\omega_0 t'} \right)^2$$

$$= \int d\omega \frac{e^{i\omega t}}{-\omega^2 + \omega_0^2} \frac{1}{2\pi} \int dt' \frac{1}{4} \left(e^{i(2\omega_0 - \omega)t'} + 2e^{-i\omega t'} + e^{-i(2\omega_0 + \omega)t} \right) \tag{21.15}$$

$$= \int d\omega \frac{e^{i\omega t}}{-\omega^2 + \omega_0^2} \frac{1}{4} \left\{ \delta(\omega - 2\omega_0) + 2\delta(\omega) + \delta(\omega + 2\omega_0) \right\}$$

$$= -\frac{1}{6\omega_0^2} \cos 2\omega_0 t + \frac{1}{2\omega_0^2}.$$

Setzen wir dies in (21.14) ein, so erhalten wir $x(t)$ in erster Ordnung in λ

$$x_1(t) = A \left\{ \cos \omega_0 t + \lambda A \frac{1}{2\omega_0^2} (1 - \frac{1}{3} \cos 2\omega_0 t) \right\}. \tag{21.16}$$

Es ist leicht einzusehen, dass es sich bei der Störungsreihe um eine Entwicklung in $\frac{\lambda A}{\omega_0^2}$ handelt, und dass für höhere Terme der Störungsreihe immer höhere Vielfache der Grundfrequenz ω_0 auftreten werden. Dies sind die bekannten Oberschwingungen, die auftreten, wenn das Potenzial nicht genau das harmonische Potenzial ist.

Interessant ist, dass sich der zeitliche Mittelwert von $x(t)$ aus der Ruhelage $x = 0$ verschiebt. Die periodischen Funktionen verschwinden im zeitlichen Mittel, und wir erhalten

$$\overline{x_1(t)} = \frac{\lambda A^2}{2\omega_0^2}. \tag{21.17}$$

Nun wissen wir aber, dass die Energie der Schwingung eines harmonischen Oszillators proportional zum Quadrat der Amplitude ist.

Nehmen wir an, dass wir aus der Thermodynamik wissen, dass die mittlere Energie pro Freiheitsgrad proportional zu kT ist, mit der Boltzmannkonstante

$$k = 1,38 \times 10^{-23}\,\mathrm{JK^{-1}}$$

(Ludwig Boltzmann, Österreich, 1844-1906), dann können wir aus (21.16) schließen, dass der Mittelwert der Auslenkung linear mit der Temperatur anwächst. Ein Festkörper, dessen Bindungen wir durch ein Potenzial der Form (21.11) beschreiben, wird sich linear mit der Temperatur ausdehnen, verantwortlich dafür sind die nichtharmonischen Kräfte.

Vielteilchenprobleme und der Übergang zum Kontinuum

22 Lineare Kette

Als Beispiel eines Systems vieler Teilchen, die einer gekoppelten Differenzialgleichung genügen, betrachten wir die lineare Kette. Wir nehmen an, dass zwischen den Teilchen Kräfte herrschen, die eine stabile Anordnung erlauben, wie es beim Kristallgitter eines Festkörpers der Fall ist. Es soll demnach ein Potenzial geben, das bei dieser Anordnung ein Minimum besitzt.

Bei der linearen Kette nehmen wir an, dass die Teilchen linear angeordnet sind, und dass sie in der Ruhelage den konstanten Abstand a haben. a heißt Gitterkonstante. N sei die Anzahl der Teilchen. Wenn ein Teilchen aus der Ruhelage ausgelenkt wird, so wirken auf dieses Teilchen Kräfte. Die Auslenkung des n-ten Teilchens ($1 \leq n \leq N$) bezeichnen wir mit q_n (siehe Abb. 22.1).

Wenn wir dann das Potenzial in eine Potenzreihe in den Auslenkungen q_n um die stabile Ruhelage entwickeln, werden bei kleinen Auslenkungen die quadratischen Terme eine gute Näherung für das Potenzial sein.

Wir nehmen zusätzlich an, dass nur Kräfte zwischen den nächsten Nachbarn und eine rücktreibende Kraft zur Ruhelage wichtig sind. Diese Annahmen führen zu folgendem Ansatz für das Potenzial:

$$U = \frac{1}{2} \sum_{n=1}^{N} \left\{ k q_n^2 + K(q_n - q_{n+1})^2 \right\} \tag{22.1}$$

Abb. 22.1 Lineare Kette

k bestimmt die Stärke der in die Ruhelage rücktreibenden Kraft und K die Stärke der Kraft, die infolge des von a verschiedenen Abstandes benachbarter Teilchen auftritt. Wir haben angenommen, dass diese Kräfte unabhängig vom jeweiligen Teilchen sind.

Bei der Herleitung der Kraft auf das n-te Teilchen durch die Ableitung des Potenzials nach q_n ist zu beachten, dass q_n im zweiten Term des Potenzials zweimal auftritt:

$$U = \ldots \frac{k}{2}q_n^2 + \frac{K}{2}(q_n - q_{n+1})^2 + \frac{K}{2}(q_{n-1} - q_n)^2 + \ldots . \tag{22.2}$$

Die Kraft auf das n-te Teilchen berechnet sich daher zu

$$\begin{aligned} K_n = -\frac{\partial U}{\partial q_n} &= -kq_n - K(q_n - q_{n+1} - q_{n-1} + q_n) \\ &= -kq_n + K(q_{n+1} + q_{n-1} - 2q_n) . \end{aligned} \tag{22.3}$$

Haben alle Teilchen die gleiche Masse, so lauten die Bewegungsgleichungen

$$m\ddot{q}_n = -kq_n + K(q_{n+1} + q_{n-1} - 2q_n) . \tag{22.4}$$

Dies ist ein System von gekoppelten linearen Differenzialgleichungen.

Die Gleichungen (22.4) können durch eine neue Wahl von Variablen, die aus den Variablen q_n durch eine lineare Transformation hervorgehen, entkoppelt werden. Um dies zu zeigen, legen wir uns zunächst ein mathematisches Hilfsmittel, das der Fouriertransformation sehr ähnlich ist, zurecht.

Wir gehen von der geometrischen Reihe aus

$$\sum_{n=0}^{N-1} x^n = \frac{1 - x^N}{1 - x} , \tag{22.5}$$

setzen $x = \mathrm{e}^{\mathrm{i}\frac{2\pi}{N}(l-k)}$ ein und erhalten

$$\frac{1}{N} \sum_{n=0}^{N-1} \mathrm{e}^{\mathrm{i}\frac{2\pi}{N}(l-k)n} = \delta_{l,k} , \quad l,k \in \mathbb{Z} \tag{22.6}$$

und in gleicher Weise

$$\frac{1}{N} \sum_{l=-\frac{N}{2}}^{\frac{N}{2}-1} \mathrm{e}^{\mathrm{i}\frac{2\pi}{N}(n-m)l} = \delta_{n,m} . \tag{22.7}$$

Hier haben wir angenommen, N sei gerade, und haben den Summationsbereich für l zwischen $-\frac{N}{2}$ und $\frac{N}{2} - 1$ gewählt. Wegen der Periodizität der Exponentialfunktion ist dies zulässig.

Diese Formeln sollten mit (18.14) und (18.15) für die Fouriertransformation verglichen werden. Wir sehen, dass (22.6) als Orthogonalitätsrelation und (22.7) als Vollständigkeitsrelation verstanden werden kann.

Wir definieren nun in Analogie zur Fouriertransformation die neuen Variablen Q_l durch folgende Transformation der Koordinaten q_n

$$Q_l = \frac{1}{\sqrt{N}} \sum_{n=0}^{N-1} e^{-i\frac{2\pi}{N}ln} q_n, \quad -\frac{N}{2} \le l \le \frac{N}{2} - 1 \qquad (22.8)$$

und berechnen die Umkehrtransformation:

$$\frac{1}{\sqrt{N}} \sum_{l=-\frac{N}{2}}^{\frac{N}{2}-1} e^{i\frac{2\pi}{N}ln} Q_l = \frac{1}{N} \sum_{l=-\frac{N}{2}}^{\frac{N}{2}-1} e^{i\frac{2\pi}{N}ln} \sum_{m=0}^{N-1} e^{-i\frac{2\pi}{N}lm} q_m = q_n. \qquad (22.9)$$

Das letzte Gleichheitszeichen gilt wegen der Vollständigkeitsrelation (22.7). Wir haben die Formel für die Umkehrtransformation von (22.8) berechnet:

$$q_n = \frac{1}{\sqrt{N}} \sum_{l=-\frac{N}{2}}^{\frac{N}{2}-1} e^{i\frac{2\pi}{N}ln} Q_l. \qquad (22.10)$$

Die Größen Q_l bilden demnach einen vollständigen Satz von Variablen. Die Formeln (22.8) und (22.10) sollten mit (18.2) und (18.4) verglichen werden. Die Formel analog zu (18.3) können wir ebenfalls herleiten:

$$\sum_{l=-\frac{N}{2}}^{\frac{N}{2}-1} Q_l^* Q_l = \frac{1}{N} \sum_{l=-\frac{N}{2}}^{\frac{N}{2}-1} \sum_{n=0}^{N-1} \sum_{m=0}^{N-1} e^{i\frac{2\pi}{N}ln} e^{-i\frac{2\pi}{N}lm} q_n^* q_m = \sum_{n=0}^{N-1} q_n^* q_n. \qquad (22.11)$$

Falls q_l reell ist, wie es für die lineare Kette sein sollte, folgt aus (22.8)

$$Q_l^* = Q_{-l}, \qquad (22.12)$$

wobei Q_l aufgrund seiner Definition (22.8) periodisch in l mit der Periode N ist. Falls l durch (22.12) über den Bereich $-\frac{N}{2} \le l \le \frac{N}{2} - 1$ hinaus betrachtet wird, verwenden wir

$$Q_{l+N} = Q_l. \qquad (22.13)$$

Gleichung (22.10) legt es nahe, auch q_n periodisch anzunehmen:

$$q_{n+N} = q_n. \qquad (22.14)$$

Wir berechnen die Bewegungsgleichung für Q_l aus den Bewegungsgleichungen für q (22.4). Gleichzeitig führen wir die Bezeichnungen

$$\omega = \sqrt{\frac{k}{m}}, \quad \Omega = \sqrt{\frac{K}{m}} \qquad (22.15)$$

ein. Wir erhalten

$$m\ddot{Q}_l = \frac{1}{\sqrt{N}} \sum_{n=0}^{N-1} e^{-i\frac{2\pi}{N}ln} m\ddot{q}_n$$

$$= \frac{1}{\sqrt{N}} \sum_{n=0}^{N-1} e^{-i\frac{2\pi}{N}ln} \{-kq_n + K(q_{n+1} + q_{n-1} - 2q_n)\}. \qquad (22.16)$$

In der Summe der q_{n+1} bzw. q_{n-1} verschieben wir den Summationsindex $n+1 = n'$, bzw. $n-1 = n'$. Wegen der Periodizität (22.14) folgt dann

$$\ddot{Q}_l = -\omega^2 Q_l + \left(e^{i\frac{2\pi}{N}l} + e^{-i\frac{2\pi}{N}l} - 2\right)\Omega^2 Q_l$$

$$= -\left(\omega^2 + 4\Omega^2 \sin^2\frac{\pi}{N}l\right) Q_l. \qquad (22.17)$$

Die Differenzialgleichungen sind entkoppelt. Q_l genügt der Schwingungsgleichung des harmonischen Oszillators mit der Frequenz ω_l:

$$\ddot{Q}_l = -\omega_l^2 Q_l, \quad \omega_l^2 = \omega^2 + 4\Omega^2 \sin^2\frac{\pi}{N}l, \quad \omega_{-l} = \omega_l = +\sqrt{\omega_l^2}. \qquad (22.18)$$

In Abb. 22.2 haben wir die Abhängigkeit von ω_l von l für $\omega = 0$ gezeichnet. Man bezeichnet sie auch als Dispersionsrelation der linearen Kette.

Dieses Ergebnis konnten wir nicht direkt erwarten. Wohl aber wissen wir, dass lineare Differenzialgleichungen durch einen Fourieransatz gelöst werden können. Diese Erfahrung haben wir nun auch auf eine lineare Differenzengleichung, wie (22.4), übertragen.

Wir wollen nun die Energie $E = T + U$ in den neuen Variablen Q ausdrücken. Für die kinetische Energie folgt aus (22.11)

$$T = \frac{m}{2} \sum_{n=0}^{N-1} \dot{q}_n^2 = \frac{m}{2} \sum_{l=-\frac{N}{2}}^{\frac{N}{2}-1} \dot{Q}_l^* \dot{Q}_l. \qquad (22.19)$$

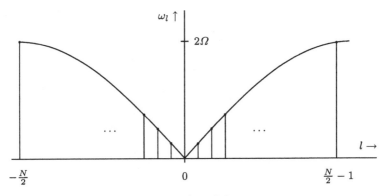

Abb. 22.2 ω_l in Abhängigkeit von l nach (22.18) für $\omega = 0$

Für die potenzielle Energie (22.1) erfordert dies eine kurze Rechnung, die wir andeuten:

$$
\begin{aligned}
U &= \frac{1}{2} \sum_{n=0}^{N-1} kq_n^2 + K(q_n - q_{n+1})^2 \\
&= \frac{1}{2} \frac{1}{N} \sum_{n=0}^{N-1} \sum_{l=-\frac{N}{2}}^{\frac{N}{2}-1} \sum_{k=-\frac{N}{2}}^{\frac{N}{2}-1} \left\{ k e^{i\frac{2\pi}{N}(l+k)n} Q_l Q_k \right. \\
&\qquad \left. + K(1 - e^{i\frac{2\pi}{N}l}) e^{i\frac{2\pi}{N}ln} Q_l (1 - e^{i\frac{2\pi}{N}k}) e^{i\frac{2\pi}{N}k} Q_k \right\} \\
&= \frac{1}{2} \sum_{l=-\frac{N}{2}}^{\frac{N}{2}-1} \left\{ k + K(2 - e^{i\frac{2\pi}{N}l} - e^{-i\frac{2\pi}{N}l}) \right\} Q_l Q_{-l} \\
&= \frac{m}{2} \sum_{l=-\frac{N}{2}}^{\frac{N}{2}-1} \omega_l^2 Q_l^* Q_l .
\end{aligned}
\tag{22.20}
$$

Die Gesamtenergie wird demnach

$$
E = \frac{m}{2} \sum_{l=-\frac{N}{2}}^{\frac{N}{2}-1} (\dot{Q}_l^* \dot{Q}_l + \omega_l^2 Q_l^* Q_l) .
\tag{22.21}
$$

Auch die Beiträge zur Energie sind entkoppelt.

Die Differenzialgleichung (22.18) ist leicht zu lösen:

$$
Q_l = A_l e^{i\omega_l t} + B_l e^{-i\omega_l t} .
\tag{22.22}
$$

Da q_l reell sein soll, fordern wir, dass (22.12) für jede Zeit gilt. Daraus ergibt sich, da $\omega_l = \omega_{-l}$ ist,

$$
A_l^* = B_{-l}, \quad B_l^* = A_{-l} .
\tag{22.23}
$$

Setzen wir nun (22.22) in (22.10) ein, so erhalten wir eine Lösung der Gleichung (22.4):

$$
q_n(t) = \frac{1}{\sqrt{N}} \sum_{l=-\frac{N}{2}}^{\frac{N}{2}-1} e^{i\frac{2\pi}{N}ln} \left(A_l e^{i\omega_l t} + B_l e^{-i\omega_l t} \right) .
\tag{22.24}
$$

Die freien Parameter A_l, B_l sind durch die Anfangsbedingungen festgelegt; sie können aus diesen, etwa aus $q_n(0)$ und $\dot{q}_n(0)$, berechnet werden:

$$
\begin{aligned}
q_n(0) &= \frac{1}{\sqrt{N}} \sum_{l=-\frac{N}{2}}^{\frac{N}{2}-1} e^{i\frac{2\pi}{N}ln} (A_l + B_l) \\
\dot{q}_n(0) &= \frac{i}{\sqrt{N}} \sum_{l=-\frac{N}{2}}^{\frac{N}{2}-1} e^{i\frac{2\pi}{N}ln} \omega_l (A_l - B_l) .
\end{aligned}
\tag{22.25}
$$

Daraus berechnen wir unter Zuhilfenahme von (22.6) $A_l + B_l$ sowie $A_l - B_l$ und finden

$$
A_l = \frac{1}{\sqrt{N}} \sum_{n=0}^{N-1} e^{-i\frac{2\pi}{N}ln}\frac{1}{2}\left(q_n(0) - \frac{i}{\omega_l}\dot{q}_n(0)\right)
$$

$$
B_l = A_{-l}^* = \frac{1}{\sqrt{N}} \sum_{n=0}^{N-1} e^{-i\frac{2\pi}{N}ln}\frac{1}{2}\left(q_n(0) + \frac{i}{\omega_l}\dot{q}_n(0)\right).
$$

(22.26)

Setzen wir dies in (22.24) ein, so erhalten wir eine lineare Beziehung zwischen $q_n(t)$ und $q_n(0)$, $\dot{q}_n(0)$:

$$
q_n(t) = \frac{1}{2N} \sum_{l=-\frac{N}{2}}^{\frac{N}{2}-1} \sum_{m=0}^{N-1} \left\{ e^{i\{\frac{2\pi}{N}l(n-m)+\omega_l t\}} \left(q_m(0) - \frac{i}{\omega_l}\dot{q}_m(0)\right)\right.
$$
$$
\left. + e^{i\{\frac{2\pi}{N}l(n-m)-\omega_l t\}}\left(q_m(0) + \frac{i}{\omega_l}\dot{q}_m(0)\right)\right\}.
$$

(22.27)

Bei der Summation über l im zweiten Term ersetzen wir l durch $-l$, dann wird aus (22.27)

$$
q_n(t) = \frac{1}{N} \sum_{m=0}^{N-1} \sum_{l=-\frac{N}{2}}^{\frac{N}{2}-1} \left\{ \cos\left(\frac{2\pi}{N}l(n-m)+\omega_l t\right) q_m(0)\right.
$$
$$
\left. + \frac{1}{\omega_l} \sin\left(\frac{2\pi}{N}l(n-m)+\omega_l t\right)\dot{q}_m(0)\right\}.
$$

(22.28)

Dies legt es nahe, folgende Funktion zu definieren:

$$
G_{n,m}(t) = \frac{1}{N} \sum_{l=-\frac{N}{2}}^{\frac{N}{2}-1} \frac{1}{\omega_l} \sin\left(\frac{2\pi}{N}l(n-m)+\omega_l t\right)
$$

$$
\omega_l = +\sqrt{\omega^2 + 4\Omega \sin^2 \frac{\pi}{N}l}.
$$

(22.29)

Mit deren Hilfe kann (22.28) wie folgt geschrieben werden:

$$
q_n(t) = \sum_m \left\{ G_{n,m}(t)\dot{q}_m(0) + \dot{G}_{n,m}(t)q_m(0)\right\}.
$$

(22.30)

Wir sehen, dass $q_n(t)$ für beliebige Zeiten t durch die Anfangswerte $q_m(0)$ und $\dot{q}_m(0)$ festgelegt sind. Da dies für beliebige $q_l(0)$ und $\dot{q}_l(0)$ gelten soll, folgt

$$
G_{n,m}(0) = 0, \quad \dot{G}_{n,m}(0) = \delta_{n,m}.
$$

(22.31)

Ebenso folgt aus der Bewegungsgleichung für q_n (22.4), eine Differenzialgleichung, der $G_{n,m}$ genügen muss:

$$\ddot{G}_{n,m}(t) + \omega^2 G_{n,m}(t) + \Omega^2 \left\{ G_{n+1,m}(t) + G_{n-1,m}(t) - 2G_{n,m}(t) \right\} = 0 \,.$$

$$(22.32)$$

$G_{n,m}$ ist demnach eine Lösung von (22.32) mit den Anfangsbedingungen (22.31). Die Funktion $G_{n,m}(t - t')$ propagiert sozusagen die Lösungen der Gleichung (22.4) von der Zeit t' zur Zeit t hin. Man kann entsprechend $G_{n,m}(t - t')$ auch als Propagator bezeichnen.

23 Schwingende Saite

Zur Differenzialgleichung der schwingenden Saite gelangt man, wenn man bei der linearen Kette den Grenzübergang $N \to \infty$ durchführt. Dieser Grenzübergang ist im Sinne des Überganges von der Riemann'schen Summe zum Integral zu verstehen. Damit gelangen wir zu einem System mit unendlich vielen Freiheitsgraden. Dies ist der erste Schritt hin zu einer Feldtheorie.

Wir lassen gleichzeitig mit $N \to \infty$ den Gitterabstand $a \to 0$ gehen, sodass die Länge der Kette konstant bleibt:

$$N \to \infty, \quad a \to 0, \quad Na \to L \,.$$

$$(23.1)$$

In gleicher Weise halten wir einen Punkt x fest und gehen von q_n zu einer Dichte der longitudinalen Auslenkung $q(x)$ über:

$$x = na \,, \quad q(x) = z^{-\frac{1}{2}} q_n \,.$$

$$(23.2)$$

Dies sollte bei endlichen n und a die Größen x und $q(x)$ definieren, nach dem Grenzübergang bleiben dann nur x und $q(x)$ als endliche Größen sinnvoll. Der Faktor $z^{-\frac{1}{2}}$ wurde eingeführt, weil sich beim Übergang zu den Dichten die Dimension von q ändert und uns dieser Faktor beim Grenzübergang mehr Freiheit erlaubt. Da die Gitterkonstante die wesentliche dimensionsbehaftete Größe ist, vermuten wir einen Zusammenhang zwischen z und a. Wie wir sehen werden, wird für $z = a$ der Übergang zum Kontinuum ($a \to 0$) besonders natürlich.

Wir wählen schon für endliches n und a die Bezeichnung x. Funktionswerte an benachbarten Punkten können durch eine Potenzreihenentwicklung dargestellt werden:

$$z^{-\frac{1}{2}} q_{n+1} = q(x + a) = q(x) + a q'(x) + \frac{1}{2} a^2 q''(x) + \ldots$$
$$z^{-\frac{1}{2}} q_{n-1} = q(x - a) = q(x) - a q'(x) + \frac{1}{2} a^2 q''(x) - \ldots \,.$$

$$(23.3)$$

Hier haben wir die x-Ableitung von q mit q' bezeichnet. Für den Ausdruck der Kraft K_n (22.3) ergibt dies in führender Ordnung in a

$$
\begin{aligned}
z^{-\frac{1}{2}} K_n &= -kz^{-\frac{1}{2}} q_n + z^{-\frac{1}{2}} K(q_{n+1} + q_{n-1} - 2q_n) \\
&= -kq(x) + Ka^2 q''(x).
\end{aligned}
\tag{23.4}
$$

Wiederum tritt der Faktor a^2 bei der zweiten Ableitung $q''(x)$ aus Dimensionsgründen auf. Im Grenzübergang werden wir demnach $a^2 K$ festhalten und wählen folgende Bezeichnungen:

$$
\frac{a^2 K}{m} = v^2, \quad \frac{k}{m} = \mu^2.
\tag{23.5}
$$

Die Bewegungsgleichung (22.4) geht dann im Limes in die Gleichung

$$
\left(\frac{\partial^2}{\partial t^2} - v^2 \frac{\partial}{\partial x^2} \right) q(x,t) + \mu^2 q(x,t) = 0
\tag{23.6}
$$

über. Da die Gleichungen (22.4) und (23.4) homogen sind, tritt der Faktor $z^{-\frac{1}{2}}$ nirgends auf.

Wir haben eine partielle Differenzialgleichung erhalten, sie ist linear, homogen und beschreibt für $\mu = 0$ die schwingende Saite. Partielle Differenzialgleichungen werden die allgemeine Beschreibungsform von der Dynamik der Felder in der Feldtheorie sein.

Als Nächstes betrachten wir die potenzielle Energie (22.20):

$$
\begin{aligned}
U &= \frac{1}{2} \sum_{n=1}^{N} \left(kq_n^2 + K(q_n - q_{n+1})^2 \right) \\
&= \frac{z}{2} \sum_{n=1}^{N} \left(kq^2(x) + Ka^2 q'^2(x) \right).
\end{aligned}
\tag{23.7}
$$

Wählen wir nun $z = a$ und betrachten a als die Maschenweite einer Riemann'schen Summe, so sehen wir, dass (23.7) die Riemann'sche Summe zum Integral

$$
U = \frac{m}{2} \int_0^L dx \, (\mu^2 q^2 + v^2 q'^2)
\tag{23.8}
$$

ist. U ist die potenzielle Energie mit der Dichte

$$
\frac{m}{2} \left(\mu^2 q^2(x) + v^2 q'^2(x) \right).
\tag{23.9}
$$

Dies legt auch die Dimension von $q(x)$ fest.

Die kinetische Energie ergibt sich aus (22.19):

$$
T = \frac{m}{2} \sum_{n=0}^{N-1} \dot{q}_n^2 = \frac{m}{2} z \sum_{n=1}^{N} \dot{q}^2.
\tag{23.10}
$$

Dies ist wiederum die Riemann'sche Summe zum Integral

$$T = \frac{m}{2} \int_0^L dx \, \dot{q}^2(x) \, . \tag{23.11}$$

Die Energiedichte der Summe von kinetischer und potenzieller Energie ergibt sich demnach zu

$$H(x) = \frac{m}{2} \left\{ \dot{q}^2(x) + v^2 q'^2(x) + \mu^2 q^2(x) \right\} \, . \tag{23.12}$$

Um zu sehen, was aus der Energieerhaltung geworden ist, bilden wir die erste Zeitableitung von H:

$$\begin{aligned}
\dot{H} &= m \left(\dot{q}\ddot{q} + v^2 q' \dot{q}' + \mu^2 q \dot{q} \right) \\
&= m \left(\dot{q}(v^2 q'' - \mu^2 q) + v^2 q' \dot{q}' + \mu q \dot{q} \right) \\
&= m \frac{d}{dx} (v^2 \dot{q} q') \, .
\end{aligned} \tag{23.13}$$

Wir haben dabei die Differenzialgleichung (23.6) verwendet.

Integrieren wir $H(x)$, um die Gesamtenergie zu erhalten, und berücksichtigen die periodischen Randbedingungen, so folgt die Erhaltung der Gesamtenergie:

$$\dot{E} = \int_0^L dx \, \dot{H}(x) = m \int_0^L dx \, \frac{d}{dx} v^2 \dot{q} q' = m v^2 \dot{q} q' \Big|_0^L = 0 \, . \tag{23.14}$$

Man kann auch nach der Änderung der Energie in einem Bereich zwischen x_1 und x_2 fragen:

$$\int_{x_1}^{x_2} dx \, \dot{H}(x) = m v^2 \dot{q} q' \Big|_{x_1}^{x_2} = m v^2 \dot{q}(x_2) q'(x_2) - m v^2 \dot{q}(x_1) q'(x_1) \, . \tag{23.15}$$

Es liegt nahe, $m v^2 \dot{q}(x) q'(x)$ als die durch den Punkt x geflossene Energie zu interpretieren.

Wir wenden uns jetzt der Lösung der Differenzialgleichung der schwingenden Saite zu.

$$\left(\frac{\partial^2}{\partial t^2} - v^2 \frac{\partial^2}{\partial x^2} \right) q(x,t) = 0 \tag{23.16}$$

Dabei legen wir periodische Randbedingungen fest:

$$q(x) = q(x + L) \, . \tag{23.17}$$

Für zwei beliebige Funktionen $f(x - vt)$ und $g(x + vt)$ ist

$$q(x, t) = f(x - vt) + g(x + vt) \qquad (23.18)$$

eine Lösung von (23.16). Um die Bedeutung von f und g zu sehen, betrachten wir zunächst

$$x_0 = x - vt\,. \qquad (23.19)$$

Dann ist $f(x)$ konstant längs der "Wellenfront" $x = x_0 + vt$, $f(x - vt)$ beschreibt demnach eine sich mit der Geschwindigkeit v nach rechts ausbreitende Wellenfront ($v > 0$), während g in gleicher Weise eine sich mit der Geschwindigkeit v nach links ausbreitende Wellenfront beschreibt.

Wir wollen noch zeigen, dass wir mit (23.18) die allgemeine Lösung von (23.16) gefunden haben. Wir können annehmen, dass wir zu einer bestimmten Zeit, $t = 0$, die Funktion $q(x, 0)$ und ihre erste Zeitablage $\dot{q}(x, 0)$ vorgeben können, wobei wir natürlich periodische Randbedingungen $q(x + L, 0) = q(x, 0)$ und $\dot{q}(x + L, 0) = \dot{q}(x, 0)$ annehmen. Die Gleichung (23.16) legt die zweite Zeitableitung $\ddot{q}(x, 0)$ fest. Zeitableitungen der Gleichung (23.16) bestimmen dann die höheren Zeitableitungen von q zur Zeit $t = 0$. Wir nehmen an, dass zumindest für ein Zeitintervall eine Potenzreihenentwicklung nach der Zeit um $t = 0$ konvergiert und die Lösung festlegt.

Aus (23.18) folgt

$$\begin{aligned} q(x, 0) &= f(x) + g(x) \\ \dot{q}(x, 0) &= v\left(g'(x) - f'(x)\right). \end{aligned} \qquad (23.20)$$

Wegen der Periodizitätsbedingungen von q und $\dot{q}$ gelten diese Gleichungen auch für Werte von x, die nicht zwischen $x = 0$ und $x = L$ liegen.

Um $g(x) - f(x)$ zu erhalten, integrieren wir die zweite Gleichung (23.20)

$$v\left(g(x) - f(x)\right) = \int\limits_0^x \mathrm{d}x'\,\dot{q}(x', 0) + \mathrm{const}\,. \qquad (23.21)$$

Daraus lässt sich dann f und g berechnen, und somit mit (23.18) auch eine Lösung von (23.16). Wir haben auf diese Weise das Anfangswertproblem der Gleichung (23.16) gelöst.

Es sei z. B. $\dot{q}(x, 0) = 0$, dann erhalten wir

$$\begin{aligned} g(x) &= \frac{1}{2}q(x, 0) + \mathrm{const}\,, \\ f(x) &= \frac{1}{2}q(x, 0) - \mathrm{const}\,. \end{aligned} \qquad (23.22)$$

Aus (23.18) folgt dann

$$q(x, t) = \frac{1}{2}q(x + vt, 0) + \frac{1}{2}q(x - vt, 0)\,. \qquad (23.23)$$

Die Periodizität von $q(x,t)$ in der Koordinate x folgt unmittelbar; es gilt aber auch

$$q(x, t + T) = q(x, t) \quad \text{für} \quad T = \frac{L}{v} \, . \tag{23.24}$$

Die Lösung ist auch zeitlich periodisch.

Die Gleichung (23.6) mit einer rücktreibenden Kraft zur Ruhelage können wir mit einem Produktansatz lösen. Wir nehmen an, dass sich die Lösung als Produkt einer Funktion der Zeit mit einer Funktion des Ortes darstellen lässt; dies nennt man auch einen Separationsansatz.

$$q(x, t) = \varphi(t)u(x) \tag{23.25}$$

Dies setzen wir in (23.6) ein und dividieren durch $\varphi(t)u(x)$:

$$\frac{\ddot{\varphi}}{\varphi} = v^2 \frac{u''}{u} - \mu^2 \, . \tag{23.26}$$

Eine Funktion der Zeit allein, die gleich einer Funktion des Ortes allein ist, muss eine Konstante sein. Wir bezeichnen diese Konstante mit $-\omega^2$. Dann ergeben sich aus (23.26) die beiden Gleichungen

$$\ddot{\varphi} + \omega^2 \varphi = 0$$
$$u'' + \frac{1}{v^2}(\omega^2 - \mu^2)u = 0 \, . \tag{23.27}$$

Wir führen noch die Bezeichnung

$$k^2 = \frac{1}{v^2}(\omega^2 - \mu^2) \tag{23.28}$$

ein und erhalten als reelle Lösungen von (23.27)

$$\varphi(t) = a\mathrm{e}^{i\omega t} + a^*\mathrm{e}^{-i\omega t} \, , \quad u(x) = c\mathrm{e}^{ikx} + c^*\mathrm{e}^{-ikx} \, . \tag{23.29}$$

Berücksichtigen wir die Periodizitätsbedingungen $q(x) = q(x + L)$, so muss dies auch für $u(x)$ gelten. Daraus folgt

$$k = \frac{2\pi}{L}n \, , \quad n \in \mathbb{Z} \, . \tag{23.30}$$

So wie man ω als Frequenz der Welle $\varphi(t)u(x)$ bezeichnet, heißt k Wellenzahl. Aus (23.29) folgt

$$u(x + \lambda) = u(x) \quad \text{mit} \quad \lambda = \frac{2\pi}{k} \, , \tag{23.31}$$

λ ist demnach die Wellenlänge.

Die so erhaltenen Lösungen können wir superponieren, da (23.6) eine lineare Gleichung ist:

$$q(x,t) = \sum_{n=-\infty}^{\infty} \left(c_n e^{i\omega t} e^{ikx} + c_n^* e^{-i\omega t} e^{-ikx} \right)$$

$$k = \frac{2\pi}{L} n, \quad \omega^2 = \mu^2 + v^2 k^2 . \tag{23.32}$$

Die Beziehung zwischen ω^2 und k^2 nennt man Dispersionsrelation.

Dass wir mit (23.32) die allgemeine Lösung erhalten haben, wollen wir im nächsten Kapitel zeigen.

24 Fourierreihe und Fourierintegral

In diesem Kapitel wollen wir die Fouriertransformation (22.8) und (22.10) etwas genauer untersuchen.

$$Q_l = \frac{\sqrt{a}}{\sqrt{L}} \sum_{n=0}^{N-1} e^{-i\frac{2\pi}{aN} anl} z^{\frac{1}{2}} q(na)$$

$$= \frac{1}{\sqrt{L}} \sum_{n=0}^{N-1} e^{-i\frac{2\pi}{L} x_n l} q(x_n) a \tag{24.1}$$

Dies nennt man eine Fourierreihenentwicklung. Die Gültigkeit dieser Gleichungen wurde aus der geometrischen Reihe hergeleitet.

Wir wollen nun den Grenzwert $N \to \infty$ untersuchen und zeigen, dass dieser Grenzübergang im Sinne der Definition des Riemann'schen Integrals verstanden werden kann. Dazu führen wir einen Abstand a ein, den wir mit der Maschenweite Δx der Riemann'schen Summe identifizieren wollen. Die Konstante a sollte dann beim Grenzübergang $N = \infty$ nach 0 gehen, $a \to 0$, und zwar so, dass die Länge L endlich bleibt:

$$Q_l = \frac{1}{\sqrt{L}} \int_0^L dx \, e^{-i\frac{2\pi}{L} lx} q(x) . \tag{24.2}$$

Im Sinne des Riemann'schen Integrals bezeichnen wir den Wert von an mit x und versuchen in der Reihe (24.1) alle großen N und n durch die großen L und x zu ersetzen. Dann erhalten wir aus der ersten Gleichung (24.1) die Gleichung

$$q(x) = \frac{1}{\sqrt{L}} \sum_{l=-\infty}^{\infty} e^{i\frac{2\pi}{L} lx} Q_l . \tag{24.3}$$

Die Gleichungen (24.2) und (24.3) sind die Gleichungen der Fourierentwicklung für ein endliches Intervall, d. h. wir haben eine Funktion, die zunächst zwischen 0 und L definiert ist nach den periodischen Funktionen

$$u_l(x) = \frac{1}{\sqrt{L}} e^{i\frac{2\pi}{L}lx}, \quad u_l(x+L) = u_l(x) \qquad (24.4)$$

entwickelt. Die durch (24.3) definierte Funktion wird periodischen Randbedingungen genügen. Die Koeffizienten Q_l lassen sich dann durch das Integral (24.2) berechnen.

Die Funktionen $u_l(x)$ sind orthogonal, wie eine einfache Rechnung zeigt:

$$\int_0^L dx\, u_{l'}^*(x) u_l(x) = \frac{1}{L} \int_0^L dx\, e^{i\frac{2\pi}{L}(l-l')x} = \delta_{l,l'}. \qquad (24.5)$$

Sie sind auch vollständig, dies ergibt sich aus (24.2) und (24.3). Wir setzen (24.2) in (24.3) ein und erhalten

$$q(x) = \int_0^L dx'\, q(x') \frac{1}{L} \sum_{l=-\infty}^{\infty} e^{i\frac{2\pi}{L}l(x-x')}. \qquad (24.6)$$

Da $q(x)$ wieder weitgehend beliebig ist, folgt daraus

$$\frac{1}{L} \sum_{l=-\infty}^{\infty} e^{i\frac{2\pi}{L}lx} = \delta_L(x) \qquad (24.7)$$

$$\delta_L(x+L) = \delta_L(x).$$

Wir haben die periodische δ_L-Funktion in eine Fourierreihe entwickelt. Die Gleichungen (24.5), (24.6) und (24.7) sollten mit (18.14), (18.12) und (18.15) verglichen werden.

Wir wollen nun zeigen, dass es sich bei den Lösungen (23.32) um die allgemeinste Lösung der Gleichung (23.6) mit periodischen Randbedingungen handelt. Dazu betrachten wir die Lösung (23.32) und ihre erste Zeitableitung zur Zeit $t = 0$:

$$q(x,0) = \sum_{l=-\infty}^{\infty} (c_l + c_{-l}^*) e^{i\frac{2\pi}{L}lx}$$

$$\dot{q}(x,0) = \sum_{l=-\infty}^{\infty} i\omega_l(c_l - c_{-l}^*) e^{i\frac{2\pi}{L}lx} \qquad (24.8)$$

$$\omega_l^2 = \mu^2 + v^2 \left(\frac{2\pi}{L}\right)^2 l^2.$$

Vergleichen wir dies mit der Fourierreihe (24.3), so ergibt die Rücktransformation (24.2)

$$c_l + c_{-l}^* = \frac{1}{L} \int_0^L dx\, e^{-i\frac{2\pi}{L}lx} q(x,0),$$

$$c_l - c_{-l}^* = -\frac{i}{\omega_l} \frac{1}{L} \int_0^L dx\, e^{-i\frac{2\pi}{L}lx} \dot{q}(x,0) \tag{24.9}$$

und damit

$$c_l = \frac{1}{2L} \int_0^L dx\, e^{-i\frac{2\pi}{L}lx} \left\{ q(x,0) - \frac{i}{\omega_l} \dot{q}(x,0) \right\}. \tag{24.10}$$

Wir sehen, dass $q(x,0)$ und $\dot{q}(x,0)$ die Lösung (23.32) eindeutig bestimmen, und dass auch jede Lösung so erhalten werden kann.

Wir können $q(x,t)$ direkt aus $q(x,0)$ und $\dot{q}(x,0)$ berechnen, indem wir c_l aus (24.10) in (23.32) einsetzen. Dies führt zu einer Gleichung analog zu (22.30):

$$q(x,t) = \int_0^L dx' \left\{ \Delta(x-x',t)\dot{q}(x',0) + \dot{\Delta}(x-x',t)q(x',0) \right\} \tag{24.11}$$

mit

$$\Delta(x,t) = \frac{1}{2L} \sum_{l=-\infty}^{\infty} \left(-\frac{i}{\omega_l} \right) \left\{ e^{i\omega_l t} e^{i\frac{2\pi}{L}lx} - e^{-i\omega_l t} e^{-i\frac{2\pi}{L}lx} \right\}$$

$$\omega_l = +\sqrt{\mu^2 + \left(v\frac{2\pi}{L}l \right)^2}. \tag{24.12}$$

Man sieht leicht, dass $\Delta(x,t)$ der Gleichung (23.6) genügt und in x periodisch ist:

$$\left(\frac{\partial^2}{\partial t^2} - v^2 \frac{\partial^2}{\partial x^2} + \mu^2 \right) \Delta(x,t) = 0$$

$$\Delta(x+L,t) = \Delta(x,t). \tag{24.13}$$

Außerdem genügt $\Delta(x,t)$ den Anfangsbedingungen

$$\Delta(x,0) = 0, \quad \dot{\Delta}(x,0) = \delta_L(x). \tag{24.14}$$

Um dies zu sehen, haben wir beim zweiten Term in der Summe (24.12) jeweils l durch $-l$ ersetzt, ω_l ist eine gerade Funktion von l.

Wir betrachten noch den Grenzübergang $L \to \infty$. Um ihn symmetrisch um $x = 0$ durchführen zu können, nützen wir die Periodizität von $q(x)$ und ersetzen das Intervall $(0, L)$ durch das Intervall $(-\frac{L}{2}, +\frac{L}{2})$. So wird (24.2) zu

$$Q_l = \frac{1}{\sqrt{L}} \int_{-\frac{L}{2}}^{\frac{L}{2}} dx \, e^{-i\frac{2\pi}{L}lx} q(x) \,, \tag{24.15}$$

während (24.3) unverändert bleibt:

$$q(x) = \frac{1}{\sqrt{L}} \sum_{l=-\infty}^{\infty} e^{i\frac{2\pi}{L}lx} Q_l$$

$$-\frac{L}{2} \leq x \leq \frac{L}{2} \,. \tag{24.16}$$

Wir definieren nun die Punkte im k-Raum:

$$k = \frac{2\pi}{L} l \,. \tag{24.17}$$

Sie sollen festgehalten werden, wenn L und l nach unendlich gehen. Das Intervall zwischen zwei solchen Punkten beträgt

$$\Delta k = \frac{2\pi}{L} \,. \tag{24.18}$$

Aus (24.16) machen wir eine Riemann'sche Summe:

$$q(x) = \frac{1}{\sqrt{L}} \sum_{l=-\infty}^{\infty} \Delta k \frac{L}{2\pi} e^{ikx} Q_l \,. \tag{24.19}$$

Wir sehen, dass, analog zu (23.2),

$$\tilde{q}(k) = \sqrt{\frac{L}{2\pi}} Q_l \tag{24.20}$$

die Größe ist, die einen endlichen Grenzwert haben soll. Dann strebt die Riemann'sche Summe (24.19) gegen das Integral

$$q(x) = \frac{1}{\sqrt{2\pi}} \int_{-\infty}^{\infty} dk \, e^{ikx} \tilde{q}(k) \,, \tag{24.21}$$

während (24.13) zu

$$\tilde{q}(k) = \frac{1}{\sqrt{2\pi}} \int_{-\infty}^{\infty} dx \, e^{-ikx} q(x) \tag{24.22}$$

wird. Dies sind genau die Formeln der Fouriertransformation (18.4) und (18.2).

25 Lorentz-Voigt-Transformationen

Einem unserer Leitmotive entsprechend, müssen wir jetzt nach der Invarianzgruppe der Gleichung (23.6) fragen.

$$\left(\frac{\partial^2}{\partial t^2} - v^2\frac{\partial^2}{\partial x^2} + \mu^2\right)q(x,t) = 0 \tag{25.1}$$

Um nicht durch Randbedingungen eingeschränkt zu sein, nehmen wir an, dass diese Gleichung für die ganze reelle Achse $-\infty < x < \infty$ gültig ist.

Wir suchen nach linearen Transformationen in x und t, die die Gestalt dieser Gleichung unverändert lassen. Dazu ist es zweckmäßig, vt als neue Zeitvariable einzuführen

$$x^0 = vt\,,\quad x^1 = x\,,\quad \boldsymbol{x} = (x^0, x^1) \tag{25.2}$$

und die Gleichungen in der Form

$$\left(\frac{\partial^2}{\partial x^{0^2}} - \frac{\partial^2}{\partial x^{1^2}} + \frac{\mu^2}{v^2}\right)q(\boldsymbol{x}) = 0 \tag{25.3}$$

zu schreiben.

Wir machen einen allgemeinen Ansatz für eine lineare Transformation wie in (1.18)

$$x'^\nu = A^\nu{}_\mu x^\mu\,, \tag{25.4}$$

(wobei über $\mu = 0, 1$ summiert wird) oder in Matrixform mit $\boldsymbol{x}'$ und $\boldsymbol{x}$ als Spaltenvektoren

$$\boldsymbol{x}' = \boldsymbol{A}\boldsymbol{x}\,. \tag{25.5}$$

Das Transformationsgesetz der Ableitungen erhalten wir durch die Differentiationsregel:

$$\frac{\partial}{\partial x^\nu} = \frac{\partial x'^\mu}{\partial x^\nu}\frac{\partial}{\partial x'^\mu} = A^\mu{}_\nu\frac{\partial}{\partial x'^\mu}\,. \tag{25.6}$$

Es wird sich im Allgemeinen von (25.4) unterscheiden. Da $\boldsymbol{A}$ eine inverse Matrix besitzt (die Transformationsmatrizen bilden eine Gruppe), folgt aus (25.6)

$$(A^{-1})^\nu{}_\sigma\frac{\partial}{\partial x^\nu} = A^\mu{}_\nu(A^{-1})^\nu{}_\sigma\frac{\partial}{\partial x'^\mu} = \frac{\partial}{\partial x'^\sigma} \tag{25.7}$$

oder

$$\frac{\partial}{\partial x'^\sigma} = \frac{\partial}{\partial x^\nu}(A^{-1})^\nu{}_\sigma,\quad \frac{\partial}{\partial \boldsymbol{x}'} = (\boldsymbol{A}^{-1})^T\frac{\partial}{\partial \boldsymbol{x}}\,. \tag{25.8}$$

Hier taucht die Matrix $(\boldsymbol{A}^{-1})^T$ auf.

Transformiert sich ein Vektor mit einer Matrix $\boldsymbol{A}$, so wollen wir ihn kontravariant nennen und seine Indizes oben schreiben. Transformiert er sich mit $(\boldsymbol{A}^{-1})^T$, so wollen wir ihn kovariant nennen und seine Indizes unten schreiben.

$$x'^\nu = A^\nu{}_\mu x^\mu\,,\quad y'_\nu = (A^{-1})^\mu{}_\nu y_\mu \tag{25.9}$$

Es ist sofort einsichtig, dass $x^\nu y_\nu$ eine Invariante ist:

$$x'^\nu y'_\nu = A^\nu{}_\mu x^\mu (A^{-1})^\rho{}_\nu y_\rho = x^\mu y_\mu \,. \tag{25.10}$$

Zu beachten ist auch, dass $\boldsymbol{A}$ und $(\boldsymbol{A}^{-1})^T$ als Gruppenelemente den gleichen Multiplikationsregeln entsprechen. Aus $\boldsymbol{A}_1\boldsymbol{A}_2 = \boldsymbol{A}_3$ folgt

$$\boldsymbol{A}_2^{-1}\boldsymbol{A}_1^{-1} = \boldsymbol{A}_3^{-1}, \quad (\boldsymbol{A}_1^{-1})^T(\boldsymbol{A}_2^{-1})^T = (\boldsymbol{A}_3^{-1})^T \,. \tag{25.11}$$

Dies folgt aus den Regeln der Matrixmultiplikation.

Suchen wir nach der Invarianzgruppe von (25.1), so muss aus (25.1) folgen, dass

$$\left(\frac{\partial^2}{\partial x'^{0^2}} - \frac{\partial^2}{\partial x'^{1^2}} + \frac{\mu^2}{v^2} \right) q'(\boldsymbol{x}') = 0 \,. \tag{25.12}$$

Da $q'(\boldsymbol{x}')$ die gleiche Schwingung beschreiben soll, betrachtet in den Koordinaten $\boldsymbol{x}'$ anstelle von $\boldsymbol{x}$, müssen wir annehmen, dass

$$q'(\boldsymbol{x}') = q(\boldsymbol{x}') = q(\boldsymbol{A}\boldsymbol{x}) \tag{25.13}$$

ist. Damit (25.12) gilt, muss nun auch gelten

$$\frac{\partial^2}{\partial x'^{0^2}} - \frac{\partial^2}{\partial x'^{1^2}} = \frac{\partial^2}{\partial x^{0^2}} - \frac{\partial^2}{\partial x^{1^2}} \,. \tag{25.14}$$

Setzen wir (25.8) für $\frac{\partial}{\partial x'^\nu}$ ein, so erhalten wir explizit

$$\begin{aligned}
&\left[((A^{-1})^0{}_0)^2 - ((A^{-1})^0{}_1)^2 \right] \frac{\partial}{\partial x^{0^2}} - \left[((A^{-1})^1{}_1)^2 - ((A^{-1})^1{}_0)^2 \right] \frac{\partial}{\partial x^{1^2}} \\
&+ 2\left[(A^{-1})^0{}_0(A^{-1})^1{}_0 - (A^{-1})^0{}_1(A^{-1})^1{}_1 \right] \frac{\partial}{\partial x^0} \frac{\partial}{\partial x^1} \\
&= \frac{\partial^2}{\partial x^{0^2}} - \frac{\partial^2}{\partial x^{1^2}} \,.
\end{aligned} \tag{25.15}$$

Daraus folgt

$$\begin{aligned}
((A^{-1})^0{}_0)^2 - ((A^{-1})^0{}_1)^2 &= 1 \\
((A^{-1})^1{}_1)^2 - ((A^{-1})^1{}_0)^2 &= 1 \\
(A^{-1})^0{}_0(A^{-1})^1{}_0 - (A^{-1})^0{}_1(A^{-1})^1{}_1 &= 0 \,.
\end{aligned} \tag{25.16}$$

Wählen wir für $\boldsymbol{A}^{-1}$ die Matrix

$$\boldsymbol{A}^{-1} = \begin{pmatrix} \cosh\varphi & \sinh\varphi \\ \sinh\varphi & \cosh\varphi \end{pmatrix} = \begin{pmatrix} (A^{-1})^0{}_0 & (A^{-1})^0{}_1 \\ (A^{-1})^1{}_0 & (A^{-1})^1{}_1 \end{pmatrix} , \tag{25.17}$$

so ist das Gleichungssystem wegen $(\cosh\varphi)^2 - (\sinh\varphi)^2 = 1$ erfüllt.

Demnach ist auch

$$(A^{-1})^T = \begin{pmatrix} \cosh\varphi & \sinh\varphi \\ \sinh\varphi & \cosh\varphi \end{pmatrix} \tag{25.18}$$

und

$$\frac{\partial}{\partial x'^0} = \cosh\varphi \frac{\partial}{\partial x^0} + \sinh\varphi \frac{\partial}{\partial x^1}$$

$$\frac{\partial}{\partial x'^1} = \sinh\varphi \frac{\partial}{\partial x^0} + \cosh\varphi \frac{\partial}{\partial x^1}, \tag{25.19}$$

während A die Matrix

$$A = \begin{pmatrix} \cosh\varphi & -\sinh\varphi \\ -\sinh\varphi & \cosh\varphi \end{pmatrix} \tag{25.20}$$

ist und damit

$$x'^0 = +\cosh\varphi\, x^0 - \sinh\varphi\, x^1$$

$$x'^1 = -\sinh\varphi\, x^0 + \cosh\varphi\, x^1 \tag{25.21}$$

wird. Man beachte den Unterschied zwischen dem kontravarianten und kovarianten Transformationsverhalten.

Diese Invarianzgruppe wurde zuerst von Voigt (Woldemar Voigt, Deutschland, 1850-1919) für die Schwingungsgleichung eines Kristalls angegeben, wobei v die Schallgeschwindigkeit ist. Für $v = c$, Lichtgeschwindigkeit, ist es die Lorentztransformation.

Um die Schwingung eines dreidimensionalen Kristalls zu beschreiben, wird $\frac{\partial}{\partial x^2}$ durch den Laplaceoperator Δ ersetzt

$$\Delta = \frac{\partial^2}{\partial x^{1^2}} + \frac{\partial^2}{\partial x^{2^2}} + \frac{\partial^2}{\partial x^{3^2}} \tag{25.22}$$

(Pierre Simon Laplace, Frankreich, 1749-1827).

Der Differenzialoperator der Wellengleichung erhält auch einen Namen:

$$\Box = \frac{\partial^2}{\partial x^{0^2}} - \Delta \tag{25.23}$$

heißt D'Alembert-Operator (Jean Baptiste D'Alembert, Frankreich, 1717-1783).

Voigt hat die Transformationen (25.19) und (25.21) als Symmetrietransformationen der Wellengleichung für Oszillationen eines elastischen, inkompressiblen Mediums erkannt und daraus gefolgert, dass für ein durch (25.17) bzw. (25.20) definiertes A mit $q(x)$ auch $q'(x) = q(A^{-1}x)$ eine Lösung der Wellengleichung (25.1) sein muss.

$$\left(\frac{\partial^2}{\partial x^{0^2}} - \frac{\partial^2}{\partial x^{1^2}} + \frac{\mu^2}{v^2} \right) q(x) = 0 \tag{25.24}$$

Dann folgt für ein $\boldsymbol{x}'$, das mit $\boldsymbol{x}$ durch (25.21) verbunden ist, wegen (25.14)

$$\left(\frac{\partial^2}{\partial x'^{0^2}} - \frac{\partial^2}{\partial x'^{1^2}} + \frac{\mu^2}{v^2} \right) q(\boldsymbol{A}^{-1}\boldsymbol{x}') = 0 \,. \qquad (25.25)$$

Die Striche an den Koordinaten können wir wieder weglassen – wir können sie ja nennen, wie wir wollen, dann ist das gerade unsere Behauptung.

Da das Ruhesystem des Mediums ein bevorzugtes Koordinatensystem für die Oszillationen darstellt, beschreiben die Transformationen (25.21) kein Transformationsgesetz in ein bewegtes Bezugssystem, sie führen nur von einer Lösung der Schwingungsgleichung zu einer neuen Lösung.

Wir gehen nun von einer Exponentialfunktion als Lösung der Gleichung (25.1) aus:

$$q(x,t) = \frac{1}{\sqrt{2\pi}} e^{i(\omega t + kx)} \,, \quad \omega^2 = \mu^2 + v^2 k^2 \,. \qquad (25.26)$$

Diese Lösung ergibt sich auch aus (23.32) im Limes $L \to \infty$. Wir schreiben sie in den x^0, x^1 Koordinaten:

$$q(\boldsymbol{x}) = \frac{1}{\sqrt{2\pi}} e^{i\left(\frac{\omega}{v} x^0 + k x^1 \right)} \,. \qquad (25.27)$$

Um die Notation zu vereinfachen, definieren wir

$$k_0 = \frac{\omega}{v} \,, \quad k_1 = k \,. \qquad (25.28)$$

Damit wird

$$q(\boldsymbol{x}) = \frac{1}{\sqrt{2\pi}} e^{i(k_\nu x^\nu)} \,. \qquad (25.29)$$

Die neue Lösung $q(\boldsymbol{A}^{-1}\boldsymbol{x})$ wird dann zu

$$q'(\boldsymbol{x}) = q(\boldsymbol{A}^{-1}\boldsymbol{x}) = \frac{1}{\sqrt{2\pi}} e^{i\left(k_\nu (A^{-1})^\nu{}_\mu x^\mu \right)} \,. \qquad (25.30)$$

Dies ist also wieder eine Lösung wie (25.29) mit dem neuen k-Vektor

$$k'_\mu = (A^{-1})^\nu{}_\mu k_\nu \,. \qquad (25.31)$$

Wir bezeichnen ihn als Wellenzahlvektor und sehen, dass er sich kovariant transformiert.

Teil II
Variationsprinzip
und relativistische Mechanik

26 Prinzip der kleinsten Wirkung ·

Variationsverfahren führen auf Differenzialgleichungen. Dies soll in diesem Kapitel gezeigt werden.

Liegen andererseits Differenzialgleichungen wie die Newton'schen Bewegungsgleichungen vor, dann ist es nahe liegend, nach dem entsprechenden Variationsproblem zu fragen.

Wir formulieren zunächst das Prinzip der kleinsten Wirkung. Die Variablen des zu beschreibenden Systems bezeichnen wir mit $q_1, q_2, \ldots, q_N$, sie spannen den N-dimensionalen Konfigurationsraum auf. Dies können z. B. die $3n$ Koordinaten eines Systems mit n Massenpunkten sein.

Die Variablen unterliegen einer zeitlichen Änderung, wir betrachten sie daher als Funktion der Zeit $q_1(t), q_2(t), \ldots, q_N(t)$. Die zeitlichen Ableitungen nennen wir Geschwindigkeiten.

Im zeitlichen Ablauf wird sich das System von einem Punkt im Konfigurationsraum zur Zeit t_1 zu einem Punkt im Konfigurationsraum zur Zeit t_2 bewegen. Wir nennen $q_1(t_1), q_2(t_1), \ldots, q_N(t_1)$ die Anfangswerte und $q_1(t_2), q_2(t_2), \ldots, q_N(t_2)$ die Endwerte der Bewegung.

$$q_l^{\mathrm{A}} = q_l(t_1) , \quad q_l^{\mathrm{E}} = q_l(t_2) \tag{26.1}$$

Wir wollen nun wissen, wie sich das System zwischen Anfangs- und Endwerten verhält. Dabei gehen wir von einer Funktion

$$\mathcal{L} = \mathcal{L}(q_1(t), \ldots, q_N(t), \dot{q}_1(t), \ldots, \dot{q}_N(t), t) \equiv \mathcal{L}(q(t), \dot{q}(t), t) \tag{26.2}$$

aus. Sie wird als Lagrangefunktion bezeichnet und ist für das System charakteristisch (Joseph Louis Lagrange, Italien/Frankreich, 1736-1813).

Die Bewegung soll nun so ablaufen, dass das zeitliche Integral von t_1 bis t_2 über diese Lagrangefunktion für die tatsächlich durchlaufende Bahn bei festgehaltenen Anfangs- und Endwerten extremal wird. Das Integral bezeichnet man als Wirkung:

$$W = \int_{t_1}^{t_2} \mathcal{L}(q_1(t), \ldots, q_N(t), \dot{q}_1(t), \ldots, \dot{q}_N(t), t) \, \mathrm{d}t . \tag{26.3}$$

Wir haben soeben das Prinzip der kleinsten Wirkung formuliert und wollen nun zeigen, dass es zu Differenzialgleichungen für $q_1(t), \ldots, q_N(t)$ führt.

Die Wirkung hängt von der Bahnkurve der zwischen q^{A} und q^{E} verlaufenden Bahn ab. In diesem Sinne ist sie ein Funktional der Bahn $q_1(t), \ldots, q_N(t)$. Im Unterschied zu einer Funktion hängt sie nämlich von den unendlich vielen Variablen $q_1(t), \ldots, q_N(t)$ ab – den Variablen $q_1(t), \ldots, q_N(t)$ zu jedem der unendlich vielen Zeitpunkte t zwischen t_1 und t_2 (Abb. 26.1).

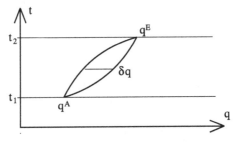

Abb. 26.1 Variation der Bahnkurve $q(t)$ zwischen den festgehaltenen Punkten q^A und q^E

Bei der Variation der Bahnkurve führen wir einen infinitesimalen Parameter ε ein:

$$q_i'(t) = q_i(t) + \varepsilon \delta q_i(t)$$
$$\delta q_l^A = \delta q_l(t_1) = 0, \quad \delta q_l^E = \delta q_l(t_2) = 0.$$

(26.4)

Die Variation ist so definiert, dass

$$\delta \dot{q}_l(t) = \frac{\mathrm{d}}{\mathrm{d}t} \delta q_l(t)$$

(26.5)

gilt.

Wir variieren die Wirkung:

$$\delta W = \int_{t_1}^{t_2} \mathcal{L}(q + \varepsilon \delta q, \dot{q} + \varepsilon \delta \dot{q}, t)\,\mathrm{d}t - \int_{t_1}^{t_2} \mathcal{L}(q, \dot{q}, t)\,\mathrm{d}t$$

$$= \varepsilon \int_{t_1}^{t_2} \sum_l \left(\frac{\partial \mathcal{L}}{\partial q_l} \delta q_l + \frac{\partial \mathcal{L}}{\partial \dot{q}_l} \delta \dot{q}_l \right)\,\mathrm{d}t.$$

(26.6)

Variieren wir ε, so folgt, dass das letzte Integral in (26.6) verschwinden muss:

$$\delta W = \int_{t_1}^{t_2} \sum_l \left(\frac{\partial \mathcal{L}}{\partial q_l} \delta q_l + \frac{\partial \mathcal{L}}{\partial \dot{q}_l} \delta \dot{q}_l \right)\,\mathrm{d}t = 0.$$

(26.7)

Wegen (26.5) können wir partiell integrieren, und wegen (26.4) verschwinden die Randterme:

$$\delta W = \int_{t_1}^{t_2} \sum_l \left(\frac{\partial \mathcal{L}}{\partial q_l} - \frac{\mathrm{d}}{\mathrm{d}t} \frac{\partial \mathcal{L}}{\partial \dot{q}_l} \right) \delta q_l \,\mathrm{d}t = 0.$$

(26.8)

Da aber $\delta q_l(t)$ zu jedem Zeitpunkt $t_1 < t < t_2$ und für jedes l beliebig sein soll, folgt aus (26.8), dass folgende Gleichungen gelten müssen:

$$\frac{\partial \mathcal{L}}{\partial q_l} - \frac{\mathrm{d}}{\mathrm{d}t} \frac{\partial \mathcal{L}}{\partial \dot{q}_l} = 0.$$

(26.9)

Dies sind die erwähnten Differenzialgleichungen des Variationsproblems, man nennt sie Euler-Lagrange Gleichungen.

Da wir annehmen, dass $\mathcal{L}$ nur von q und $\dot{q}$ abhängt, werden diese Differenzialgleichungen von höchstens zweiter Ordnung in der Zeit sein. Dies ist unser Tribut an Newton, von dem wir gelernt haben, dass es Differenzialgleichungen von zweiter Ordnung in der Zeit sind, die den Bewegungsablauf eines mechanischen Systems bestimmen.

Um zu sehen, wie der Hase läuft, betrachten wir zunächst ein Beispiel:

$$\mathcal{L} = \frac{1}{2} \sum_l m_l \dot{x}_l^2 - U(x_1, \ldots, x_N) \,. \tag{26.10}$$

Wir berechnen

$$\frac{\partial \mathcal{L}}{\partial x_l} = -\boldsymbol{\nabla}_l U(x) \,, \qquad \frac{\partial \mathcal{L}}{\partial \dot{x}_l} = m_l \dot{x}_l \,. \tag{26.11}$$

Die entsprechende Euler-Lagrange Gleichung lautet

$$m_l \ddot{x}_l = -\boldsymbol{\nabla}_l U(x) \,. \tag{26.12}$$

Die Lagrangefunktion (26.10) führt demnach auf die bekannten Newton'schen Bewegungsgleichungen für Systeme mit Potenzial.

$$\mathcal{L} = T - U \tag{26.13}$$

Dies ist eine spezielle Form von $\mathcal{L}$, allgemeineres $\mathcal{L}$ wird auch zu allgemeineren Bewegungsgleichungen führen. Wir können demnach Bewegungsgleichungen für viel allgemeinere Systeme formulieren.

Ein weiterer Vorteil der Lagrange'schen Formulierung ist, dass das Prinzip der kleinsten Wirkung unabhängig von der Parametrisierung der Bahnkurve ist.

Wir können eine Koordinatentransformation durchführen

$$Q_l(t) = Q_l(q_1(t), \ldots, q_N(t), t) \tag{26.14}$$

mit der Umkehrtransformation

$$q_l(t) = q_l(Q_1(t), \ldots, Q_N(t), t) \,. \tag{26.15}$$

Dann erhalten wir eine neue Lagrangefunktion

$$\mathcal{L}'(Q(t), \dot{Q}(t), t) = \mathcal{L}(q(Q(t), t), \dot{q}(Q(t), \dot{Q}(t), t), t) \tag{26.16}$$

und die Bewegungsgleichungen in den neuen Koordinaten Q ergeben sich wieder als die entsprechenden Euler-Lagrange Gleichungen

$$\frac{\partial \mathcal{L}'}{\partial Q_l} - \frac{\mathrm{d}}{\mathrm{d}t} \frac{\partial \mathcal{L}'}{\partial \dot{Q}_l} = 0 \,, \tag{26.17}$$

da sowohl $q(t)$ als auch $Q(t)$ die Bahnkurve parametrisieren und diese extremal sein sollte.

Es erhebt sich natürlich die Frage, wie viele Lagrangefunktionen zu den gleichen Bewegungsgleichungen führen. Sicherlich kann man zu einer Lagrangefunktion eine totale Zeitableitung addieren, ohne die Euler-Lagrange Gleichungen zu ändern. Eine totale Zeitableitung trägt zur Wirkung ja nur an den Grenzen des Zeitintegrals bei, wo die Variationen der Variablen verschwinden. Wir zeigen dies auch noch explizit:

$$\mathcal{L}'(q, \dot{q}, t) = \mathcal{L}(q, \dot{q}, t) + \frac{\mathrm{d}}{\mathrm{d}t} F(q, t). \tag{26.18}$$

F hängt nur von $q_1 \ldots, q_N$ und t ab, sonst würden sich höhere Zeitableitungen als $\dot{q}$ ergeben.

Wir bilden

$$\begin{aligned}
\sum_l \frac{\partial \mathcal{L}'}{\partial q_l} \delta q_l &= \sum_l \left(\frac{\partial \mathcal{L}}{\partial q_l} \delta q_l + \left(\frac{\mathrm{d}}{\mathrm{d}t} \frac{\partial F}{\partial q_l} \right) \delta q_l \right) \\
\sum_l \frac{\partial \mathcal{L}'}{\partial \dot{q}_l} \delta \dot{q}_l &= \sum_l \left(\frac{\partial \mathcal{L}}{\partial \dot{q}_l} \delta \dot{q}_l + \frac{\partial F}{\partial q_l} \delta \dot{q}_l \right).
\end{aligned} \tag{26.19}$$

Setzt man dies in (26.7) und führt die partielle Integration wie in (26.8) durch, so folgt

$$\frac{\partial \mathcal{L}'}{\partial q_l} - \frac{\mathrm{d}}{\mathrm{d}t} \frac{\partial \mathcal{L}'}{\partial \dot{q}_l} = \frac{\partial \mathcal{L}}{\partial q_l} - \frac{\mathrm{d}}{\mathrm{d}t} \frac{\partial \mathcal{L}}{\partial \dot{q}_l}. \tag{26.20}$$

Wenn wir die Gleichungen in den selben Variablen $q_1(t), \ldots, q_N(t)$ formulieren möchten, dann ist dies die einzige Freiheit, die wir haben, um die Lagrangefunktion zu ändern.

Addieren wir neue Variablen dazu, dann gibt es viele Möglichkeiten einer Änderung. Die trivialste Änderung wäre wohl, wenn wir zur Lagrangefunktion einen Term q_{N+1}^2 addieren. Dies gibt die zusätzliche Gleichung $q_{N+1} = 0$, die anderen Gleichungen bleiben unverändert.

Noch eine Bemerkung: die Tatsache, dass Differenzialgleichungen aus einer Lagrangefunktion hergeleitet werden können, bedeutet nicht, dass diese Differenzialgleichungen konsistent sind. Auch hier genügt ein einfaches Beispiel. $\mathcal{L} = q$ ergibt die Euler-Lagrange Gleichung $1 = 0$. Es kann eben sein, dass es keine Bahnkurve gibt, bei der die Wirkung ein Extremum annimmt.

27 Erhaltungssätze und Noethertheorem

Wir fragen zunächst, wie sich die Wirkung ändert, wenn wir die Bahnkurve beliebig variieren, also auch Anfangs- und Endwerte sowie die Integrationsgrenzen mit verändern.

$$\begin{aligned}
t' &= t + \tau(t) \\
q_l'(t') &= q_l(t) + \Delta q_l(t)
\end{aligned} \tag{27.1}$$

seien die infinitesimalen Variationen der Zeit wie auch der Variablen. Die Variation der Wirkung ist dann

$$W' = \int_{t'_1}^{t'_2} dt' \, \mathcal{L}(q'(t'), \dot{q}'(t'), t') \, ,$$

$$\Delta W = W' - W \, . \tag{27.2}$$

Wir ändern zunächst die Integrationsvariable des Integrals W':

$$t = t' - \tau(t) \, , \quad dt' = dt \, (1 + \dot{\tau}(t))$$

$$W' = \int_{t_1}^{t_2} dt \, (1 + \dot{\tau}) \, \mathcal{L}(q'(t + \tau), \dot{q}'(t + \tau), t + \tau) \, . \tag{27.3}$$

Wir erinnern daran, dass τ eine infinitesimale Größe ist und der Unterschied zwischen $\tau(t')$ und $\tau(t)$ damit von zweiter Ordnung.

Als Nächstes entwickeln wir den Integranden in (27.3):

$$\mathcal{L}(q'(t + \tau), \dot{q}'(t + \tau), t + \tau) = \mathcal{L}(q'(t), \dot{q}'(t), t) + \tau \frac{d}{dt} \mathcal{L}(q(t), \dot{q}(t), t) \, . \tag{27.4}$$

Auch hier haben wir im letzten Term q' und $\dot{q}'$ durch q und $\dot{q}$ ersetzt, da der Unterschied zu Termen zweiter Ordnung führt.

Setzen wir dies in (27.3) ein, so ergibt sich

$$W' = \int_{t_1}^{t_2} dt \, \mathcal{L}(q'(t), \dot{q}'(t), t) + \int_{t_1}^{t_2} dt \, \frac{d}{dt} \left(\tau \mathcal{L}(q(t), \dot{q}(t), t) \right) \, . \tag{27.5}$$

Den Unterschied zwischen $q'(t)$ und $q(t)$ bezeichnen wir wie in (26.4) mit $\delta q(t)$:

$$q'_l(t) = q_l(t) + \delta q_l(t) = q'_l(t') - \tau \dot{q}_l(t) \, . \tag{27.6}$$

Daraus folgt mit (27.1)

$$\delta q_l(t) = \Delta q_l(t) - \tau \dot{q}_l(t) \, . \tag{27.7}$$

Es gilt nun wieder

$$\delta \dot{q}_l(t) = \frac{d}{dt} \delta q_l(t) \, . \tag{27.8}$$

Wir entwickeln $\mathcal{L}(q'(t), \dot{q}'(t), t)$:

$$\mathcal{L}(q'(t), \dot{q}'(t), t) = \mathcal{L}(q(t), \dot{q}(t), t) + \sum_l \left(\delta q_l \frac{\partial \mathcal{L}}{\partial q_l} + \delta \dot{q}_l \frac{\partial \mathcal{L}}{\partial \dot{q}_l} \right) \tag{27.9}$$

und erhalten aus (27.5) unter Verwendung von (27.9)

$$\Delta W = \int\limits_{t_1}^{t_2} \mathrm{d}t \sum_l \left\{ \frac{\partial \mathcal{L}}{\partial q_l} - \frac{\mathrm{d}}{\mathrm{d}t} \frac{\partial \mathcal{L}}{\partial \dot{q}_l} \right\} \delta q_l + \int\limits_{t_1}^{t_2} \mathrm{d}t \frac{\mathrm{d}}{\mathrm{d}t} \left\{ \sum_l \frac{\partial \mathcal{L}}{\partial \dot{q}_l} \delta q_l + \tau \mathcal{L} \right\} . \quad (27.10)$$

Wir ersetzen δq wieder durch Δq aus (27.7) und führen eine übliche Bezeichnungsweise ein:

$$\frac{\delta \mathcal{L}}{\delta \dot{q}_l} = p_l, \quad H = \sum_l p_l \dot{q}_l - \mathcal{L} . \quad (27.11)$$

Damit erhalten wir als Ergebnis die Variation der Wirkung

$$\Delta W = \int\limits_{t_1}^{t_2} \mathrm{d}t \sum_l \left\{ \frac{\partial \mathcal{L}}{\partial q_l} - \frac{\mathrm{d}}{\mathrm{d}t} \frac{\partial \mathcal{L}}{\partial \dot{q}_l} \right\} \delta q_l + \int\limits_{t_1}^{t_2} \mathrm{d}t \frac{\mathrm{d}}{\mathrm{d}t} \left\{ \sum_l p_l \Delta q_l - H\tau \right\} . \quad (27.12)$$

Variieren wir die tatsächlich durchlaufene Bahn, für die die Euler-Lagrange Gleichungen gelten, so ergibt dies

$$\Delta W = \left\{ \sum_l p_l \Delta q_l - H\tau \right\} \Big|_{t_1}^{t_2} . \quad (27.13)$$

Wie zu erwarten, trägt nur die Variation zur Anfangs- und Endzeit t_1, und t_2 zur Änderung der Wirkung bei.

Falls sich die Wirkung bei einer Transformation nicht ändert, diese Transformation also eine Symmetrietransformation des Wirkungsintegrals ist, dann gilt $\Delta W = 0$, und (27.13) wird zu einem Erhaltungssatz:

$$\left(H\tau - \sum_l p_l \Delta q_l \right)(t_1) = \left(H\tau - \sum_l p_l \Delta q_l \right)(t_2) . \quad (27.14)$$

Dies ist die einfachste Form des Noethertheorems (Emmy Noether, Deutschland/USA, 1882-1935).

Es kann auch der Fall eintreten, dass sich die Wirkung bei einer bestimmten Transformation um eine totale Zeitableitung ändert:

$$\Delta W = \int\limits_{t_1}^{t_2} \mathrm{d}t \frac{\mathrm{d}}{\mathrm{d}t} F(q,t) . \quad (27.15)$$

Wir wissen von (26.20), dass sich die Euler-Lagrange Gleichungen dann nicht ändern. Jetzt sehen wir, dass es auch einen Erhaltungssatz gibt:

$$H(t)\tau(t) - \sum_l p_l(t)\Delta q_l(t) + F(t) \quad (27.16)$$

ist zeitunabhängig.

Die enorme Bedeutung des Noethertheorems liegt darin, dass nicht nur die Erhaltung einer bestimmten Größe gezeigt wird, sondern dass diese erhaltene Größe auch durch die entsprechenden Symmetrietransformationen festgelegt ist.

Einige Beispiele sollen dies erläutern. Wir betrachten die Galileitransformationen und beginnen mit der Translation.

Impuls:

Ganz allgemein werden wir die Größe, die infolge der Translationsinvarianz erhalten ist, Impuls nennen.

Es sei

$$t' = t\,, \quad \tau = 0$$
$$q_l' = q_l + a_l\,, \quad \Delta q_l = a_l\,. \tag{27.17}$$

Aus (27.14) folgt, dass

$$\sum_l p_l a_l = P \tag{27.18}$$

erhalten ist. Können alle Parameter a_l unabhängig gewählt werden, dann ist jedes p_l für sich erhalten.

Es kann auch sein, dass die Wirkung invariant ist bei einer bestimmten Wahl von a_l, die dann nicht unabhängig sind. Dazu betrachten wir die Lagrangefunktion (26.10). Hängt das Potenzial nur von der Differenz der Vektoren $\boldsymbol{x}_l - \boldsymbol{x}_k$ ab, so ist $\mathcal{L}$ invariant unter Translationen im $\mathbb{R}^3$:

$$\tau = 0\,, \quad \Delta \boldsymbol{x}_l = \boldsymbol{a}\,. \tag{27.19}$$

Die entsprechende erhaltene Größe ist der Gesamtimpuls

$$\boldsymbol{P} = \sum_l m_l \dot{\boldsymbol{x}}_l\,, \tag{27.20}$$

wie wir ihn in (6.23) kennen gelernt haben.

Energie:

Wenn die Lagrangefunktion nicht explizit von der Zeit abhängt, dann ist die Wirkung invariant unter Zeittranslationen:

$$t' = t + \tau_0\,, \quad \tau = \tau_0$$
$$q'(t') = q_l(t)\,, \quad \Delta q_l = 0\,. \tag{27.21}$$

Aus (27.21) folgt, da auch $\dot{q}'(t') = \dot{q}(t)$ gilt,

$$\mathcal{L}(q'(t'), \dot{q}'(t')) = \mathcal{L}(q(t), \dot{q}(t))\,. \tag{27.22}$$

Damit folgt

$$W' = \int\limits_{t_1'=t_1+\tau_0}^{t_2'=t_2+\tau_0} dt'\, \mathcal{L}(q'(t'), \dot{q}'(t'))$$

$$= \int\limits_{t_1'=t_1+\tau_0}^{t_2'=t_2+\tau_0} dt'\, \mathcal{L}(q(t'-\tau_0), \dot{q}(t'-\tau_0))\,. \tag{27.23}$$

Wir ändern die Integrationsvariable

$$t' - \tau_o = t\,, \quad dt' = dt$$

$$W' = \int\limits_{t_1}^{t_2} dt\, \mathcal{L}(q(t), \dot{q}(t)) = W \tag{27.24}$$

und erhalten

$$\Delta W = W' - W = 0\,. \tag{27.25}$$

Die entsprechende erhaltene Größe, die aus (27.14) folgt, heißt Energie:

$$E = H = \sum_l p_l \dot{q}_l - \mathcal{L}\,. \tag{27.26}$$

Aus der Lagrangefunktion (26.10) erhalten wir unseren wohl bekannten Ausdruck für die Energie:

$$E = \sum_l \frac{m_l}{2} \dot{x}_l^2 + U(\boldsymbol{x}) = T + U\,. \tag{27.27}$$

Drehimpuls:

Wir gehen jetzt von einer Lagrangefunktion aus, die die Bewegung von n Massenpunkten mit den Koordinaten $\boldsymbol{x}_l, l = 1, \ldots, n$, beschreibt und invariant ist unter Drehungen (siehe (1.29)):

$$t' = t$$

$$x_l' = x_l + \sum_{r,k} \Delta\varphi_r \varepsilon_{lrk} x_k\,. \tag{27.28}$$

Dies entspricht einer infinitesimalen Drehung um die Achse, deren Richtung durch den Vektor $\boldsymbol{\Delta\varphi}$, und deren Drehwinkel durch den Betrag $\|\boldsymbol{\Delta\varphi}\|$ festgelegt werden.

Damit wird $\tau = 0$, $\Delta x_r = \varepsilon_{rsk}\Delta\varphi_s x_k$. Aus (27.14) folgt dann Drehimpulserhaltung:

$$\boldsymbol{L} = \sum_l \boldsymbol{r}_l \times \boldsymbol{p}_l\,. \tag{27.29}$$

Es kann aber auch sein, dass das Potenzial nur unter der Drehung um eine bestimmte Achse invariant ist. Wir legen die z-Achse in diese Richtung und gehen zu Polarkoordinaten über. Das Potenzial wird dann vom Polarwinkel φ nicht abhängen. Die erhaltene Komponente des Drehimpulses ist der zur Variablen φ konjugierte Impuls. (Den Begriff des konjungierten Impulses werden wir in Kap. 31 allgemein diskutieren.)

Schwerpunktsatz:

Es bleiben noch die eigentlichen Galileitransformationen:

$$t' = t, \quad \tau = 0,$$
$$x_l' = x_l + \Delta v\, t, \quad \Delta x_l = \Delta v\, t. \tag{27.30}$$

Der Parameter Δv sei infinitesimal. Wir betrachten zunächst das Transformationsverhalten der kinetischen Energie:

$$
\begin{aligned}
T' &= \frac{1}{2} \sum_l m_l \dot{x}'_l{}^2 = \frac{1}{2} \sum_l m_l (\dot{x}_l^2 + 2\Delta v \dot{x}_l) \\
&= T + \Delta v \sum_l m_l \dot{x}_l = T + \frac{\mathrm{d}}{\mathrm{d}t} \Delta v \sum_l m_l x_l.
\end{aligned}
\tag{27.31}
$$

Die kinetische Energie ändert sich um eine totale Zeitableitung.

Gehen wir von einer Lagrangefunktion der Form (26.10) aus und nehmen an, dass das Potenzial translationsinvariant ist, dann finden wir für die Transformationen (27.30)

$$\Delta W = \Delta v \sum_l m_l x_l \Big|_{t_1}^{t_2} = \Delta v M \boldsymbol{R} \Big|_{t_1}^{t_2}. \tag{27.32}$$

Hier ist $\boldsymbol{R}$ der Schwerpunkt (6.25).

Aus (27.16) folgt nun, dass die Größe

$$M\boldsymbol{R} - \sum_l \boldsymbol{p}_l t = M\boldsymbol{R} - \boldsymbol{P}t \tag{27.33}$$

zeitunabhängig ist. Dies ist der Schwerpunktsatz:

$$\boldsymbol{R} = \frac{1}{M} \boldsymbol{P}t + \boldsymbol{R}_0 = \boldsymbol{V}t + \boldsymbol{R}_0. \tag{27.34}$$

Dies sind die Erhaltungssätze, die ganz allgemein aus der Galileiinvarianz folgen. Impuls, Energie und Drehimpuls sind demnach für ein durch eine Wirkung charakterisiertes System sofort zu identifizieren, falls dieses System unter den entsprechenden Transformationen invariant ist.

Wenn die Lagrangefunktion von einer bestimmten Variablen nicht abhängt, wohl aber von deren Zeitableitung, dann liefern die Euler-Lagrange-Gleichungen direkt einen Erhaltungssatz. Solche Variable nennt man zy-

klische Variable. Es ist sicher sinnvoll, durch Koordinatentransformationen
(26.14) möglichst viele Variablen auf zyklische Variablen zu transformieren
und dann erst die Bewegungsgleichungen zu lösen.

28 Lorentztransformationen

Die Erfahrung mit mechanischen Systemen hat uns gelehrt, dass sie eine Beschreibung zulassen, in der für die bestimmenden Bewegungsgleichungen das
Galileiprinzip gilt. Der Zeit und der Masse kommt dabei eine ausgezeichnete
Rolle zu, sie sind vom Bewegungszustand des Körpers und des Beobachters
unabhängige Größen. Die Galileitransformationen haben wir in (2.10) kennen
gelernt.

Die Erfahrung mit elektromagnetischen Erscheinungen lehrt uns jedoch,
dass die für diese Erscheinungen bestimmenden Gleichungen, die Maxwell-
gleichungen, eine andere Invarianzgruppe besitzen (James Clerk Maxwell,
England, 1831-1879). Diese Gleichungen sind den Schwingungsgleichungen,
wie wir sie bei der schwingenden Saite in Kap. 23 kennen gelernt haben,
sehr ähnlich. Eine Konsequenz der Maxwell'schen Gleichungen ist, dass im
ladungsfreien Raum (Vakuum) die Komponenten des elektrischen Feldes der
Wellengleichung genügen:

$$\Box \boldsymbol{E} = \left(\frac{1}{c^2} \frac{\partial^2}{\partial t^2} - \Delta \right) \boldsymbol{E} = 0 \,, \tag{28.1}$$

c ist die Lichtgeschwindigkeit.

Fragen wir nach den Transformationen, die diese Gleichung invariant lassen, dann stoßen wir auf die in Kap. 25 diskutierten Transformationen. Wir
bezeichnen mit x^0 die Größe ct.

$$\begin{aligned}
x'^0 &= \cosh \varphi x^0 - \sinh \varphi x^1 \\
x'^1 &= -\sinh \varphi x^0 + \cosh \varphi x^1
\end{aligned} \tag{28.2}$$

Anstelle von x^1 können wir jede beliebige Raumrichtung wählen.

Es hätte sein können, dass wie im Fall eines Kristalls und dessen Schwingungen es ein bevorzugtes Bezugssystem gibt, in dem das schwingende Medium ruht. Dieses Medium hat man als Äther bezeichnet und danach gesucht.
Seit Heinrich Hertz (Deutschland, 1857-1894) weiß man, dass die Lichtaus-
breitung ein elektromagnetisches Phänomen ist. In einem Bezugssystem, das
sich relativ zum Äther bewegt, müsste sich bei Galileitransformationen die
Geschwindigkeit des Bezugssystems zur Lichtgeschwindigkeit addieren. Michelson und Morley konnten jedoch experimentell eindeutig nachweisen, dass
das nicht der Fall ist (Albert Michelson, USA, 1852-1931und Edward Wil-
liams Morley, USA, 1838-1923). Die Lichtgeschwindigkeit ist vielmehr in beiden Systemen gleich – sie ist eine Naturkonstante, unabhängig von der Geschwindigkeit der Lichtquelle oder des Beobachters. Sie verdrängt somit die

Zeit von ihrer bevorzugten Rolle. Konstanz der Lichtgeschwindigkeit bedeutet, dass

$$c^2(t_A - t_B)^2 - (\boldsymbol{x}_A - \boldsymbol{x}_B)^2 = c^2(t'_A - t'_B)^2 - (\boldsymbol{x}'_A - \boldsymbol{x}'_B)^2 , \qquad (28.3)$$

wobei die Ausbreitung des Lichtes einmal im Koordinatensystem K und einmal im Koordinatensystem K' beobachtet wird. Dies führt wiederum zu einem Transformationsverhalten, das durch die Gleichung (28.2) beschrieben
wird. Nun ist dies aber nicht nur eine Transformation, die eine Lösung der
Maxwell'schen Gleichung in eine andere transformiert, sondern eine Transformation zwischen Bezugssystemen.

Beobachten wir den Ursprung des Koordinatensystems K' ($x'^1 = 0$) im
Koordinatensystem K, so finden wir aus (28.2) folgende Beziehung:

$$x'^1 = -\sinh\varphi\, x^0 + \cosh\varphi\, x^1 = 0$$
$$\text{oder} \quad x^1 = \tanh\varphi\, x^0 = c\tanh\varphi\, t . \qquad (28.4)$$

Im Koordinatensystem K bewegt sich dieser Punkt mit der Geschwindigkeit
$v = c\tanh\varphi$.

Wir können nun $\sinh\varphi$ und $\cosh\varphi$ in (28.2) durch $\frac{v}{c}$ ausdrücken und erhalten als spezielle Lorentztransformation für ein Bezugssystem K, das sich
mit der Geschwindigkeit v in der x^1-Richtung relativ zu K' bewegt, folgendes
Transformationsgesetz:

$$x'^0 = \frac{x^0 + \frac{v}{c}x^1}{\sqrt{1 - \frac{v^2}{c^2}}} , \quad t' = \frac{t + \frac{v}{c^2}x^1}{\sqrt{1 - \frac{v^2}{c^2}}}$$

$$x'^1 = \frac{x^1 + \frac{v}{c}x^0}{\sqrt{1 - \frac{v^2}{c^2}}} \qquad (28.5)$$

$$x'^2 = x^2$$

$$x'^3 = x^3 .$$

Für Geschwindigkeiten, die klein gegenüber der Lichtgeschwindigkeit sind
($\frac{v}{c} \ll 1$), geht diese Transformation in die Galileitransformation (2.8) über.
Wir sehen aber auch, dass es eine Grenzgeschwindigkeit gibt. Da die Koordinaten reelle Größen sind, folgt $v \leq c$.

So wie wir in (1.10) mit den Drehungen um die x^3-Achse begonnen haben
und dann zu Drehungen um eine beliebige Achse übergegangen sind, können wir jetzt in Bezugssysteme transformieren, die sich in einer beliebigen
Richtung mit einer konstanten Geschwindigkeit bewegen.

Es ist sofort einsichtig, dass die Drehungen in den Raumkoordinaten, wie
sie in (1.18) definiert wurden, die Bedingung (28.3) erfüllen. Wir fassen die
linear homogenen Transformationen zusammen

$$x'^\mu = \sum_{\nu=0}^{3} \Lambda^\mu{}_\nu x^\nu \equiv \Lambda^\mu{}_\nu x^\nu , \qquad (28.6)$$

die (28.3) invariant lassen. Setzen wir $x_B^\nu = 0$, dann ist auch $x_B'^\nu = 0$, damit wird (28.3) zu

$$(x'^0)^2 - (x'^1)^2 - (x'^2)^2 - (x'^3)^2 = (x^0)^2 - (x^1)^2 - (x^2)^2 - (x^3)^2 . \quad (28.7)$$

Diese Größe nennt man auch 4-er Abstand und schreibt sie mithilfe einer Pseudometrik. Pseudo, da der Abstand nicht immer positiv ist.

$$x^2 = x^\mu x^\nu g_{\mu\nu} ,$$
$$g_{00} = 1, \quad g_{11} = g_{22} = g_{33} = -1 , \quad g_{\mu\nu} = 0 \quad \text{für} \quad \mu \neq \nu \quad (28.8)$$

Wir haben den Koordinaten konsequent obere Indizes gegeben. Bei der Summation von 0 bis 3 achten wir darauf, dass immer über einen oberen und einen unteren Index summiert wird.

Eine Größe x^μ, die sich wie (28.6) transformiert, heißt (kontravarianter) Vierervektor. Ein linearer Raum, der mit einer Pseudometrik versehen ist, heißt Minkowskiraum – im Gegensatz zu einem Raum, der wie unser $\mathbb{R}^3$ in Kap. 1 mit einer positiv definiten Metrik versehen ist und Euklidischer Raum heißt (Hermann Minkowski, Russland/Deutschland, 1864-1909).

Wir wollen nun, analog zu den Überlegungen nach Gleichung (1.18), aus (28.7) die Bedingungen an $\Lambda^\mu{}_\nu$ für die Lorentztransformationen (28.6) herleiten.

$$x'^\mu x'^\nu g_{\mu\nu} = \Lambda^\mu{}_\rho x^\rho \Lambda^\nu{}_\sigma x^\sigma g_{\mu\nu} = x^\rho x^\sigma g_{\rho\sigma} \quad (28.9)$$

Daraus folgt analog zu (1.20)

$$\Lambda^\mu{}_\rho \Lambda^\nu{}_\sigma g_{\mu\nu} = g_{\rho\sigma} . \quad (28.10)$$

Dies ist die Bedingung an die Lorentztransformation $\Lambda^\mu{}_\nu$, damit sie den 4er-Abstand invariant lässt.

Mit der Metrik $g_{\mu\nu}$ kann man einen Index „herunterziehen":

$$x_\mu = g_{\mu\nu} x^\nu . \quad (28.11)$$

Wir betrachten dessen Transformationsverhalten:

$$x'_\mu = g_{\mu\nu} x'^\nu = g_{\mu\nu} \Lambda^\nu{}_\sigma x^\sigma . \quad (28.12)$$

Aus (28.10) folgt nun

$$g_{\mu\nu} \Lambda^\nu{}_\sigma = g_{\rho\sigma} (\Lambda^{-1})^\rho{}_\mu , \quad (28.13)$$

weil Λ als Gruppenelement ein Inverses besitzt. Verwenden wir dies in (28.12), so erhalten wir

$$x'_\mu = x_\rho (\Lambda^{-1})^\rho{}_\mu . \quad (28.14)$$

Dies ist aber das in (24.9) definierte kovariante Transformationsverhalten eines Vektors. Wir nennen x_ν einen (kovarianten) Vierervektor.

Allgemein, wenn über einen oberen und einen unteren Index summiert wird, entsteht dabei eine Invariante. Davon überzeugt man sich leicht mithilfe von (28.14) und (28.6). Man nennt diesen Vorgang auch Verjüngen von zwei Indizes. Die Invariante $a^\mu x^\nu g_{\mu\nu}$ können wir nun auch $a^\nu x_\nu \equiv a \cdot x$ schreiben. Durch die zu $g_{\mu\nu}$ inverse Matrix $g^{\mu\nu}$

$$g^{\mu\nu} g_{\nu\rho} = \delta^\mu{}_\rho \qquad (28.15)$$

können wir die Indizes wieder „hochziehen":

$$x^\mu = g^{\mu\nu} x_\nu . \qquad (28.16)$$

Man sieht aus (28.15), dass $g^{\mu\nu}$ die gleichen Einträge hat wie $g_{\mu\nu}$. Es handelt sich bei $g^{\mu\nu}$ um einen forminvarianten kontravarianten Tensor, währen $g_{\mu\nu}$ ein forminvarianter kovarianter Tensor ist.

Wie am Ende des ersten Kapitels für die Drehungen wollen wir auch für die Lorentztransformationen die infinitesimalen Transformationen studieren:

$$\Lambda^\mu{}_\nu = \delta^\mu{}_\nu + \varepsilon F^\mu{}_\nu . \qquad (28.17)$$

Aus Gleichung (28.10) wird nun

$$g_{\rho\mu} F^\mu{}_\sigma + g_{\sigma\mu} F^\mu{}_\rho = 0 . \qquad (28.18)$$

Das heißt, die Matrix $g_{\rho\mu} F^\mu{}_\sigma$ muss antisymmetrisch sein. Da der Minkowskiraum vierdimensional ist, besitzen die Lorentztransformationen sechs Erzeugende. Die Lorentztransformationen, die kontinuierlich mit der Einheit verbunden sind (Lorentztransformationen ohne Spiegelungen), bilden eine sechsparametrige kontinuierliche nichtabelsche Gruppe.

Mit den Lorentztransformationen (28.6) erfüllen auch die Translationen

$$x'^\mu = x^\mu + a^\mu \qquad (28.19)$$

die Gleichung (28.3).

Die Translationen (28.19) und die homogenen Lorentztransformationen (28.6) bilden gemeinsam die Poincarégruppe (Henri Poincaré, Frankreich, 1854-1912).

$$x'^\mu = \Lambda^\mu{}_\nu x^\nu + a^\mu \qquad (28.20)$$

Am Ende des Kapitels 2 haben wir das Galileiprinzip formuliert. Wir können es beibehalten, wenn wir die Galileitransformationen (2.10) durch die Poincarétransformationen (28.20) ersetzen: Naturgesetze ändern sich nicht, wenn sie in einem anderen Bezugssystem formuliert werden, das sich nur durch eine Poincarétransformation vom ursprünglichen Bezugssystem unterscheidet.

Aus diesem Prinzip ergeben sich einige direkte Eigenschaften, die unabhängig von den speziellen Bewegungsgleichungen, also unabhängig von der speziellen Dynamik sind. Solche Systeme wollen wir einfach relativistische Systeme nennen.

Wir betrachten eine Uhr und lesen die Zeit in dem System K ab, in dem die Uhr ruht. Ein entsprechendes Zeitintervall τ nennen wir die Eigenzeit:

$$t_A - t_B = \tau. \tag{28.21}$$

Da die Uhr ruht, gilt im System K

$$\boldsymbol{x}_A - \boldsymbol{x}_B = 0. \tag{28.22}$$

Lesen wir nun die Zeit in einem relativ zur Uhr bewegten Bezugssystem K' ab, so folgt aus der ersten der Gleichungen (28.5)

$$x_A'^0 - x_B'^0 = \frac{(x_A^0 - x_B^0) + \frac{v}{c}(x_A^1 - x_B^1)}{\sqrt{1 - \frac{v^2}{c^2}}}$$

$$\tau' = \frac{\tau}{\sqrt{1 - \frac{v^2}{c^2}}} > \tau, \tag{28.23}$$

die im relativ zum Ruhesystem der Uhr bewegten Koordinatensystem abgelesene Zeit ist immer größer als die Eigenzeit. Dies nennt man Zeitdilatation, eine Eigenschaft eines relativistischen Systems, die beim Zerfall von Elementarteilchen im Flug bestens bestätigt wird.

Nun betrachten wir einen Maßstab, der in einem System K ruht und dort die Länge $l = x_A^1 - x_B^1$ hat. Wir wollen die Länge dieses Maßstabes in einem bewegten Bezugssystem K' messen, und zwar so, dass wir die Endpunkte im System K' gleichzeitig messen. Es ist dann also

$$x_A'^0 - x_B'^0 = 0. \tag{28.24}$$

Um die Länge in K' zu finden, betrachten wir die zu (28.5) inverse Transformation und speziell

$$x_A^1 - x_B^1 = \frac{(x_A'^1 - x_B'^1) - \frac{v}{c}(x_A'^0 - x_B'^0)}{\sqrt{1 - \frac{v^2}{c^2}}}. \tag{28.25}$$

Da (28.24) gelten soll, finden wir

$$l = \frac{l'}{\sqrt{1 - \frac{v^2}{c^2}}}. \tag{28.26}$$

Die im bewegten Bezugssystem gemessene Länge ist immer kürzer als die Länge im Ruhesystem. Dies nennt man die relativistische Längenkontraktion. Sie rührt daher, dass der Begriff gleichzeitig kein lorentzinvarianter Begriff ist.

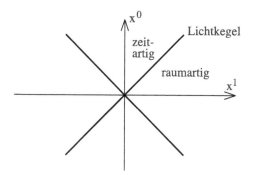

Abb. 28.1 Lichtkegel im Minkowskiraum

Relativistisch invariant ist hingegen der 4er-Abstand zweier Vierervektoren:

$$(x_A - x_B) \cdot (x_A - x_B) = (x_A^\mu - x_B^\mu)(x_A^\nu - x_B^\nu) g_{\mu\nu} = (x_A^0 - x_B^0)^2 - (\boldsymbol{x}_A - \boldsymbol{x}_B)^2 .$$

$$(28.27)$$

Ist diese Größe positiv, dann sprechen wir von einem zeitartigen Abstand. Es gibt eine Lorentztransformation in ein Koordinatensystem, in dem $\boldsymbol{x}_A' - \boldsymbol{x}_B' = 0$ gilt, und der invariante Abstand damit zur Eigenzeit wird.

Ist diese Größe negativ, dann sprechen wir von einem raumartigen Abstand. Es gibt eine Lorentztransformation in ein Koordinatensystem, in dem $x_A'^0 - x_B'^0 = 0$ gilt. In diesem Koordinatensystem ruht der Maßstab.

Ist diese Größe Null, dann sprechen wir von einem lichtartigen Abstand. Die Punkte können mit einem Lichtstrahl verbunden werden (Abb. 28.1).

Da es in einem relativistischen System keine Geschwindigkeiten $v > c$ geben soll, mit denen Information übermittelt werden kann, folgt, dass Ereignisse, die raumartig zueinander liegen, kausal unabhängig sind, sie können sich nicht beeinflussen.

29 Relativistische Mechanik

Nun gilt es zu zeigen, dass es auch in der Mechanik lorentzinvariante Bewegungsgleichungen gibt, die für $\frac{v}{c} \rightarrow 0$ in die bekannten Newton'schen Gleichungen übergehen. Dazu werden wir eine lorentzinvariante Wirkung angeben und daraus kovariante Euler-Lagrange Gleichungen herleiten. Dazu gehen wir von einem infinitesimalen, invarianten Viererabstand aus:

$$ds^2 = (dx^0)^2 - (d\boldsymbol{x})^2 .$$

$$(29.1)$$

Durchläuft ein Massenpunkt eine Bahnkurve, so kann man mit dem im Zeitintervall $\mathrm{d}t$ zurückgelegten Weg $\mathrm{d}\boldsymbol{x} = \boldsymbol{v}\mathrm{d}t$ die entsprechende Invariante $\mathrm{d}s^2$ bilden:

$$\mathrm{d}s^2 = c^2\mathrm{d}t^2 - \boldsymbol{v}^2\mathrm{d}t^2 = c^2\mathrm{d}t^2\left(1 - \frac{\boldsymbol{v}^2}{c^2}\right). \tag{29.2}$$

Eine invariante Wirkung ergibt sich nun ganz natürlich:

$$W = -mc\int \mathrm{d}s = -mc^2\int \mathrm{d}t\sqrt{1 - \frac{v^2}{c^2}}. \tag{29.3}$$

Den Faktor vor dem Integral haben wir so gewählt, dass für $\frac{v}{c} \to 0$ aus (29.3) die bekannte nichtrelativistische Wirkung eines kräftefreien Teilchens folgt:

$$W = \int \mathrm{d}t\left\{-mc^2 + \frac{1}{2}m\boldsymbol{v}^2 + \dots\right\}. \tag{29.4}$$

Den Parameter m nennt man die Ruhemasse des Teilchens.

Wir leiten nun die Euler-Lagrange-Gleichungen her:

$$\frac{\partial\mathcal{L}}{\partial x^i} = 0, \quad \frac{\partial\mathcal{L}}{\partial\dot{x}^i} = \frac{\partial\mathcal{L}}{\partial v^i} = \frac{m}{\sqrt{1 - \frac{v^2}{c^2}}}v^i = p^i. \tag{29.5}$$

Dies ergibt die relativistischen Bewegungsgleichungen:

$$\frac{\mathrm{d}}{\mathrm{d}t}p^i = 0, \quad \frac{\mathrm{d}}{\mathrm{d}t}\frac{m}{\sqrt{1 - \frac{v^2}{c^2}}}v^i = 0. \tag{29.6}$$

Wir folgen hier der Konvention, dass die lateinischen Indices von 1 bis 3 laufen, während die griechischen von 0 bis 3 laufen, dies wollen wir in Zukunft beibehalten.

Nach kurzer Rechnung folgt daraus

$$\boldsymbol{v}\frac{\mathrm{d}}{\mathrm{d}t}\boldsymbol{v} = \frac{1}{2}\frac{\mathrm{d}}{\mathrm{d}t}\boldsymbol{v}^2 = 0 \tag{29.7}$$

und damit aus (29.6) auch

$$\frac{\mathrm{d}}{\mathrm{d}t}v^i = 0. \tag{29.8}$$

Das kräftefreie relativistische Teilchen bewegt sich geradlinig gleichförmig.

Aus dem Noethertheorem (27.14) folgen die Ausdrücke für Energie und Impuls sowie für den Drehimpuls:

$$E = H = \boldsymbol{p}\cdot\boldsymbol{v} - \mathcal{L} = \frac{mc^2}{\sqrt{1 - \frac{v^2}{c^2}}}$$

$$\boldsymbol{p} = \frac{m}{\sqrt{1 - \frac{v^2}{c^2}}}\boldsymbol{v} \tag{29.9}$$

$$\boldsymbol{L} = [\boldsymbol{x}\times\boldsymbol{p}] = \frac{m}{\sqrt{1 - \frac{v^2}{c^2}}}[\boldsymbol{x}\times\boldsymbol{v}].$$

Die Erhaltungssätze können direkt mit den Bewegungsgleichungen (29.6) verifiziert werden. Aus den eigentlichen Lorentztransformationen folgt wiederum der Schwerpunktsatz.

Aus der Energie und dem Impuls kann man eine Invariante, die Ruhemasse, bilden. Man rechnet leicht nach, dass

$$\frac{E^2}{c^2} - \boldsymbol{p}^2 = m^2 c^2 \tag{29.10}$$

gilt, oder

$$E = c\sqrt{m^2 c^2 + \boldsymbol{p}^2} = mc^2 + \frac{1}{2}\frac{\boldsymbol{p}^2}{m} + \dots \tag{29.11}$$

mc^2 nennt man die Ruheenergie der Teilchen, der nächste Term ist die bekannte Energieimpulsbeziehung eines nichtrelativistischen Teilchens.

Die Invariante (29.10) legt es nahe, E/c und p^i als Komponenten eines Vierervektors zu betrachten. Dass dies tatsächlich der Fall ist, wollen wir nun zeigen.

Wir betrachten die Vierergeschwindigkeit

$$u^\mu = \frac{\mathrm{d}x^\mu}{\mathrm{d}s}\,. \tag{29.12}$$

Da die Größe ds, die sich aus (29.1) ergibt, eine Invariante und dx^μ ein Vierervektor ist, ist auch u^μ ein Vierervektor. Aus (29.1) folgt unmittelbar

$$u^\mu u_\mu = \frac{\mathrm{d}x^\mu \mathrm{d}x_\mu}{\mathrm{d}s^2} = 1\,. \tag{29.13}$$

Die Vierergeschwindigkeit hat die invariante Länge eins.

Wir betrachten nun die Komponenten von u^μ

$$u^0 = \frac{\mathrm{d}x^0}{\mathrm{d}s} = \frac{c\,\mathrm{d}t}{c\,\mathrm{d}t\,\sqrt{1 - \frac{\boldsymbol{v}^2}{c^2}}} = \frac{1}{\sqrt{1 - \frac{\boldsymbol{v}^2}{c^2}}}$$

$$\boldsymbol{u} = \frac{\mathrm{d}\boldsymbol{x}}{c\,\mathrm{d}t\,\sqrt{1 - \frac{\boldsymbol{v}^2}{c^2}}} = \frac{\boldsymbol{v}}{c}\frac{1}{\sqrt{1 - \frac{\boldsymbol{v}^2}{c^2}}} \tag{29.14}$$

und sehen, dass unsere Vermutung gerechtfertigt war:

$$\frac{E}{c} = mcu^0$$

$$\boldsymbol{p} = mc\boldsymbol{u}\,. \tag{29.15}$$

Dies folgt auch aus dem Noethertheorem, da die Wirkung lorentzinvariant ist und die Variation in (27.13) mit $\varDelta q = \varDelta \boldsymbol{x}$ und $c\varDelta\tau = \varDelta x^0$ ein Vierervektor ist. Aus (29.13) folgt nun die Relation (29.10). Man nennt sie relativistische Energie-Impuls-Beziehung oder relativistische Dispersionsrelation. Sie besagt, dass die möglichen Zustände eines Teilchens auf einem Hyperbo-

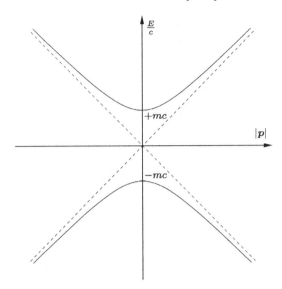

Abb. 29.1 Die Massenschale im Impulsraum, dargestellt durch Energie und Impulsbetrag

loiden im Energieimpulsraum liegen (Abb. 29.1). Da aber die Energie stets positiv sein sollte, wird nur der obere Teil der Kurve realisiert. Wir sagen, das Teilchen liegt auf seiner Massenschale.

Wir haben auch die Möglichkeit, die Bewegungsgleichungen (29.6) in einer manifest kovarianten Form zu schreiben.

Wir betrachten den 4er-Vektor $\frac{\mathrm{d}u^\mu}{\mathrm{d}s}$ in seinen Komponenten und erhalten

$$
\begin{aligned}
\frac{\mathrm{d}u^0}{\mathrm{d}s} &= \frac{1}{c\sqrt{1-\frac{v^2}{c^2}}}\frac{\mathrm{d}}{\mathrm{d}t}\frac{1}{\sqrt{1-\frac{v^2}{c^2}}} \\
\frac{\mathrm{d}\boldsymbol{u}}{\mathrm{d}s} &= \frac{1}{c\sqrt{1-\frac{v^2}{c^2}}}\frac{\mathrm{d}}{\mathrm{d}t}\frac{\frac{v}{c}}{\sqrt{1-\frac{v^2}{c^2}}}\,.
\end{aligned}
\tag{29.16}
$$

Aufgrund der Bewegungsgleichungen gilt demnach

$$
mc^2\frac{\mathrm{d}u^\mu}{\mathrm{d}s} = 0\,.
\tag{29.17}
$$

Wieder haben wir den Faktor mc^2 beigefügt, um für $\frac{v}{c} \to 0$ die Gleichung

$$
m\frac{\mathrm{d}}{\mathrm{d}t}\boldsymbol{v} = 0
\tag{29.18}
$$

zu erhalten.

In der Form (29.17) transformieren sich die Bewegungsgleichungen wie ein kovarianter Vierervektor.

Es ist jedoch zu beachten, dass wegen (29.13)

$$u^\mu \frac{\mathrm{d}}{\mathrm{d}s} u_\mu = 0 \tag{29.19}$$

gelten muss.

Wirkt eine Kraft auf dieses Teilchen, so werden wir analog zu (4.1) aus der nichtrelativistischen Mechanik die kovariante Bewegungsgleichung

$$mc^2 \frac{\mathrm{d}u^\mu}{\mathrm{d}s} = K^\mu \tag{29.20}$$

postulieren. Die Kraft K^μ ist ein Vierervektor, sie kann eine Funktion der Koordinaten x^μ und der Vierergeschwindigkeit u^μ des Körpers sein. Es muss aber wegen (29.19) gelten:

$$u^\mu K_\mu = 0 \,. \tag{29.21}$$

Eine einfache Art, einen Vierervektor K_μ anzugeben, der auch der Gleichung (29.21) genügt, ist, K^μ mithilfe eines antisymmetrischen Tensors $F^{\mu\nu}$ zu konstruieren:

$$K^\mu = eF^{\mu\nu}u_\nu \,, \quad F^{\mu\nu} = -F^{\nu\mu} \,. \tag{29.22}$$

Wegen der Antisymmetrie von $F^{\mu\nu}$ gilt (29.21).

Unsere Bewegungsgleichung lautet

$$mc^2 \frac{\mathrm{d}u^\mu}{\mathrm{d}s} = eF^{\mu\nu}u_\nu \,, \tag{29.23}$$

wobei e eine Konstante, eine Kopplungskonstante, ist.

Wir betrachten wiederum die Komponenten der Gleichung (29.23):

$$mc^2 \frac{\mathrm{d}u^i}{\mathrm{d}s} = \frac{m}{\sqrt{1 - \frac{v^2}{c^2}}} \frac{\mathrm{d}}{\mathrm{d}t} \frac{v^i}{\sqrt{1 - \frac{v^2}{c^2}}} = eF^{i0}u_0 + eF^{il}u_l \tag{29.24}$$

Wir ändern nun die Bezeichnung und nennen

$$F^{i0} = E^i \,, \quad B^l = -\frac{1}{2}\varepsilon^{lkr}F_{kr}$$
$$B^1 = -F^{23} \,, \quad B^2 = F^{13} \,, \quad B^3 = -F^{12} \,. \tag{29.25}$$

Die Großen $\boldsymbol{E}$ und $\boldsymbol{B}$ verhalten sich unter Drehungen wie Vektoren im $\mathbb{R}^3$.

Aus der Gleichung (29.24) wird nun

$$m\frac{\mathrm{d}}{\mathrm{d}t} \frac{\boldsymbol{v}}{\sqrt{1 - \frac{v^2}{c^2}}} = e\left(\boldsymbol{E} + \frac{1}{c}[\boldsymbol{v} \times \boldsymbol{B}]\right) \,. \tag{29.26}$$

Dies entspricht der wohl bekannten Form der Lorentzkraft – (5.18) für nichtverschwindendes elektrisches Feld. Dies legt es nahe, das elektromagnetische

Feld mit einem antisymmetrischen Tensor $F^{\mu\nu}$ gemäß (29.25) zu identifizieren.

Die 0-te Komponente von (29.23) wird zu

$$\frac{\mathrm{d}}{\mathrm{d}t} \frac{mc^2}{\sqrt{1 - \frac{v^2}{c^2}}} = e\boldsymbol{E} \cdot \boldsymbol{v}. \tag{29.27}$$

Sie beschreibt die Änderung der kinetischen Energie des Teilchens bei einer Bewegung in einem elektromagnetischen Feld.

Hier haben wir unter der Vorgabe der Lorentzinvarianz eine Theorie konstruiert die für $\frac{v}{c} \to 0$ in die bekannte Newton'sche Theorie übergeht. Diese neue lorentzkovariante Theorie konnte dann experimentell bestens bestätigt werden.

30 Relativistische Kinematik und Teilchenzerfall

Wie im Kap. 7 wollen wir hier den Zerfall eines Teilchens in zwei und drei Teilchen betrachten, diesmal jedoch mit relativistischer Kinematik. Für jedes Teilchen gilt die relativistische Energieimpulsbeziehung (29.10).

Um die Gleichungen übersichtlicher zu gestalten, wählen wir ein Maßsystem, in dem die Lichtgeschwindigkeit den Wert eins hat ($c = 1$). Mithilfe von Dimensionsbetrachtungen kann man dann immer die richtigen Potenzen der Lichtgeschwindigkeit in die Gleichungen einfügen.

Beispielsweise schreiben wir

$$E^2 - \boldsymbol{p}^2 = m^2. \tag{30.1}$$

Wir überlegen uns, dass der Impuls in (30.1) die Dimension $[mv]$ und die Energie die Dimension mv^2 hat. Entsprechend müssen die Potenzen von c in (30.1) eingefügt werden, dies ergibt dann (29.10).

Die Geschwindigkeit eines relativistischen Teilchens berechnet sich aus (29.9) zu

$$\boldsymbol{v} = \frac{\boldsymbol{p}}{E}, \quad (c = 1). \tag{30.2}$$

Dimensionsüberlegungen wie oben zeigen, dass wir $\boldsymbol{v} = c^2\boldsymbol{p}/E$ schreiben müssten – genau wie wir es aus (29.9) erhalten.

Energie und Impuls transformieren sich wie ein 4-er Vektor. Wir geben die Transformation für eine Geschwindigkeit $\boldsymbol{V}$ an, die nicht notwendigerweise in der Richtung einer Koordinatenachse liegt. Um die Formeln einigermaßen übersichtlich zu halten, führen wir den Parameter γ ein

$$\gamma = \frac{1}{\sqrt{1 - \boldsymbol{V}^2}} \sim \frac{1}{\sqrt{1 - c^{-2}\boldsymbol{V}^2}}, \tag{30.3}$$

der bei Lorentztransformationen immer wieder auftritt. Als Lorentztransformation erhalten wir bei beliebiger Richtung des Vektors $\boldsymbol{V}$

$$x'^0 = (x^0 + \boldsymbol{V} \cdot \boldsymbol{x})\gamma$$
$$\boldsymbol{x}' = \boldsymbol{x} + \gamma \boldsymbol{V} \left(\frac{\gamma}{1+\gamma}(\boldsymbol{V} \cdot \boldsymbol{x}) + x^0 \right) . \tag{30.4}$$

Um uns von der Richtigkeit dieser Formel zu überzeugen, zerlegen wir den Vektor $\boldsymbol{x}$ in eine Komponente parallel und eine Komponente orthogonal zu $\boldsymbol{V}$:

$$\boldsymbol{x} = \boldsymbol{x}_\parallel + \boldsymbol{x}_\perp . \tag{30.5}$$

Für die orthogonale Komponente erhalten wir aus (30.4)

$$\boldsymbol{x}'_\perp = \boldsymbol{x}_\perp . \tag{30.6}$$

Für die parallele Komponente folgt nach einer kurzen Rechnung

$$\boldsymbol{x}'_\parallel = \gamma(V x^0 + \boldsymbol{x}_\parallel) \tag{30.7}$$

und für die 0-te Komponente

$$x'^0 = (x^0 + \boldsymbol{V} \cdot \boldsymbol{x}_\parallel)\gamma . \tag{30.8}$$

Dies sind genau die Lorentztransformationen (28.5), wenn V in der x^1-Richtung liegt.

Das Transformationsgesetz der Geschwindigkeit ergibt sich aus (30.2):

$$\boldsymbol{v}' = \frac{\boldsymbol{p}'}{E'} = \frac{\boldsymbol{v} + \gamma \boldsymbol{V} \left(1 + \frac{\gamma}{1+\gamma}(\boldsymbol{V} \cdot \boldsymbol{v}) \right)}{\gamma(1 + (\boldsymbol{v} \cdot \boldsymbol{V}))} . \tag{30.9}$$

Dies ist ein nichtlineares Transformationsverhalten, das die Addition der Geschwindigkeiten (2.9) bei Galileitransformationen ersetzt.

1) Zerfall in zwei Teilchen

Wir betrachten nun den Zerfall

$$\mathrm{A} \to \mathrm{B} + \mathrm{C} .$$

Dabei sollen Energie- und Impulserhaltung gelten:

$$p_\mathrm{A}^\mu = p_\mathrm{B}^\mu + p_\mathrm{C}^\mu . \tag{30.10}$$

Dies ersetzt die Gleichungen (7.2) und (7.3). Außerdem gelten die relativistischen Energieimpulsbeziehungen jeweils für jedes Teilchen mit der entsprechenden Masse – die Teilchen liegen auf ihrer Massenschale.

Wir nehmen nun an, dass die Ruheenergie des Teilchens A, nämlich m_A, als Energie für den Zerfall zur Verfügung steht. Es liegt wieder nahe, den

Zerfall im Ruhesystem des Teilchens A – also im Schwerpunktsystem – zu untersuchen. Es gilt dann für die 4-er Vektoren

$$p_A^\mu = (m_A, 0, 0, 0)$$
$$p_B^\mu = (E_B^S, \boldsymbol{p}^S) \tag{30.11}$$
$$p_C^\mu = (E_C^S, -\boldsymbol{p}^S) .$$

Wie in Kap. 7 versehen wir die Größen im Schwerpunkt- bzw. Laborsystem mit den Subskripten S bzw. L.

Um E_B^S zu berechnen, bilden wir das Skalarprodukt $p_A \cdot p_B$:

$$p_A \cdot p_B = m_A E_B^S . \tag{30.12}$$

Wir verwenden Energie und Impulserhaltung (30.10):

$$p_A \cdot p_B = (p_B + p_C) \cdot p_B = m_B^2 + p_B \cdot p_C . \tag{30.13}$$

Aus (30.10) folgt ebenfalls

$$p_A^2 = (p_B + p_C)^2 = m_B^2 + m_C^2 + 2 p_B \cdot p_C = m_A^2 . \tag{30.14}$$

Dies erlaubt es, $p_A \cdot p_B$ durch die Massenquadrate auszudrücken. Wir erhalten

$$E_B^S = \frac{1}{2 m_A} (m_A^2 + m_B^2 - m_C^2) , \tag{30.15}$$

ebenso

$$E_C^S = \frac{1}{2 m_A} (m_A^2 + m_C^2 - m_B^2) . \tag{30.16}$$

Das Impulsquadrat $\boldsymbol{p}^{S^2}$ ergibt sich aus (30.1):

$$\boldsymbol{p}^{S^2} = \frac{1}{4 m_A^2} \left(m_A^4 - 2 m_A^2 \left(m_B^2 + m_C^2 \right) + \left(m_B^2 - m_C^2 \right)^2 \right) . \tag{30.17}$$

Alle diese Größen sind durch die Massen der am Zerfall beteiligten Teilchen eindeutig festgelegt. Die Geschwindigkeiten ergeben sich aus (30.2). Die Transformation in ein anderes Bezugssystem erfolgt mit Lorentztransformationen. Wir wissen, wie sich Energie und Impuls transformieren, und in (30.9) haben wir auch das Transformationsverhalten der Geschwindigkeiten angegeben.

Wir wollen noch den Winkel zwischen $\boldsymbol{V}$ und $\boldsymbol{v}_L$ aus dem Winkel zwischen $\boldsymbol{V}$ und $\boldsymbol{v}_S$ berechnen, um das der Gleichung (7.17) entsprechende Transformationsgesetz des Winkels zu erhalten. Der Impuls transformiert sich als Komponente eines 4-er Vektors nach (30.9). Wir bilden die Skalarprodukte $\boldsymbol{V} \cdot \boldsymbol{p} = V p \cos \theta$ und $\boldsymbol{V} \cdot \boldsymbol{p}' = V p' \cos \theta'$, und da der Betrag p' ebenfalls aus (30.9) berechenbar ist, erhalten wir nach kurzer Rechnung

$$\tan \theta_L = \frac{v_S \sin \theta_S}{\gamma (V + v_S \cos \theta_S)} = \sqrt{1 - V^2} \frac{v_S \sin \theta_S}{V + v_S \cos \theta_S} . \tag{30.18}$$

Dies ist bis auf den Faktor $\sqrt{1-V^2}$ das nichtrelativistische Ergebnis (7.17) und zeigt, dass bei größer werdenden Geschwindigkeiten V der Winkel im Laborsystem gegenüber dem nichtrelativistischen Fall kleiner wird.

Auch im relativistischen Fall gibt es wieder eine maximale und eine minimale Energie des Zerfallsprodukts. Sie ergibt sich aus dem Transformationsgesetz der Energie entsprechend (30.4):

$$E' = \gamma(E + \boldsymbol{V} \cdot \boldsymbol{p})$$
$$E_L = \gamma(E + V p_S \cos\theta_S)\,. \tag{30.19}$$

Dies stimmt bei $V \ll 1$ mit (7.21) überein. Maximum (Minimum) von E_L ergibt sich für $\cos\theta_S = 1$ ($\cos\theta_S = -1$). Wiederum können wir $|\mathrm{d}\cos\theta_S|$ durch $\mathrm{d}E_L$ ausdrücken:

$$\mathrm{d}E_L = \gamma V p_S |\mathrm{d}\cos\theta_S|\,. \tag{30.20}$$

Wiederum ist die Energie gleichmäßig verteilt und hängt nur vom Energieintervall $\mathrm{d}E_L$ und nicht von der Energie selbst ab.

2) Zerfall in drei Teilchen

Wiederum gilt Energieimpulserhaltung:

$$p_A^\mu = p_B^\mu + p_C^\mu + p_D^\mu\,. \tag{30.21}$$

Dies entspricht den Gleichungen (7.26) und (7.27). Außerdem liegt jedes Teilchen auf seiner Massenschale.

Es liegt nahe, den Zerfall im Ruhesystem des Teilchens A zu untersuchen. Gleichung (7.26) gilt nun für die relativistischen Impulse, auch sie liegen in einer Ebene und bilden ein geschlossenes Dreieck.

Da p_A^μ im Ruhesystem wieder wie in (30.11) gegeben ist, lassen sich die Energien E^S durch die Invarianten ausdrücken

$$E_\sim^S = \frac{1}{m_A} p_A \cdot p_\sim\,, \tag{30.22}$$

wobei $\sim$ für B, C oder D stehen kann.

Es gilt natürlich

$$m_A = E_B^S + E_C^S + E_D^S\,. \tag{30.23}$$

Die Beträge der Impulse ergeben sich aus der relativistischen Energieimpulsbeziehung.

Wir berechnen noch die Winkel zwischen den einzelnen Impulsen.

$$\begin{aligned}
\boldsymbol{p}_B^S \cdot \boldsymbol{p}_C^S &= p_B^S\, p_C^S \cos\theta_{BC} \\
&= \frac{1}{2}\left\{ (\boldsymbol{p}_B^S + \boldsymbol{p}_C^S)^2 - \boldsymbol{p}_B^{S\,2} - \boldsymbol{p}_C^{S\,2} \right\} \\
&= \frac{1}{2}\left\{ \boldsymbol{p}_D^{S\,2} - \boldsymbol{p}_B^{S\,2} - \boldsymbol{p}_C^{S\,2} \right\} \\
&= \frac{1}{2}\left\{ -m_D^2 + m_B^2 + m_C^2 + E_D^{S\,2} - E_B^{S\,2} - E_C^{S\,2} \right\}
\end{aligned} \tag{30.24}$$

In gleicher Weise hätten wir $\cos\theta_{BD}$ oder $\cos\theta_{CD}$ berechnen können.

Berücksichtigen wir noch (30.23), so sehen wir, dass alle kinematischen Größen des Impulsdreiecks durch zwei Variablen, etwa E_B^S und E_C^S, bestimmt sind. Die Lage des Dreiecks in der Ebene bleibt unbestimmt.

Wir wollen auch noch den Bereich angeben, auf den sich die Energie E_B^S und E_C^S verteilen kann. Da wir inzwischen die Dirac'sche δ-Funktion kennen gelernt haben, gehen wir etwas anders als in Kap. 7 vor. Wir gehen davon aus, dass die Zerfallsprodukte nur den Raum im Impulsraum einnehmen können, der durch die Bedingungen der Massenschale, die Bedingung, dass die Energien immer positiv sind, und die Energieimpulserhaltung eingeschränkt ist. Dies formulieren wir mithilfe der δ-Funktion:

$$\delta(p_B^2 - m_B^2)\delta(p_C^2 - m_C^2)\delta(p_D^2 - m_D^2)\Theta(E_B)\Theta(E_C)\Theta(E_D)\delta^4(p_A - p_B - p_C - p_D)\,.$$

$$(30.25)$$

δ^4 ist das Produkt der vier δ-Funktionen für die vier Komponenten des 4-er Vektors.

Die Energien E_B und E_C können einen bestimmten Bereich in dem von (30.25) bestimmten Volumen einnehmen. Diesen berechnen wir, indem wir über sämtliche anderen Variablen integrieren. Die so entstehende Größe bezeichnen wir mit $\frac{\partial\Gamma}{\partial E_B \partial E_C}$. Natürlich berechnen wir dies im Ruhesystem des Teilchens A:

$$\frac{\partial\Gamma}{\partial E_B^S \partial E_C^S} = \int \mathrm{d}^3 p_B \int \mathrm{d}^3 p_C \int \mathrm{d}^4 p_D \prod_{i=B,C,D} \delta(p_i^2 - m_i^2)\Theta(E_i)$$

$$\times\, \delta(m_A - E_B - E_C - E_D)\delta^3(\boldsymbol{p}_B + \boldsymbol{p}_C + \boldsymbol{p}_D)\,. \qquad (30.26)$$

$\mathrm{d}^3 p$ ist das übliche Volumenelement in einem dreidimensionalen Raum und $\mathrm{d}^4 p = \mathrm{d}p^0\,\mathrm{d}^3 p$. Alle Größen in dieser Gleichung beziehen sich auf das Schwerpunktsystem, wir haben die explizite Bezeichnung mit S unterdrückt.

Als erstes integrieren wir über den 4-er Impuls $\mathrm{d}^4 p_D$ mithilfe der δ-Funktionen.

$$\frac{\partial\Gamma}{\partial E_B^S \partial E_C^S} = \int \mathrm{d}^3 p_B\, \mathrm{d}^3 p_C\, \delta(p_B^2 - m_B^2)\delta(p_C^2 - m_C^2)$$

$$\times\, \Theta(E_B)\Theta(E_C)\Theta(m_A - E_B - E_C) \qquad (30.27)$$

$$\times\, \delta\big((m_A - E_B - E_C)^2 - (\boldsymbol{p}_B + \boldsymbol{p}_C)^2 - m_D^2\big)\,.$$

Als Nächstes integrieren wir über die Beträge der Impulse p_B und p_C. Um diese Integration durchzuführen, müssen wir noch lernen, wie man über eine δ-Funktion integriert, die von einer Funktion der Integrationsvariablen abhängt.

$$I = \int \mathrm{d}x\, g(x)\delta(f(x)) \qquad (30.28)$$

Es sei $f(x_0) = 0$ und x_0 eine einfache Nullstelle von f. Dann führen wir in der Umgebung von x_0 eine neue Integrationsvariable ein:

$$y = f(x), \quad dy = f'(x)\,dx. \tag{30.29}$$

Wir integrieren über eine Umgebung (x_0) von x_0 und wählen y so, dass dy positiv ist, wenn dx positiv ist. Dann wird in dieser Umgebung

$$I_{(x_0)} = \int\limits_{(x_0)} dx\, g(x)\delta(f(x)) = \int\limits_{(0)} dy\, \frac{1}{|f'(x)|} g(x)\delta(y), \tag{30.30}$$

wobei x als $x(y)$ zu lesen ist. Nun ist aber $x(0) = x_0$, und das Integral ergibt in der Umgebung von x_0

$$I_{(x_0)} = g(x_0)\frac{1}{|f'(x_0)|}\,. \tag{30.31}$$

So verfahren wir mit jeder der Nullstellen:

$$I = \sum_{x_0} g(x_0)\frac{1}{|f'(x_0)|}\,. \tag{30.32}$$

Summiert wird über sämtliche Nullstellen. Auf diese Weise werten wir nun ein Integral über die δ-Funktionen $\delta(p^2 - m^2)$ aus:

$$\delta(E^2 - p^2 - m^2) = \frac{1}{2\sqrt{E^2 - m^2}}\left\{\delta(|\boldsymbol{p}| - \sqrt{E^2 - m^2}) + \delta(|\boldsymbol{p}| + \sqrt{E^2 - m^2})\right\}. \tag{30.33}$$

Nun wieder zu (30.27). Wir beachten, dass $|\boldsymbol{p}| \geq 0$ sein muss.

$$\frac{\partial\Gamma}{\partial E_{\mathrm{B}}^{\mathrm{S}}\partial E_{\mathrm{C}}^{\mathrm{S}}} = \int d\Omega_{\mathrm{B}}\, d\Omega_{\mathrm{C}}\, \frac{1}{4}\sqrt{E_{\mathrm{B}}^2 - m_{\mathrm{B}}^2}\sqrt{E_{\mathrm{C}}^2 - m_{\mathrm{C}}^2}$$

$$\times\, \Theta(E_{\mathrm{B}})\Theta(E_{\mathrm{C}})\Theta(m_{\mathrm{A}} - E_{\mathrm{B}} - E_{\mathrm{C}})$$

$$\times\, \delta\Big\{(m_{\mathrm{A}} - E_{\mathrm{B}} - E_{\mathrm{C}})^2 - E_{\mathrm{B}}^2 + m_{\mathrm{B}}^2 - E_{\mathrm{C}}^2 + m_{\mathrm{C}}^2 - m_{\mathrm{D}}^2$$

$$-\, 2\sqrt{E_{\mathrm{B}}^2 - m_{\mathrm{B}}^2}\sqrt{E_{\mathrm{C}}^2 - m_{\mathrm{C}}^2}\cos\theta_{\mathrm{BC}}\Big\} \tag{30.34}$$

Die Integration über den Winkel führen wir so aus, dass wir zunächst die Richtung von $\boldsymbol{p}_{\mathrm{C}}$ festhalten und über den Winkel θ_{BC} integrieren, und anschließend über alle Richtungen von $\boldsymbol{p}_{\mathrm{C}}$. Es ist wieder die Formel (30.32), die uns hilft, über θ_{BC} zu integrieren. Wir schreiben

$$z = \cos\theta, \quad d\Omega = \int\limits_0^{2\pi} d\varphi \int\limits_{-1}^1 dz = \int\limits_0^{2\pi} d\varphi \int\limits_{-\infty}^\infty dz\, \Theta(z^2 - 1) \tag{30.35}$$

und erhalten damit schließlich

$$\frac{\partial \Gamma}{\partial E_{\mathrm{B}}^{\mathrm{S}} \partial E_{\mathrm{C}}^{\mathrm{S}}}(E_{\mathrm{B}}^{\mathrm{S}}, E_{\mathrm{C}}^{\mathrm{S}}) = \pi^2 \Theta(E_{\mathrm{B}}^{\mathrm{S}}) \Theta(E_{\mathrm{C}}^{\mathrm{S}}) \Theta(m_{\mathrm{A}} - E_{\mathrm{B}}^{\mathrm{S}} - E_{\mathrm{C}}^{\mathrm{S}})$$

$$\times \Theta \Big\{ 4(E_{\mathrm{B}}^{\mathrm{S}\,2} - m_{\mathrm{B}}^2)(E_{\mathrm{C}}^{\mathrm{S}\,2} - m_{\mathrm{C}}^2)$$

$$- [m_{\mathrm{A}}^2 + m_{\mathrm{B}}^2 + m_{\mathrm{C}}^2 - m_{\mathrm{D}}^2 - 2m_{\mathrm{A}}(E_{\mathrm{B}}^{\mathrm{S}} + E_{\mathrm{C}}^{\mathrm{S}}) + 2E_{\mathrm{B}}^{\mathrm{S}} E_{\mathrm{C}}^{\mathrm{S}}]^2 \Big\}.$$

$$(30.36)$$

Die Stufenfunktionen bestimmen den für den Zerfall erlaubten Bereich im Impulsraum der drei Teilchen. Die Umrandung dieses Bereiches erhalten wir aus der Nullstelle der letzten Θ-Funktion:

$$4(E_{\mathrm{B}}^{\mathrm{S}\,2} - m_{\mathrm{B}}^2)(E_{\mathrm{C}}^{\mathrm{S}\,2} - m_{\mathrm{C}}^2)$$
$$= [m_{\mathrm{A}}^2 + m_{\mathrm{B}}^2 + m_{\mathrm{C}}^2 - m_{\mathrm{D}}^2 + 2E_{\mathrm{B}}^{\mathrm{S}} E_{\mathrm{C}}^{\mathrm{S}} - 2m_{\mathrm{A}}(E_{\mathrm{B}}^{\mathrm{S}} + E_{\mathrm{C}}^{\mathrm{S}})]^2. \qquad (30.37)$$

Dies ergibt eine geschlossene Kurve und ist die Randkurve im Dalitzplot (Abb. 30.1).

Zu beachten ist, dass $\frac{\partial \Gamma}{\partial E_{\mathrm{B}}^{\mathrm{S}} \partial E_{\mathrm{C}}^{\mathrm{S}}}$ innerhalb des erlaubten Bereiches den Wert π^2 annimmt und dort nicht von den $E_{\mathrm{B}}^{\mathrm{S}}$ und $E_{\mathrm{B}}^{\mathrm{S}}$ abhängt.

Hat man keine weiteren Kenntnisse über die Dynamik des Zerfalls, so wird man so wie in Kap. 7 annehmen, dass sich die Zerfallsprodukte gleichmäßig über den erlaubten Bereich verteilen. Die Wahrscheinlichkeit, dass die Teilchen in einen Bereich zwischen $E_{\mathrm{B}} + \mathrm{d}E_{\mathrm{B}}$ und $E_{\mathrm{C}} + \mathrm{d}E_{\mathrm{C}}$ zerfallen, wird der vorgegebenen Fläche proportional sein:

$$\omega(E_{\mathrm{B}}, E_{\mathrm{C}})\,\mathrm{d}E_{\mathrm{B}}\,\mathrm{d}E_{\mathrm{C}} = \frac{1}{\pi^2}\frac{\partial \Gamma}{\partial E_{\mathrm{B}}^{\mathrm{S}} \partial E_{\mathrm{C}}^{\mathrm{S}}}\,\mathrm{d}E_{\mathrm{B}}\,\mathrm{d}E_{\mathrm{C}}. \qquad (30.38)$$

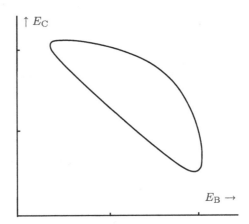

Abb. 30.1 Dalitzplot bei relativistischer Kinematik

Man sagt, die Wahrscheinlichkeit, dass Teilchen in den Bereich zwischen $E_B +$ dE_B, $E_C + dE_C$ zerfallen, ist dem Volumen im Phasenraum proportional.

Unabhängig von der Zerfallsdynamik wird die Zerfallswahrscheinlichkeit also sinngemäß von der erlaubten Fläche im Phasenraum abhängen. Je größer diese Fläche ist, desto wahrscheinlicher ist der Zerfall. Verschwindet diese Fläche, ist also die zur Verfügung stehende Energie nicht ausreichend, findet der Zerfall nicht statt. Dies wird dann auftreten, wenn m_A kleiner als die Massen der Zerfallsprodukte ist. In einer quantenmechanischen Betrachtungsweise ist sehr oft die zur Verfügung stehende Fläche eine gute Näherung für die Zerfallswahrscheinlichkeit.

Wie wir schon beim nichtrelativistischen Fall gesehen haben, kann es sich bei einem Zerfall in drei Teilchen zunächst um einen Zerfall in zwei Teilchen handeln, wovon einer der Teilchen wiederum in zwei Teilchen zerfällt. Das Teilchen B wird dann eine feste Energie haben, da es sich zunächst um einen Zweiteilchenzerfall handelt:

$$A \longrightarrow B + E$$
$$\mathrel{\rule[0.4ex]{0.8em}{0.08ex}\!\!\rightarrow} C + D\,.$$

Das Teilchen E zerfällt dann im Fluge, woraus sich für das Teilchen C ein Energieintervall ergibt. In diesem Falle gibt man die Wahrscheinlichkeit des Zerfallsereignisses als Funktion einer der beiden Variablen an. Man muss dann im Phasenraum über die andere Variable integrieren:

$$\omega(E_B)\,dE_B = \left(\int \omega(E_B, E_C)\,dE_C \right) dE_B\,. \tag{30.39}$$

Die Wahrscheinlichkeit $\omega(E_B)$ ist dann der senkrechten Ausdehnung des durch die Randkurve begrenzten Bereichs im Dalitzplot Abb. 30.1 bei der Energie E_B proportional. Die Randpunkte zur Energie E_B ergeben sich durch Lösung einer quadratischen Gleichung, die aus (30.37) folgt. $\omega(E_B)$ zeigt Abb. 30.2.

Wie schon in Kap. 7 erwähnt, treten für einen Zerfall mit Resonanz dichter besetzte Streifen im Dalitzplot auf. Einen solchen Streifen sehen wir in Abb.

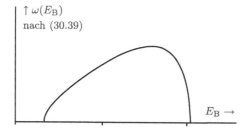

Abb. 30.2 Zerfallswahrscheinlichkeit ohne Resonanz

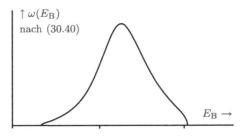

Abb. 30.3 Zerfallswahrscheinlichkeit bei Resonanz

7.3. Dieser wird auch bei immer genaueren Messungen nicht zu einer Linie. Die Ursache dafür ist, dass aufgrund der quantenmechanischen Unschärfe-relation das Teilchen E wegen seiner endlichen Lebensdauer eine Energie-unschärfe besitzt. Diese überträgt sich natürlich auf das Teilchen B, da ja bei dem ersten Zerfall auch Energie- und Impulserhaltung gilt. Man spricht dann statt von einem Teilchen E von einer Resonanz E, für die es wie bei den Schwingungen eine Resonanzkurve gibt.

Man kann nun versuchen, die gemessene Wahrscheinlichkeitsverteilung mit einer Resonanzkurve, wie sie in Abb. 16.1 gezeichnet wurde, anzunähern. Ein Vergleich mit (16.6) legt nun folgenden Ansatz nahe:

$$\omega(E_B)\,\mathrm{d}E_B \sim \left(\int \frac{\omega(E_B, E_C)}{(E_B - E_B^0)^2 + B^2}\,\mathrm{d}E_C \right) \mathrm{d}E_B\,. \tag{30.40}$$

Die Konstanten E_B^0 und B können durch einen Vergleich mit den experi-mentellen Daten bestimmt werden. Sie geben, wie wir aus Kap. 16 wis-sen, Aufschluss über Lage und Breite der Resonanz. Eine grafische Dar-stellung soll das deutlich machen (Abb. 30.3). Den Ansatz (30.40) für die Resonanzkurve nennt man eine Breit-Wigner-Kurve (Eugene Wigner, Un-garn/Deutschland/USA 1902-1995 und Gregory Breit, Ukraine/USA 1899-1981).

Quantenmechanisch ist die Breite wiederum ein Maß für die Lebensdauer der Resonanz, sie kann realistisch bei 10^{-20} sec liegen. Geht die Lebensdauer des Teilchens E gegen Null, dann wird die Breite der Resonanz den gesamten zur Verfügung stehenden Energiebereich überdecken.

Teil III
Kanonische Mechanik

31 Hamilton'sche Bewegungsgleichungen

Die Newton'schen Bewegungsgleichungen für N Freiheitsgrade werden als Differenzialgleichungen zweiter Ordnung in der Zeit formuliert. Dem trägt auch die Lagrangeformulierung Rechnung, indem sie als Lagrangefunktion nur Funktionen zulässt, die höchstens von der ersten Zeitableitung der Variablen abhängen.

In der Hamilton'schen Formulierung (William Rowan Hamilton, Irland, 1805-1865) wird ein solches System durch Differenzialgleichungen von erster Ordnung in der Zeit – dafür aber mit $2N$ Variablen – beschrieben. Der Übergang von der Lagrange'schen zur Hamilton'schen Formulierung erfolgt durch eine Legendretransformation (Adrien-Marie Legendre, Frankreich, 1752-1833). Dies soll in diesem Kapitel gezeigt werden.

Wir beginnen mit einer Lagrangefunktion

$$\mathcal{L}(q, \dot{q}, t) \equiv \mathcal{L}(q_1, \ldots, q_N, \dot{q}_1, \ldots, \dot{q}_N, t) \tag{31.1}$$

und erhalten daraus die zu den Variablen $q_1, \ldots, q_N$ kanonisch konjugierten Impulse $p_1, \ldots, p_N$:

$$p_l = \frac{\partial \mathcal{L}(q, \dot{q}, t)}{\partial \dot{q}_l} \, . \tag{31.2}$$

Den von den $q_1, \ldots, q_N$ aufgespannten Raum nennt man Konfigurationsraum, den von $q_1, \ldots, q_N, p_1, \ldots, p_N$ Phasenraum. Der Zustand eines Systems ist durch einen Punkt im Phasenraum eindeutig festgelegt. Seiner zeitlichen Änderung entspricht eine Bahnkurve – eine Trajektorie – im Phasenraum.

Wir schränken nun die zulässigen Lagrangefunktionen ein, indem wir verlangen, dass die Gleichungen (31.2) nach $\dot{q}$ auflösbar sind. Dies bedeutet, dass

$$\det \frac{\partial^2 \mathcal{L}}{\partial \dot{q}_r \, \partial \dot{q}_s} \neq 0 \tag{31.3}$$

sein muß. Im Folgenden betrachten wir nur solche Lagrangefunktionen, für die dies der Fall ist. Wir erhalten dann

$$\dot{q}_r = f_r(q_1, \ldots, q_N, p_1, \ldots, p_N, t) \tag{31.4}$$

als Umkehrtransformation von (31.2).

Eine Legendretransformation definiert nun eine Funktion $H(q_1, \ldots, q_N, p_1, \ldots, p_N, t)$ durch folgende Gleichung:

$$\begin{aligned} H &= \sum_{l=1}^{n} p_l \dot{q}_l - \mathcal{L}(q_1, \ldots, q_N, \dot{q}_1, \ldots, \dot{q}_N, t) \\ &\equiv H(q_1, \ldots, q_N, p_1, \ldots, p_N, t) \, . \end{aligned} \tag{31.5}$$

Hier ersetzt man überall $\dot{q}$ durch (31.4) als Funktion von q und p. $H(q, p, t)$ heißt Hamiltonfunktion.

Wie wir sehen, ist H auch die Funktion, die wir als Funktion von $q, \dot{q}$ in (27.26) als Energie kennen gelernt haben. Nun wollen wir zeigen, dass die Hamiltonfunktion die gesamte Dynamik des Systems bestimmt.

Leiten wir $H(q, p, t)$ nach p ab, wobei wir q festhalten, dann erhalten wir aus (31.5)

$$\frac{\partial H}{\partial p_r} = \dot{q}_r + \sum_l \left(p_l \frac{\partial \dot{q}_l}{\partial p_r} - \frac{\partial \mathcal{L}}{\partial \dot{q}_l} \frac{\partial \dot{q}_l}{\partial p_r} \right) \tag{31.6}$$

$$= \dot{q}_r \,.$$

Dies ist eine Folge von (31.2). Es ist der erste Satz von Hamilton'schen Differenzialgleichungen, die Zeitableitung von q_l ist als Funktion der Variablen q und p festgelegt.

Nun leiten wir $H(q, p, t)$ nach q ab, wobei p festgehalten wird. Aus (31.5) folgt

$$\frac{\partial H}{\partial q_r} = \sum_l p_l \frac{\partial \dot{q}_l}{\partial q_r} - \frac{\partial \mathcal{L}}{\partial q_r} - \sum_l \frac{\partial \mathcal{L}}{\partial \dot{q}_l} \frac{\partial \dot{q}_l}{\partial q_r} \tag{31.7}$$

$$= -\frac{\partial \mathcal{L}}{\partial q_r} \,.$$

Dies ist wiederum eine Folge von (31.2). Nun erinnern wir uns an die Euler-Lagrange-Gleichungen (25.9)

$$\frac{\partial \mathcal{L}}{\partial q_r} = \frac{\mathrm{d}}{\mathrm{d}t} \frac{\partial \mathcal{L}}{\partial \dot{q}_r} \,, \tag{31.8}$$

kombinieren dies mit (31.2) und erhalten

$$\frac{\partial H}{\partial q_r} = -\dot{p}_r \,. \tag{31.9}$$

Dies ist der zweite Satz der Hamilton'schen Gleichungen, die Zeitableitung von p_l ist als Funktion der Variablen q und p festgelegt.

Im Hamilton'schen Formalismus wird die Dynamik des Systems mit $2N$ Differenzialgleichungen erster Ordnung beschrieben, dies sind die Hamilton'schen Gleichungen:

$$\frac{\partial H}{\partial p_r}(q_1, \ldots, q_N, p_1, \ldots, p_N, t) = \dot{q}_r$$
$$\frac{\partial H}{\partial q_r}(q_1, \ldots, q_N, p_1, \ldots, p_N, t) = -\dot{p}_r \,. \tag{31.10}$$

Wenn die Newton'schen Bewegungsgleichungen aus einer Lagrangefunktion folgen, die der Bedingung (31.3) genügt, dann ist H durch (31.5) gegeben, und die Gleichungen (31.10) sind den Newton'schen Bewegungsgleichungen äquivalent.

Wir können aber auch von den Hamilton'schen Bewegungsgleichungen (31.10) ausgehen und nach einer Lagrangefunktion fragen, deren Euler-Lagrange-Gleichungen zu den Hamilton'schen Gleichungen äquivalent sind. Dazu müssen wir die Legendretransformation invertieren. Wir definieren eine Funktion

$$\mathcal{L}(q_1,\ldots,q_N,\dot{q}_1,\ldots,\dot{q}_N,t) = \sum_l p_l\dot{q}_l - H(q_1,\ldots,q_N,p_1,\ldots,p_N,t), \quad (31.11)$$

indem wir die Gleichungen

$$\dot{q}_l = \frac{\partial H}{\partial p_l} \quad (31.12)$$

nach p auflösen und in (31.11) p durch die entsprechende Funktion von q und $\dot{q}$ ersetzen:

$$p_l = p_l(q_1,\ldots,q_N,\dot{q}_1,\ldots,\dot{q}_N,t). \quad (31.13)$$

Damit dies möglich ist, muss wiederum

$$\det \frac{\partial^2 H}{\partial p_r\,\partial p_s} \neq 0 \quad (31.14)$$

sein.

Falls H durch eine Legendretransformation aus einer Lagrangefunktion hervorgeht, ist (31.14) eine Folge von (31.3). Um dies zu sehen, leiten wir (31.2) bei festem q nach p ab und erhalten

$$\delta_{rs} = \sum_l \frac{\partial^2 \mathcal{L}(q,\dot{p},t)}{\partial\dot{q}_s\partial\dot{q}_l}\frac{\partial\dot{q}_l}{\partial p_r}. \quad (31.15)$$

Dies heißt aber, dass die Matrix

$$A_{lr} = \frac{\partial\dot{q}_l}{\partial p_r} = \frac{\partial^2 H}{\partial p_l\,\partial p_r} \quad (31.16)$$

invertierbar ist und daher eine nichtverschwindende Determinante hat.

Wir differenzieren nun $\mathcal{L}$ aus (31.11) nach $\dot{q}$ und halten q fest:

$$\frac{\partial\mathcal{L}}{\partial\dot{q}_r} = p_r + \sum_l \frac{\partial p_l}{\partial\dot{q}_r}\dot{q}_l - \sum_l \frac{\partial H}{\partial p_l}\frac{\partial p_l}{\partial\dot{q}_r}$$
$$= p_r. \quad (31.17)$$

Dies gilt wegen (31.12). Somit haben wir die Umkehrtransformation der Legendretransformation (31.5) gefunden. Um die Bewegungsgleichungen zu erhalten, leiten wir $\mathcal{L}$ nach q ab und halten $\dot{q}$ fest:

$$\frac{\partial\mathcal{L}}{\partial q_r} = \sum_l \frac{\partial p_l}{\partial q_r}\dot{q}_l - \frac{\partial H}{\partial q_r} - \sum_l \frac{\partial H}{\partial p_l}\frac{\partial p_l}{\partial q_r}. \quad (31.18)$$

Wegen (31.12) wird dies zu

$$\frac{\partial \mathcal{L}}{\partial q_r} = -\frac{\partial H}{\partial q_r} \ . \tag{31.19}$$

Gelten nun die Hamilton'schen Bewegungsgleichungen, so werden aus (31.19) die Euler-Lagrange-Gleichungen:

$$\frac{\partial \mathcal{L}}{\partial q_r} = -\frac{\partial H}{\partial q_r} = \dot{p}_r = \frac{\mathrm{d}}{\mathrm{d}t}\frac{\partial \mathcal{L}}{\partial \dot{q}_r} \ . \tag{31.20}$$

Wir haben also mit den Hamilton'schen Bewegungsgleichungen ein zu den Euler-Lagrange-Gleichungen oder den Newton'schen Gleichungen äquivalentes Gleichungssystem gefunden.

Ein einfaches Beispiel:

Lagrangefunktion (31.11):

$$\mathcal{L} = \frac{1}{2}m\dot{\boldsymbol{x}}^2 - V(\boldsymbol{x}) \tag{31.21}$$

Impuls (31.2):

$$\boldsymbol{p} = m\dot{\boldsymbol{x}} \tag{31.22}$$

Invertierbar (31.3):

$$\frac{\partial \mathcal{L}}{\partial \dot{x}_r \partial \dot{x}_s} = m\delta_{rs} \tag{31.23}$$

$\dot{\boldsymbol{x}}$ als Funktion von $\boldsymbol{p}$ und $\boldsymbol{x}$ (31.4):

$$\dot{\boldsymbol{x}} = \frac{1}{m}\boldsymbol{p} \tag{31.24}$$

Legendretransformation (31.5):

$$\begin{aligned} H &= \boldsymbol{p}\dot{\boldsymbol{x}} - \frac{1}{2}m\dot{\boldsymbol{x}}^2 + V(\boldsymbol{x}) \\ &= \frac{1}{2m}\boldsymbol{p}^2 + V(\boldsymbol{x}) = H(\boldsymbol{x},\boldsymbol{p}) \end{aligned} \tag{31.25}$$

Hamilton'sche Bewegungsgleichungen (31.10):

$$\begin{aligned} \dot{x}_l &= \frac{\partial H}{\partial p_l} = \frac{1}{m}p_l \\ \dot{p}_l &= -\frac{\partial H}{\partial x_l} = -\frac{\partial V}{\partial x_l} \end{aligned} \tag{31.26}$$

Euler-Lagrange (31.8):

$$m\ddot{\boldsymbol{x}} = -\boldsymbol{\nabla}V(\boldsymbol{x}) \tag{31.27}$$

Dies sind wiederum die Newton'schen Bewegungsgleichungen, die auch aus (31.26) folgen.

Wir berechnen noch allgemein

$$\frac{dH}{dt} = \frac{\partial H}{\partial t} + \sum_l \frac{\partial H}{\partial q_l}\dot{q}_l + \sum_l \frac{\partial H}{\partial p_l}\dot{p}_l = \frac{\partial H}{\partial t} \tag{31.28}$$

als Folge der Hamilton'schen Gleichungen (31.10).

Hängt H nicht explizit von der Zeit ab, so ist H wie erwartet eine erhaltene Größe.

32 Relativistische Teilchen im Hamilton'schen Formalismus

Wir wollen hier davon ausgehen, dass wir wissen, dass Energie und Impuls einen 4-er Vektor bilden, für den

$$\frac{E^2}{c^2} - \boldsymbol{p}^2 = m^2 c^2 \tag{32.1}$$

gilt; m ist die Ruhemasse des Teilchens. Dies erlaubt es uns, die Hamiltonfunktion eines relativistischen Teilchens wie folgt zu definieren:

$$H = c\sqrt{m^2 c^2 + \boldsymbol{p}^2}\,. \tag{32.2}$$

Wir erhalten die Hamilton'schen Bewegungsgleichungen:

$$\begin{aligned}
\frac{\partial H}{\partial p^l} &= \dot{x}^l = v^l = \frac{c\,p^l}{\sqrt{m^2 c^2 + \boldsymbol{p}^2}} \\
\frac{\partial H}{\partial x^l} &= -\dot{p}^l = 0\,, \qquad l = 1,2,3\,.
\end{aligned} \tag{32.3}$$

Die erste Gleichung von (32.3) erlaubt es uns, $\boldsymbol{p}^2$ als Funktion von $\boldsymbol{v}^2$ auszurechnen:

$$\boldsymbol{p}^2 = \frac{m^2 v^2}{1 - \frac{v^2}{c^2}} \tag{32.4}$$

und damit auch $\boldsymbol{p}$ als Funktion von $\boldsymbol{v}$:

$$\boldsymbol{p} = \frac{m\boldsymbol{v}}{\sqrt{1 - \frac{v^2}{c^2}}}\,. \tag{32.5}$$

Die Hamilton'schen Bewegungsgleichungen, die aus der Hamiltonfunktion (32.2) folgen, sind identisch mit den Euler-Lagrange-Gleichungen (29.6), die aus der Wirkung (29.3) abgeleitet wurden.

Wir wollen nun die Legendretransformation von H in Gleichung (32.2) zu einer Lagrangefunktion ausführen und beginnen mit

$$\frac{\partial H}{\partial p^l} = \dot{x}^l, \tag{32.6}$$

lösen dies nach p^l auf und erhalten (32.5). Dies setzen wir ein in

$$\mathcal{L} = \boldsymbol{pv} - H = \frac{mv^2}{\sqrt{1 - \frac{v^2}{c^2}}} - \frac{mc^2}{\sqrt{1 - \frac{v^2}{c^2}}} = -mc^2\sqrt{1 - \frac{v^2}{c^2}} \tag{32.7}$$

und erhalten genau die Lagrangefunktion (29.3).

Wir wollen die Bewegungsgleichungen eines relativistischen Teilchens in einem elektromagnetischen Feld – dies sind die Gleichungen (29.23) – im Hamilton'schen Formalismus, herleiten.

Das elektromagnetische Feld wurde durch einen antisymmetrischen Tensor zweiter Stufe, den Feldstärketensor, dargestellt, die Identifizierung wurde in den Gleichungen (29.25) angegeben. Aus den Maxwell'schen Gleichungen folgt, dass der Feldstärketensor $F^{\mu\nu}$ durch ein 4-er Potenzial ausgedrückt werden kann:

$$F^{\mu\nu} = \frac{\partial}{\partial x_\mu} A^\nu - \frac{\partial}{\partial x_\nu} A^\mu. \tag{32.8}$$

Das 4-er Potenzial transformiert sich wie ein 4-er Vektor und ist eine Funktion der Koordinaten x^μ. Zu beachten ist, dass die Ableitungen nach Koordinaten mit unterem Index erfolgen, sodass sich $F^{\mu\nu}$ kontravariant transformiert. Aus (29.25) folgt nun

$$E^i = F^{i0} = \frac{\partial}{\partial x_i} A^0 - \frac{\partial}{\partial x_0} A^i = -\nabla^i A^0 - \frac{\partial}{c\,\partial t} A^i, \tag{32.9}$$

weil $x^i = -x_i$ gilt.

In gleicher Weise identifizieren wir das magnetische Feld. Zunächst die erste Komponente B^1:

$$B^1 = -F^{23} = -\frac{\partial}{\partial x_2} A^3 + \frac{\partial}{\partial x_3} A^2 = \frac{\partial}{\partial x^2} A^3 - \frac{\partial}{\partial x^3} A^2. \tag{32.10}$$

Man rechnet leicht auch für die anderen Komponenten nach, dass

$$\boldsymbol{B} = [\boldsymbol{\nabla} \times \boldsymbol{A}] \equiv \text{rot}\,\boldsymbol{A} \tag{32.11}$$

gilt.

Wir verallgemeinern (32.1) zu

$$\left(p^\mu - \frac{e}{c} A^\mu\right)\left(p_\mu - \frac{e}{c} A_\mu\right) = m^2 c^2 \tag{32.12}$$

oder

$$\left(\frac{1}{c} E - \frac{e}{c} A^0\right)^2 = \left(\boldsymbol{p} - \frac{e}{c}\boldsymbol{A}\right)^2 + m^2 c^2 \tag{32.13}$$

und leiten daraus die Hamiltonfunktion her:

$$H = eA^0 + c\sqrt{m^2c^2 + \left(\boldsymbol{p} - \frac{e}{c}\boldsymbol{A}\right)^2}\,.\tag{32.14}$$

Von nun an tragen alle diese Vektoren obere Indizes.

Die Größe $\boldsymbol{p} - \frac{e}{c}\boldsymbol{A}$ nennt man den verallgemeinerten Impuls, wir führen dafür eine Abkürzung ein:

$$\wp = \boldsymbol{p} - \frac{e}{c}\boldsymbol{A}\,.\tag{32.15}$$

Nun leiten wir aus (32.14) die Hamilton'schen Bewegungsgleichungen her:

$$\frac{\partial H}{\partial p^l} = \dot{x}^l = v^l = \frac{c\,\wp^l}{\sqrt{m^2c^2 + \wp^2}}\,.\tag{32.16}$$

Dies entspricht genau (32.3), und wir erhalten daraus den zu (32.5) analogen Ausdruck für $\wp$:

$$\wp = \frac{m\boldsymbol{v}}{\sqrt{1 - \frac{v^2}{c^2}}}\,,\qquad \boldsymbol{p} = \frac{e}{c}\boldsymbol{A} + \frac{m\boldsymbol{v}}{\sqrt{1 - \frac{v^2}{c^2}}}\,.\tag{32.17}$$

Nun hängt H über das 4-er Potenzial von den Koordinaten ab, wir finden daher

$$\dot{\boldsymbol{p}} = -\boldsymbol{\nabla}H = -e\boldsymbol{\nabla}A^0 + e\frac{\sum \wp^l \boldsymbol{\nabla}A^l}{\sqrt{m^2c^2 + \wp^2}}$$

$$= e\left\{-\boldsymbol{\nabla}A^0 + \frac{1}{c}\sum_l v^l \boldsymbol{\nabla}A^l\right\}\,.\tag{32.18}$$

Dies kombinieren wir mit (32.17) zu den Bewegungsgleichungen

$$\frac{\mathrm{d}}{\mathrm{d}t}\frac{m\boldsymbol{v}}{\sqrt{1 - \frac{v^2}{c^2}}} = e\left\{-\frac{1}{c}\frac{\mathrm{d}\boldsymbol{A}}{\mathrm{d}t} - \boldsymbol{\nabla}A^0 + \frac{1}{c}\sum_l v^l \boldsymbol{\nabla}A^l\right\}\,.\tag{32.19}$$

Die totale Zeitableitung von $\boldsymbol{A}$ ist

$$\frac{\mathrm{d}}{\mathrm{d}t}\boldsymbol{A} = \frac{\partial}{\partial t}\boldsymbol{A} + \sum_l \frac{\partial \boldsymbol{A}}{\partial x^l}\frac{\mathrm{d}x^l}{\mathrm{d}t} = \frac{\partial}{\partial t}\boldsymbol{A} + \sum_l v^l \nabla^l \boldsymbol{A}\,.\tag{32.20}$$

Dies setzen wir in (32.19) ein:

$$\frac{\mathrm{d}}{\mathrm{d}t}\frac{m\boldsymbol{v}}{\sqrt{1 - \frac{v^2}{c^2}}} = e\left\{-\frac{1}{c}\frac{\partial \boldsymbol{A}}{\partial t} - \boldsymbol{\nabla}A^0 + \frac{1}{c}\sum_l v^l\left(\boldsymbol{\nabla}A^l - \nabla^l \boldsymbol{A}\right)\right\}$$

$$= e\left\{\boldsymbol{E} + \frac{1}{c}\left[\boldsymbol{v} \times [\boldsymbol{\nabla} \times \boldsymbol{A}]\right]\right\}\,.\tag{32.21}$$

Dies stimmt wegen (32.11) mit (29.26) überein.

Mithilfe einer Legendretransformation kann nun auch noch die Lagrange-funktion aus (32.14) hergeleitet werden:

$$
\begin{aligned}
\mathcal{L} &= \boldsymbol{p} \cdot \boldsymbol{v} - H \\
&= \boldsymbol{v} \cdot \left(\frac{e}{c} \boldsymbol{A} + \frac{m\boldsymbol{v}}{\sqrt{1 - \frac{v^2}{c^2}}} \right) - eA^0 - c \sqrt{m^2 c^2 + m^2 v^2 \left[1 - \frac{v^2}{c^2} \right]^{-1}} \\
&= -mc^2 \sqrt{1 - \frac{v^2}{c^2}} + e \left\{ -A^0 + \frac{\boldsymbol{v}}{c} \cdot \boldsymbol{A} \right\} .
\end{aligned}
\tag{32.22}
$$

Der Wechselwirkungsterm kann mit (29.14) durch die 4-er Geschwindigkeit ausgedrückt werden.

$$
e \left\{ -A^0 + \frac{\boldsymbol{v}}{c} \cdot \boldsymbol{A} \right\} = -e \sqrt{1 - \frac{v^2}{c^2}} \, u^\mu A_\mu
\tag{32.23}
$$

Dies gibt einen lorentzinvarianten Beitrag zur Wirkung:

$$
-e \int \sqrt{1 - \frac{v^2}{c^2}} \, u^\mu A_\mu \, \mathrm{d}t = -\frac{e}{c} \int \mathrm{d}s \, u^\mu A_\mu = -\frac{e}{c} \int \mathrm{d}x^\mu A_\mu .
\tag{32.24}
$$

Das letzte Gleichheitszeichen gilt, da $u^\mu = \frac{\mathrm{d}x^\mu}{\mathrm{d}s}$.

Wir erhalten also die Wirkung

$$
\begin{aligned}
W &= \int \left(-mc^2 - eu^\mu A_\mu \right) \sqrt{1 - \frac{v^2}{c^2}} \, \mathrm{d}t \\
&= -mc \int \mathrm{d}s - \frac{e}{c} \int A_\mu \, \mathrm{d}x^\mu .
\end{aligned}
\tag{32.25}
$$

Wir hätten natürlich aus Invarianzgründen auch (32.25) postulieren und daraus sowohl die Bewegungsgleichungen als auch die Hamiltonfunktion herleiten können. Um die Euler-Lagrange-Gleichungen aus (32.25) herzuleiten, gehen wir auf die Form (32.22) zurück. Die Euler-Lagrange-Gleichungen führen dann direkt auf die Form (32.19) der Bewegungsgleichungen.

Es fällt auf, dass die Bewegungsgleichungen nur $F^{\mu\nu}$ ($\boldsymbol{E}$ und $\boldsymbol{B}$) enthalten, während die Lagrangefunktion sowie die Hamiltonfunktion vom 4-er Potenzial abhängen. Gemäß (32.8) ändert sich $F^{\mu\nu}$ nicht, wenn wir zu A^μ eine Ableitung eines Skalarfeldes Λ addieren:

$$
\begin{aligned}
A'^\mu(x) &= A^\mu(x) + \frac{\partial}{\partial x_\mu} \Lambda(x) \\
F'^{\mu\nu} &= F^{\mu\nu} .
\end{aligned}
\tag{32.26}
$$

Eine solche Transformation nennt man Eichtransformation.

Dann kann sich aber die Lagrangefunktion unter einer Eichtransformation nur um eine totale Zeitableitung ändern. Dies wollen wir noch verifizieren. Wir schreiben den Kopplungsterm in der Form (32.23):

$$e\left\{-A'^0 + \frac{\boldsymbol{v}}{c} \cdot \boldsymbol{A}'\right\} = e\left\{-A^0 + \frac{\boldsymbol{v}}{c} \cdot \boldsymbol{A} - \frac{\partial}{\partial x_0}\varLambda + \frac{\boldsymbol{v}}{c}\frac{\partial}{\partial x_i}\varLambda\right\}$$

$$= e\left\{-A^0 + \frac{\boldsymbol{v}}{c} \cdot \boldsymbol{A}\right\} - \frac{e}{c}\left\{\frac{\partial}{\partial t}\varLambda + \frac{\mathrm{d}x^i}{\mathrm{d}t}\frac{\partial\varLambda}{\partial x^i}\right\} \quad (32.27)$$

$$= e\left\{-A^0 + \frac{\boldsymbol{v}}{c} \cdot \boldsymbol{A}\right\} - \frac{e}{c}\frac{\mathrm{d}}{\mathrm{d}t}\varLambda.$$

Die Lagrangefunktion ändert sich bei einer Eichtransformation um eine totale Zeitableitung.

33 Lagrangefunktionen und abhängige Variable

Bisher hatten wir den kanonischen Formalismus auf solche Lagrangefunktionen beschränkt, für die

$$\det \frac{\partial^2 \mathcal{L}}{\partial \dot{q}_i \, \partial \dot{q}_j} \neq 0 \quad (33.1)$$

ist, sodass die Gleichungen

$$p_l = \frac{\partial \mathcal{L}}{\partial \dot{q}_l} \quad (33.2)$$

nach $\dot{q}$ auflösbar sind.

Nun wollen wir einen etwas allgemeineren Fall untersuchen. Wir nehmen an, dass es n Variable $q_1, \ldots, q_n$ und m Variable $r_1, \ldots, r_m$ gibt, sodass die Lagrangefunktion von $q_1, \ldots, q_n, \dot{q}_1, \ldots, \dot{q}_n, r_1, \ldots, r_m$ nicht aber von $\dot{r}_l$ abhängt:

$$\mathcal{L}(q, \dot{q}, r, t) \equiv \mathcal{L}(q_1, \ldots, q_n, \dot{q}_1, \ldots, \dot{q}_n, r_1, \ldots, r_m, t). \quad (33.3)$$

Die Euler-Lagrange-Gleichungen lauten

$$\text{(a)} \quad \frac{\mathrm{d}}{\mathrm{d}t}\frac{\partial \mathcal{L}}{\partial \dot{q}_i} - \frac{\partial \mathcal{L}}{\partial q_i} = 0$$

$$\text{(b)} \quad \frac{\partial \mathcal{L}}{\partial r_i} = 0. \quad (33.4)$$

Nun nehmen wir an, dass

$$\det \frac{\partial^2 \mathcal{L}}{\partial r_i \, \partial r_j} \neq 0 \quad (33.5)$$

ist, sodass wir die Gleichungen (33.4(b)) nach den r_l auflösen können und r_l als Funktion von $q, \dot{q}$ erhalten:

$$r_l = r_l(q_1, \ldots, q_n, \dot{q}_1, \ldots, \dot{q}_n, t). \quad (33.6)$$

In diesem Sinne werden die r_l abhängige Variable genannt.

Die Funktionen $r_l(q, \dot{q}, t)$ lösen also (33.4(b)) explizit, und wir erhalten eine Identität in $q, \dot{q}$:

$$\frac{\partial \mathcal{L}}{\partial r_l}(q_1, \ldots, q_n, \dot{q}_1, \ldots, \dot{q}_n, r_1(q, \dot{q}, t), \ldots, r_m(q, \dot{q}, t), t) = 0. \tag{33.7}$$

Wir führen nun die totale Zeitableitung in (33.4(a)) explizit aus:

$$\sum_{l=1}^{n} \left(\frac{\partial^2 \mathcal{L}}{\partial \dot{q}_i \, \partial \dot{q}_l} \ddot{q}_l + \frac{\partial^2 \mathcal{L}}{\partial \dot{q}_i \, \partial q_l} \dot{q}_l \right) + \sum_{l=1}^{m} \frac{\partial^2 \mathcal{L}}{\partial \dot{q}_i \, \partial r_l} \dot{r}_l + \frac{\partial^2 \mathcal{L}}{\partial \dot{q}_i \, \partial t} - \frac{\partial \mathcal{L}}{\partial q_i} = 0. \tag{33.8}$$

Kombiniert man diese Gleichung mit (33.4(b)), so kann man sich r überall durch $\dot{q}$ und q wie in (33.6) ausgedrückt vorstellen. Um die Gleichung nur in $\ddot{q}, \dot{q}$ und q zu schreiben, berechnen wir $\dot{r}$, indem wir (33.7) nach der Zeit differenzieren:

$$\sum_{k=1}^{n} \left(\frac{\partial^2 \mathcal{L}}{\partial r_l \, \partial \dot{q}_k} \ddot{q}_k + \frac{\partial^2 \mathcal{L}}{\partial r_l \, \partial q_k} \dot{q}_k \right) + \sum_{k=1}^{m} \frac{\partial^2 \mathcal{L}}{\partial r_l \, \partial r_k} \dot{r}_k + \frac{\partial^2 \mathcal{L}}{\partial r_l \, \partial t} = 0. \tag{33.9}$$

Wegen (33.5) besitzt die $m \times m$-Matrix

$$\mathcal{L}_{lk} = \frac{\partial^2 \mathcal{L}}{\partial r_l \, \partial r_k} \tag{33.10}$$

eine Inverse $(\mathcal{L}^{-1})_{lk}$. Wir können also $\dot{r}_k$ aus (33.9) berechnen und in (33.8) einsetzen. Wir erhalten die Bewegungsgleichung

$$\sum_{l=1}^{n} \left(\frac{\partial^2 \mathcal{L}}{\partial \dot{q}_i \, \partial \dot{q}_l} - \sum_{s,t=1}^{m} \frac{\partial^2 \mathcal{L}}{\partial \dot{q}_i \, \partial r_s} (\mathcal{L}^{-1})_{st} \frac{\partial^2 \mathcal{L}}{\partial r_t \, \partial \dot{q}_l} \right) \ddot{q}_l$$

$$+ \sum_{l=1}^{n} \left(\frac{\partial^2 \mathcal{L}}{\partial \dot{q}_i \, \partial q_l} - \sum_{s,t=1}^{m} \frac{\partial^2 \mathcal{L}}{\partial \dot{q}_i \, \partial r_s} (\mathcal{L}^{-1})_{st} \frac{\partial^2 \mathcal{L}}{\partial r_t \, \partial q_l} \right) \dot{q}_l \tag{33.11}$$

$$+ \frac{\partial^2 \mathcal{L}}{\partial \dot{q}_i \, \partial t} - \sum_{s,t=1}^{m} \frac{\partial^2 \mathcal{L}}{\partial \dot{q}_i \, \partial r_s} (\mathcal{L}^{-1})_{st} \frac{\partial^2 \mathcal{L}}{\partial r_t \, \partial t} - \frac{\partial \mathcal{L}}{\partial q_i} = 0.$$

In dieser Gleichung ersetzen wir nun in $\mathcal{L}$ und seinen Ableitungen überall r durch (33.6) und erhalten so ein System von Differenzialgleichungen, das nur mehr die Variablen $q_1, \ldots, q_n$ und deren Zeitableitungen enthält.

Nun wollen wir zeigen, dass wir zu denselben Gleichungen kommen, wenn wir die Gleichungen (33.4(b)) lösen, die Ausdrücke für r_l (33.6) direkt in die Lagrangefunktion einsetzen und dann die Euler-Lagrange Gleichungen bilden.

$$\mathcal{L}'(q, \dot{q}, t) = \mathcal{L}(q_1, \ldots, q_n, \dot{q}_1, \ldots, \dot{q}_n, r_1(q, \dot{q}, t), \ldots, r_m(q, \dot{q}, t), t)$$

$$\frac{\partial \mathcal{L}'}{\partial q_i} = \frac{\partial \mathcal{L}}{\partial q_i} + \sum_{s=1}^{m} \frac{\partial \mathcal{L}}{\partial r_s} \frac{\partial r_s}{\partial q_i} = \frac{\partial \mathcal{L}}{\partial q_i} \tag{33.12}$$

Dies gilt wegen (33.7). Ebenso erhalten wir

$$\frac{\partial \mathcal{L}'}{\partial \dot{q}_i} = \frac{\partial \mathcal{L}}{\partial \dot{q}_i}. \tag{33.13}$$

Die totale Zeitableitung von $\frac{\partial \mathcal{L}'}{\partial \dot{q}_i}$ ergibt

$$\frac{\mathrm{d}}{\mathrm{d}t}\frac{\partial \mathcal{L}'}{\partial \dot{q}_i} = \sum_{l=1}^{n}\left(\frac{\partial^2 \mathcal{L}}{\partial \dot{q}_i \partial \dot{q}_l}\ddot{q}_l + \frac{\partial^2 \mathcal{L}}{\partial \dot{q}_i \partial q_l}\dot{q}_l\right) + \sum_{s=1}^{m}\frac{\partial^2 \mathcal{L}}{\partial \dot{q}_i \partial r_s}\dot{r}_s + \frac{\partial^2 \mathcal{L}}{\partial \dot{q}_i \partial t}. \tag{33.14}$$

Dabei ist r schon überall als Funktion von $q, \dot{q}$ verstanden.

Die Euler-Lagrange-Gleichungen

$$\frac{\partial \mathcal{L}'}{\partial q_i} - \frac{\mathrm{d}}{\mathrm{d}t}\frac{\partial \mathcal{L}'}{\partial \dot{q}_i} = 0 \tag{33.15}$$

sind mit (33.11) identisch, wie man unter Verwendung von (32.8) sieht.

Wir haben also ein Beispiel, in dem Euler-Lagrange-Gleichungen (33.4(b)) wieder in die Lagrangefunktion eingesetzt werden dürfen. Die so entstandene Lagrangefunktion führt dann zu denselben Bewegungsgleichungen.

Dies ist keineswegs immer der Fall. Betrachten wir ein einfaches Beispiel:

$$\mathcal{L} = \dot{q}_1 q_2 - \dot{q}_2 q_1 + \omega(q_1^2 + q_2^2). \tag{33.16}$$

Als Euler-Lagrange-Gleichungen erhalten wir

$$\dot{q}_1 = -\omega q_2, \quad \dot{q}_2 = \omega q_1 \tag{33.17}$$

mit den Lösungen

$$q_1 = a\cos(\omega t + \varphi), \quad q_2 = a\sin(\omega t + \varphi). \tag{33.18}$$

Hätten wir (33.17) in (33.16) eingesetzt, so hätten wir $\mathcal{L} = 0$ erhalten. Es kann also im Allgemeinen nur davor gewarnt werden, Euler-Lagrange-Gleichungen in die Lagrangefunktion einzusetzen.

Ein einfaches Beispiel, das unseren Bedingungen genügt, ist

$$\mathcal{L} = \frac{1}{2}m\dot{q}^2 + \sqrt{k}\,qf + \frac{1}{2}f^2. \tag{33.19}$$

Die Euler-Lagrange-Gleichungen ergeben sich daraus:

$$\frac{\partial \mathcal{L}}{\partial \dot{q}} = m\dot{q}, \quad \frac{\partial \mathcal{L}}{\partial q} = \sqrt{k}f$$
$$m\ddot{q} = \sqrt{k}f \tag{33.20}$$

und

$$\frac{\partial \mathcal{L}}{\partial f} = f + \sqrt{k}\, q\,, \quad \frac{\partial \mathcal{L}}{\partial \dot{f}} = 0 \tag{33.21}$$

$$f = -\sqrt{k}\, q\,.$$

Dies ergibt die Schwingungsgleichung des harmonischen Oszillators:

$$m\ddot{q} = -kq\,. \tag{33.22}$$

Hätten wir gleich (33.21) in die Lagrangefunktion (33.19) eingesetzt, so hätten wir die Lagrangefunktion des harmonischen Oszillators erhalten:

$$\mathcal{L} = \frac{1}{2}m\ddot{q} - \frac{1}{2}kq^2\,. \tag{33.23}$$

Die wichtigsten Beispiele für Lagrangefunktionen vom Typ (33.3) sind

$$\mathcal{L} = \sum_{l=1}^{n} \dot{q}_l p_l - H(q_1, \ldots, q_n, p_1, \ldots, p_n, t)\,. \tag{33.24}$$

Die Variablen p übernehmen die Rolle der r Variablen in (33.3). Der Konfigurationsraum dieser Lagrangefunktion wird von $q_1, \ldots, q_n, p_1, \ldots, p_n$ aufgespannt. Wir erhalten die Euler-Lagrange Gleichungen:

$$\begin{aligned} \text{(a)} \quad \dot{p}_l &= -\frac{\partial H}{\partial q_l} \\ \text{(b)} \quad \dot{q}_l &= \frac{\partial H}{\partial p_l}\,. \end{aligned} \tag{33.25}$$

Dies sind gerade die Hamilton'schen Bewegungsgleichungen.

Die Hamilton'schen Bewegungsgleichungen sind demnach die Euler-Lagrange Gleichungen zur Lagrangefunktion (33.24) im Konfigurationsraum $q_1, \ldots, q_n, p_1, \ldots, p_n$.

Gehen wir wie nach (33.3) vor, so müssen wir

$$\det \frac{\partial^2 H}{\partial p_l\, \partial p_k} \neq 0 \tag{33.26}$$

fordern und die Gleichung (33.25(b)) nach p auflösen. p_l wird dann eine Funktion von $q_1, \ldots, q_n, \dot{q}_1, \ldots, \dot{q}_n$ und der Zeit t. Dies setzen wir dann für p in (33.24) ein und erhalten eine Lagrangefunktion, die von $q_1, \ldots, q_n, \dot{q}_1, \ldots, \dot{q}_n$ und t abhängt. Dies ist aber gerade das, was wir als Legendretransformation getan haben, um von der Hamilton'schen Formulierung zur Lagrangeformulierung zu gelangen.

Es kann nun sein, dass (33.26) nicht erfüllt ist. Trotzdem gelten für ein solches H die Bewegungsgleichungen (33.25), das System ist also ein Hamilton'sches System mit allen Konsequenzen, die sich daraus ergeben und die wir in den nächsten Kapiteln noch kennen lernen werden. Nur die Legendretransformation zur Lagrange'schen Formulierung können wir nicht durchführen.

34 Poissonklammern

Wir betrachten mechanische Systeme, deren Dynamik durch Hamilton'sche Bewegungsgleichungen bestimmt werden:

$$\dot{q}_l = \frac{\partial H}{\partial p_l}, \quad \dot{p}_l = -\frac{\partial H}{\partial q_l}. \tag{34.1}$$

Die totale zeitliche Ableitung einer Funktion $F(q, p, t)$ ist gegeben durch

$$\frac{\mathrm{d}}{\mathrm{d}t} F(q, p, t) = \frac{\partial F}{\partial t} + \sum_l \left(\frac{\partial F}{\partial q_l} \dot{q}_l + \frac{\partial F}{\partial p_l} \dot{p}_l \right). \tag{34.2}$$

Wir verwenden die Bewegungsgleichungen (34.1) und erhalten

$$\frac{\mathrm{d}}{\mathrm{d}t} F(q, p, t) = \frac{\partial F}{\partial t} + \sum_l \left(\frac{\partial F}{\partial q_l} \frac{\partial H}{\partial p_l} - \frac{\partial F}{\partial p_l} \frac{\partial H}{\partial q_l} \right). \tag{34.3}$$

Es liegt nahe, die Summe abzukürzen und als Klammer zu schreiben:

$$\{F, H\} \equiv \sum_l \frac{\partial F}{\partial q_l} \frac{\partial H}{\partial p_l} - \frac{\partial F}{\partial p_l} \frac{\partial H}{\partial q_l}. \tag{34.4}$$

Dies ist die Definition der Poisson'schen Klammer (Siméon Denis Poisson, Frankreich, 1781-1840).

Die Bewegungsgleichungen lassen sich nun sehr elegant schreiben

$$\dot{p}_l = \{p_l, H\}, \quad \dot{q}_l = \{q_l, H\}, \tag{34.5}$$

sowie auch die zeitliche Änderung einer Funktion $F(q, p, t)$:

$$\dot{F} = \frac{\partial F}{\partial t} + \{F, H\}. \tag{34.6}$$

Damit ergibt sich für $\dot{H}$

$$\frac{\mathrm{d}}{\mathrm{d}t} H = \frac{\partial}{\partial t} H. \tag{34.7}$$

Hängt H nicht explizit von der Zeit ab, dann ist H eine erhaltene Größe.

Allgemein gilt für erhaltene Größen A, die nicht explizit von der Zeit abhängen

$$\dot{A} = 0, \quad \{A, H\} = 0. \tag{34.8}$$

Die Eigenschaft von Variablen, zueinander kanonisch konjugiert zu sein, drückt sich durch folgende Relationen aus:

$$\{q_l, q_k\} = 0, \quad \{p_l, p_k\} = 0, \quad \{q_l, p_k\} = \delta_{lk}. \tag{34.9}$$

Man nennt sie kanonische Relationen oder fundamentale Poissonklammern.

Die Poissonklammern genügen einigen abstrakten Relationen

(1) $\{F, G\} = -\{G, F\}$

(2) $\{\lambda F_1 + \mu F_2, G\} = \lambda \{F_1, G\} + \mu \{F_2, G\}, \quad \lambda, \mu \in \mathbb{R}$ \hfill (34.10)

(3) $\{F_1 F_2, G\} = F_1 \{F_2, G\} + \{F_1, G\} F_2,$

sowie der Jacobiidentität (Carl Gustav Jacob Jacobi, Deutschland, 1804-1851)

(4) $\{F, \{G, H\}\} + \{G, \{H, F\}\} + \{H, \{F, G\}\} = 0. \tag{34.11}$

Die Relationen (1) bis (4) kann man durch explizite Rechnung für die in (34.4) definierte Poissonklammer verifizieren. Als Beispiel rechnen wir (3) vor:

$$
\begin{aligned}
\{F_1 F_2, G\} &= \sum_l \left(\frac{\partial}{\partial q_l} F_1 F_2 \right) \frac{\partial G}{\partial p_l} - \left(\frac{\partial}{\partial p_l} F_1 F_2 \right) \frac{\partial}{\partial q_l} G \\
&= \sum_l \left(\frac{\partial F_1}{\partial q_l} F_2 \frac{\partial G}{\partial p_l} + F_1 \frac{\partial F_2}{\partial q_l} \frac{\partial G}{\partial p_l} \right. \\
&\quad \left. - \frac{\partial F_1}{\partial p_l} F_2 \frac{\partial G}{\partial q_l} - F_1 \frac{\partial F_2}{\partial p_l} \frac{\partial G}{\partial q_l} \right) \\
&= F_1 \{F_2, G\} + \{F_1, G\} F_2.
\end{aligned}
\tag{34.12}
$$

Entsprechend umfangreicher ist die Verifizierung von (34.11).

Aus der Jacobiidentität folgt, dass die Poissonklammer zweier erhaltener Größen wieder eine erhaltene Größe ist:

$$\{A_1, H\} = 0, \quad \{A_2, H\} = 0 \tag{34.13}$$

führt auf

$$\{\{A_1, A_2\}, H\} = -\{\{A_2, H\}, A_1\} - \{\{H, A_1\}, A_2\} = 0. \tag{34.14}$$

Da man nicht erwarten kann, dass so unendlich viele erhaltene Größen entstehen, muss man folgern, dass die erhaltenen Größen unter der Poissonklammer ein geschlossenes System bilden.

Aus Energie- und Impulserhaltung folgt zum Beispiel

$$\{\boldsymbol{P}, H\} = 0. \tag{34.15}$$

Die Poissonklammer der beiden Größen gibt keine weitere Größe.

Betrachten wir nun den Drehimpuls. Das System wurde durch kartesische Koordinaten x und den konjugierten Impuls p beschrieben. Falls Rotationsinvarianz gilt, ist der Drehimpuls eine erhaltene Größe.

$$L^i = \varepsilon^{ijk} x_j p_k \,, \quad \frac{\mathrm{d}}{\mathrm{d}t} L^i = 0 \tag{34.16}$$

Wir finden für die Poissonklammer entweder durch eine explizite Rechnung oder, etwas abstrakter, aus den kanonischen Relationen (34.9) und den abstrakten Relationen (34.10):

$$\begin{aligned}
\{L^1, L^2\} &= \{x^2 p^3 - x^3 p^2, x^3 p^1 - x^1 p^3\} \\
&= x^2 \{p^3, x^3\} p^1 - x^1 \{p^3, x^3\} p^2 \\
&= x^1 p^2 - x^2 p^1 = L^3 \,.
\end{aligned} \tag{34.17}$$

Es ergibt sich die Struktur

$$\{L^1, L^2\} = L^3 \,, \quad \{L^2, L^3\} = L^1 \,, \quad \{L^3, L^1\} = L^2 \,. \tag{34.18}$$

Der Drehimpuls bildet unter der Poissonklammer ein geschlossenes System.

Aus (34.18) folgt aber auch, dass es nicht möglich ist, dass nur zwei Komponenten des Drehimpulses erhalten sind. Die Poissonklammer dieser beiden Komponenten ergibt die dritte Komponente, und diese muss wiederum mit H eine verschwindende Poissonklammer haben.

Wir haben mit der Poissonklammer und den Relationen (34.10) und (34.11) eine algebraische Struktur entdeckt, die jedem Hamilton'schen System zugrunde liegt. Dies ist sicher ein wichtiger Beitrag zur Klärung eines solchen Systems. Im Sinne einer modernen mathematischen Denkweise ist es aber durchaus nahe liegend zu fragen, welche anderen Verknüpfungen zweier Größen F und G ebenfalls den Relationen (34.10) und (34.11) genügen.

Ersetzt man die Objekte F, G durch Matrizen, deren Produkt durch die Matrizenmultiplikation gegeben ist, so ist leicht zu sehen, dass man eine Struktur wie in (34.10) erhält, wenn man die Poissonklammern $\{F, G\}$ durch den Kommutator

$$[F, G] = FG - GF \tag{34.19}$$

ersetzt.

Mit dieser Definition der Klammer erfüllt $[F, G]$ die Relationen (34.10) und (34.11):

$$\begin{aligned}
&(1) \quad [F, G] = -[G, F] \\
&(2) \quad [F_1 + F_2, G] = [F_1, G] + [F_2, G] \\
&(3) \quad [F_1 F_2, G] = F_1 [F_2, G] + [F_1, G] F_2 \\
&(4) \quad [F, [G, H]] + [G, [H, F]] + [H, [F, G]] = 0 \,.
\end{aligned} \tag{34.20}$$

Dies kann mit den bekannten Regeln der Matrizenmultiplikation verifiziert werden. Als Beispiel rechnen wir wieder (3) vor:

$$
\begin{aligned}
[F_1 F_2, G] &= F_1 F_2 G - G F_1 F_2 \\
&= F_1[F_2, G] + F_1 G F_2 - G F_1 F_2 \\
&= F_1[F_2, G] + [F_1, G] F_2 \, .
\end{aligned}
\tag{34.21}
$$

Wollen wir nun den Drehimpuls durch Matrizen darstellen, dann müssen diese den Relationen

$$
[L^1, L^2] = L^3 , \quad [L^2, L^3] = L^1 , \quad [L^3, L^1] = L^2
\tag{34.22}
$$

genügen. Diese Relationen charakterisieren die Erzeugenden der Drehung. Sie können beispielsweise schon von 2×2-Matrizen, den Paulimatrizen σ_l, erfüllt werden (Wolfgang Pauli, Österreich/Schweiz, 1900-1958).

$$
\sigma_1 = \begin{pmatrix} 0 & 1 \\ 1 & 0 \end{pmatrix} , \quad
\sigma_2 = \begin{pmatrix} 0 & -i \\ i & 0 \end{pmatrix} , \quad
\sigma_3 = \begin{pmatrix} 1 & 0 \\ 0 & -1 \end{pmatrix} ,
$$
$$
L_l = \frac{i}{2} \sigma_l
\tag{34.23}
$$

Die Paulimatrizen führen in der Quantenmechanik zur Beschreibung von Teilchen mit Eigendrehimpuls Spin $\frac{1}{2}$.

35 Kanonische Transformationen

Wir fragen nun nach den Transformationen, die die kanonische Struktur invariant lassen. Solche Transformationen heißen kanonische Transformationen.

Der Phasenraum sei $2n$-dimensional und werde von den Variablen $q_1, \ldots, q_n$, $p_1, \ldots, p_n$ aufgespannt. Wir führen neue Variablen ein:

$$
\begin{aligned}
Q_i &= Q_i(q, p, t) \\
P_i &= P_i(q, p, t) \, .
\end{aligned}
\tag{35.1}
$$

Unter Transformationen wollen wir immer solche Funktionen verstehen, die invertierbar sind. Es sollte wieder Funktionen geben

$$
\begin{aligned}
q_i &= q_i(Q, P, t) \\
p_i &= p_i(Q, P, t)
\end{aligned}
\tag{35.2}
$$

und diese seien eindeutig durch (35.1) bestimmt.

Kanonische Struktur heißt, es soll eine Hamiltonfunktion $H(q, p, t)$ geben, und die Bewegungsgleichungen sollen die Form haben

$$
\dot{q}_i = \frac{\partial H}{\partial p_i} , \quad \dot{p}_i = -\frac{\partial H}{\partial q_i} \, .
\tag{35.3}
$$

Das Gleiche muss nun auch für die neuen Koordinaten gelten. Es soll wieder eine Hamiltonfunktion $H'(Q,P,t)$ geben, und die Bewegungsgleichungen sollen die Form haben

$$\dot{Q}_i = \frac{\partial H'}{\partial P_i}, \quad \dot{P}_i = -\frac{\partial H'}{\partial Q_i}. \tag{35.4}$$

Die so definierten Bewegungsgleichungen für Q und P sollen die gleichen sein, die für Q, P in Gleichung (35.1) aus den Bewegungsgleichungen (35.3) folgen. Die Funktion H' ist zunächst nicht vorgegeben.

Wir wissen, dass die kanonischen Gleichungen auch als Variationsgleichungen formuliert werden können, und dass sich beim Übergang zu neuen Koordinaten die Lagrangefunktion nur um eine totale Zeitableitung ändern kann. Es muss also folgende Beziehung gelten:

$$\sum_l p_l \dot{q}_l - H = \sum_l P_l \dot{Q}_l - H' - \frac{dF}{dt}. \tag{35.5}$$

Dies gilt zunächst als Identität in den Variablen q, p oder Q, P. Die Form von (35.5) legt es nahe, als unabhängige Variable q und Q zu verwenden, da dann die Koeffizienten von $\dot{q}$ und $\dot{Q}$ in (35.5) unabhängig sind. Wir beschränken uns also zunächst auf solche kanonische Transformationen, für die die erste Gleichung (35.1) nach p auflösbar ist und damit p als Funktion von q und Q gedacht werden kann.

Wir betrachten nun F_1 als Funktion der Variablen $q_1, \ldots, q_n$ und $Q_1, \ldots, Q_n$. Damit wird

$$\frac{d}{dt} F_1(q, Q, t) = \sum_l \left(\frac{\partial F_1}{\partial q_l} \dot{q}_l + \frac{\partial F_1}{\partial Q_l} \dot{Q}_l \right) + \frac{\partial F_1}{\partial t}. \tag{35.6}$$

Wir schreiben die Gleichung (35.5) mit diesem F_1:

$$\sum_l p_l \dot{q}_l - H = \sum_l P_l \dot{Q}_l - H' - \sum \left(\frac{\partial F_1}{\partial q_l} \dot{q}_l + \frac{\partial F_1}{\partial Q_l} \dot{Q}_l \right) - \frac{\partial F_1}{\partial t}. \tag{35.7}$$

Da $\dot{q}_l$ und $\dot{Q}_l$ unabhängige Variablen sind, legt diese Gleichung folgende Identifikation fest:

$$p_l = -\frac{\partial F_1(q, Q, t)}{\partial q_l}, \quad P_l = \frac{F_1(q, Q, t)}{\partial Q_l}, \quad H' = H - \frac{\partial F_1}{\partial t}. \tag{35.8}$$

Natürlich müssen wir annehmen, dass F_1 von der Art ist, dass die erste der Gleichungen von (35.8)

$$p_l = -\frac{\partial F_1}{\partial q_l}(q, Q, t) \tag{35.9}$$

nach Q auflösbar ist. Dann erhalten wir eine Transformation

$$Q_l = Q_l(q, p, t). \tag{35.10}$$

Dieses Q_l setzen wir in die zweite Gleichung von (35.8) ein und erhalten so

$$P_l = P_l(q, p, t).$$ (35.11)

Wiederum muss F_1 so gewählt werden, dass die Gleichungen (35.10) und (35.11) nach p, q auflösbar sind. Dann haben wir eine kanonische Transformation gefunden mit

$$H' = H - \frac{\partial F_1}{\partial t}.$$ (35.12)

Um H' zu erhalten, setzen wir auf der rechten Seite q und p als Funktionen von Q, P, wie sie eben bestimmt wurden, ein.

Wir haben gezeigt, dass, wenn (35.1) eine kanonische Transformation ist, es dann eine Funktion $F_1(q, Q, t)$ gibt, die die Transformation durch die Gleichungen (35.8) erzeugt. Geben wir ein $F_1(q, Q, t)$ vor, dann definiert (35.8) eine kanonische Transformation. Die Auflösbarkeit der entsprechenden Gleichungen ist dabei immer stillschweigend angenommen.

Ein einfaches Beispiel:

$$F_1(q, Q, t) = \sum_l q_l Q_l$$ (35.13)

Aus (35.8) erhalten wir

$$p_l = -Q_l, \quad P_l = q_l, \quad H' = H,$$ (35.14)

das heißt

$$Q_l = -p_l, \quad P_l = q_l, \quad H'(P, Q) = H(p, q) = H(-Q, P).$$ (35.15)

Dies ist eine kanonische Transformation. Das Paar der kanonischen Variablen vertauscht seine Rolle, das negative Vorzeichen in (35.4) bedingt das negative Vorzeichen in (35.14). Bei einem kräftefreien Teilchen

$$H = \frac{1}{2m} p^2$$ (35.16)

erhalten wir

$$H' = \frac{1}{2m} Q^2.$$ (35.17)

Dass die Bewegungsgleichungen für P, Q die Gleichungen für p, q bedingen, ist leicht einzusehen.

$$\dot{Q} = 0, \quad -\frac{1}{m} Q = \dot{P} \quad \overset{(35.15)}{\longleftrightarrow} \quad \frac{1}{m} p = \dot{q}, \quad \dot{p} = 0$$ (35.18)

Das heißt natürlich nicht, dass die physikalische Rolle von Koordinaten und Impulsen, denen ja bestimmte Messvorschriften zugeordnet sind, vertauschbar ist.

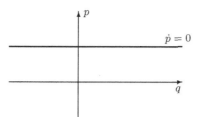

Abb. 35.1 $H = \frac{1}{2m}p^2$

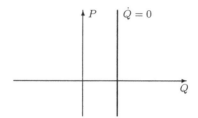

Abb. 35.2 $H = \frac{1}{2m}Q^2$

Im Phasenraum q, p entspricht die Bewegung des Systems mit der Hamiltonfunktion (35.16) der Trajektorie, die in Abb.35.1 gezeichnet ist

während die Hamiltonfunktion (35.17) zur Trajektorie von Abb.(35.2) führt.

Betrachten wir noch den harmonischen Oszillator als Beispiel:

$$H = \frac{1}{2}\left(p^2 + q^2\right) \ . \tag{35.19}$$

Hier haben wir die rücktreibende Kraft $k = \frac{1}{m}$ gewählt. Diese Hamiltonfunktion ist invariant unter den kanonischen Transformationen 35.15. Das gleiche gilt für die Trajektorie, wie aus Abb. 35.3 ersichtlich.

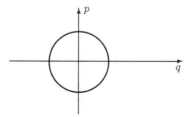

Abb. 35.3 $p = A\cos\frac{t}{m}$, $q = -A\sin\frac{t}{m}$

Die identische Transformation $P = p, Q = q$ kann allerdings nicht durch ein solches F_1 beschrieben werden, da p nicht durch q und Q ausgedrückt werden kann.

Als F wählen wir nun

$$F = QP - F_2(q, P, t).\qquad(35.20)$$

Hier ist Q durch die erste Gleichung (35.1) nach Einsetzen von p als Funktion von q und P aufzufassen.

Aus (35.5) folgt

$$\sum_l p_l \dot{q}_l - H = -\sum_l Q_l \dot{P}_l - H' + \sum_l \left(\frac{\partial F_2}{\partial q} \dot{q} + \frac{\partial F_2}{\partial P_l} \dot{P}_l \right) + \frac{\partial F_2}{\partial t}.\qquad(35.21)$$

Mit den gleichen Überlegungen wie zuvor erhalten wir nun die kanonische Transformation

$$p_l = \frac{\partial F_2}{\partial q_l}(q, P, t), \quad Q_l = \frac{\partial F_2}{\partial P_l}(q, P, t), \quad H' = H + \frac{\partial F_2}{\partial t}.\qquad(35.22)$$

Wiederum lösen wir die erste Gleichung nach P auf und erhalten P als Funktion von q, p und t. Dies setzen wir in die zweite Gleichung ein und erhalten nun auch Q als Funktion von q, p und t. Dies ist wiederum eine kanonische Transformation.

Wiederum einige Beispiele:

$$F_2 = \sum_l q_l P_l\qquad(35.23)$$

führt zur kanonischen Transformation

$$p_l = P_l, \quad Q_l = q_l, \quad H'(P, Q, t) = H(p, q, t).\qquad(35.24)$$

Die identische Transformation ist natürlich auch eine kanonische Transformation. Ihr wird die Funktion F_2 (35.23) zugeordnet.

Ein weiteres Beispiel:

$$F_2 = \sum_l P_l f_l(q, t)\qquad(35.25)$$

Die f seien bis auf die entsprechenden Invertierbarkeitsforderungen beliebige Funktionen von q, t.

Wir erhalten aus (35.22)

$$p_l = \sum_i P_i \frac{\partial f_i}{\partial q_l}, \quad Q_l = f_l(q, t).\qquad(35.26)$$

Die zweite Gleichung zeigt, dass es sich hierbei um beliebige Transformationen im Konfigurationsraum handelt. Solche Transformationen nennt man

Punkttransformationen. Die Impulse haben sich dann entsprechend (35.26) zu transformieren, damit eine kanonische Transformation erzeugt wird.

Lineare Transformationen im Konfigurationsraum werden erzeugt durch

$$F_2 = \sum_{rs} P_s M^{sr} q_r \,. \tag{35.27}$$

Wir erhalten aus (35.27)

$$Q_r = \sum_s M^{rs} q_s \,, \quad P_r = \sum_s p_s \, (M^{-1})^{sr} \,. \tag{35.28}$$

Wir sehen, dass sich Koordinaten kontravariant und Impulse kovariant transformieren.

Die kanonischen Transformationen werden durch die Funktionen F (F_1 oder F_2) festgelegt. Wir nennen diese Erzeugende der kanonischen Transformation.

Wir wollen jetzt zeigen, dass F_2 aus F_1 durch eine Legendretransformation erhalten werden kann. Wir beginnen mit F_1 und der Gleichung

$$\frac{\partial F_1}{\partial Q_l} = P_l \,. \tag{35.29}$$

Diese Gleichung sei nach Q auflösbar und ergibt $Q = Q(P, q)$. Nun definieren wir F_2 entsprechend einer Legendretransformation

$$F_2 = -F_1 + \sum P_l Q_l \tag{35.30}$$

und ersetzen Q überall auf der rechten Seite durch die soeben bestimmten Funktionen $Q(P, q)$. Wir erhalten dann F_2 als Funktion von q, P und t.

Leiten wir die so definierte Funktion F_2 (bei festem q) nach P ab, so erhalten wir mithilfe von (35.29)

$$\frac{\partial F_2}{\partial P_r} = -\sum_l \frac{\partial F_1}{\partial Q_l} \frac{\partial Q_l}{\partial P_r} + Q_r + \sum_l P_l \frac{\partial Q_l}{\partial P_r} = Q_r \,. \tag{35.31}$$

Leiten wir F_2 nach q bei festem P ab, so ergibt dies mithilfe von (35.29) und (35.9)

$$\frac{\partial F_2}{\partial q_r} = -\sum_l \frac{\partial F_1}{\partial Q_l} \frac{\partial Q_l}{\partial q_r} - \frac{\partial F_1}{\partial q_r} + \sum_l \frac{\partial Q_l}{\partial q_r} P_r = -\frac{\partial F_1}{\partial q_r} = p_r \,. \tag{35.32}$$

Dies sind gerade die Transformationsgleichungen (35.22).

In gleicher Weise wie F_2 in (35.20) hätten wir natürlich ein F_3 und ein F_4 einführen können:

$$F = -\sum_l p_l q_l + F_3(p, Q, t) \tag{35.33}$$

Dies führt zu

$$q_l = \frac{\partial F_3}{\partial p_l}, \quad P_l = \frac{\partial F_3}{\partial Q_l}, \quad H' = H - \frac{\partial F_3}{\partial t}. \tag{35.34}$$

Oder:

$$F = \sum_l P_l Q_l - \sum_l p_l q_l - F_4(p, P, t) \tag{35.35}$$

Mit dem Ergebnis

$$q_l = -\frac{\partial F_4}{\partial p_l}, \quad Q_l = \frac{\partial F_4}{\partial P_l}, \quad H' = H + \frac{\partial F_4}{\partial t}. \tag{35.36}$$

Natürlich sind all diese Erzeugenden durch Legendretransformationen miteinander verbunden. Zu beachten ist dabei stets: Dass die entsprechenden Erzeugenden wirklich eine Transformation erzeugen, setzt voraus, dass die jeweiligen Transformationen invertierbar sind.

Als Beispiel betrachten wir die Legendretransformation von (35.30):

$$F_1 = -F_2 + \sum_l P_l Q_l. \tag{35.37}$$

F_1 soll eine Funktion von q, Q werden, während F_2 eine Funktion von q, P ist.

Die Gleichung

$$\frac{\partial F_2}{\partial P_l} = Q_l \tag{35.38}$$

ist demnach nach P aufzulösen, dies ergibt P als Funktion von q, Q und t.

Betrachten wir die Erzeugende der identischen Transformation

$$F_2 = \sum_l q_l P_l. \tag{35.39}$$

Aus (35.38) erhalten wir

$$q_l = Q_l. \tag{35.40}$$

Nun ist aber die Gleichung (35.38) nicht mehr nach P_l auflösbar, da

$$\frac{\partial^2 F_2}{\partial P_l \, \partial P_k} = 0 \tag{35.41}$$

gilt.

Eine Transformation, bei der $q_l = Q_l$ gilt, ist, wie wir wissen, nicht durch ein $F_1(q, Q, t)$ zu erzeugen, wohl aber, wie wir gesehen haben, durch ein $F_2(q, P)$.

36 Infinitesimale kanonische Transformationen

Im vorhergehenden Kapitel haben wir die Erzeugende für die Identitätstransformation kennen gelernt:

$$F_2(q, P) = \sum_l q_l P_l , \quad Q_l = q_l , \quad P_l = p_l . \tag{36.1}$$

Nun wollen wir die infinitesimal benachbarten Transformationen untersuchen. Diese können von einer Erzeugenden

$$F_2(q, P, t) = \sum_l q_l P_l + \varepsilon G(q, P, t) \tag{36.2}$$

hergeleitet werden, wo ε ein infinitesimal kleiner Parameter ist, dessen Quadrat vernachlässigt werden kann. Aus (35.22) folgt

$$\begin{aligned} p_l &= \frac{\partial F_2}{\partial q_l} = P_l + \varepsilon \frac{\partial G}{\partial q_l} \\ Q_l &= \frac{\partial F_2}{\partial P_l} = q_l + \varepsilon \frac{\partial G}{\partial P_l} . \end{aligned} \tag{36.3}$$

In diesem Ausdruck können wir nun in der infinitesimalen Erzeugenden G die Variable P durch p ersetzen, der Unterschied ist von zweiter Ordnung. Wir erhalten

$$\begin{aligned} Q_l &= q_l + \varepsilon \frac{\partial G}{\partial p_l}(q, p, t) \\ P_l &= p_l - \varepsilon \frac{\partial G}{\partial q_l}(q, p, t) . \end{aligned} \tag{36.4}$$

Jede Funktion $G(q, p, t)$ erzeugt eine infinitesimale kanonische Transformation.

Nun betrachten wir wieder einige Beispiele. Als erstes wählen wir für G die Hamiltonfunktion H selbst, und ε bezeichnen wir mit Δt. Aus (36.4) wird dann

$$\begin{aligned} Q_l &= q_l + \Delta t \frac{\partial H}{\partial p_l} = q_l + \Delta t \, \dot{q}_l \\ P_l &= p_l - \Delta t \frac{\partial H}{\partial q_l} = p_l + \Delta t \, \dot{p}_l . \end{aligned} \tag{36.5}$$

Hier haben wir die Hamilton'schen Bewegungsgleichungen verwendet und sehen, dass H selbst die infinitesimale Änderung der zeitlichen Bewegung erzeugt. Es ist ja

$$\begin{aligned} q_l(t + \Delta t) &= q_l + \Delta t \, \dot{q}_l \\ p_l(t + \Delta t) &= p_l + \Delta t \, \dot{p}_l . \end{aligned} \tag{36.6}$$

Der Übergang der kanonischen Variablen von $(q_l(t_1), p_l(t_1))$ zu $(q_l(t_2), p_l(t_2))$ ist demnach eine kanonische Transformation, deren infinitesimale Erzeugende H ist. Die endliche kanonische Transformation selbst anzugeben, würde bedeuten, den Bewegungsablauf explizit anzugeben – das heißt, die Bewegungsgleichungen explizit zu lösen. Wir wissen nur, dass es sich dabei um eine kanonische Transformation handeln wird mit einer Erzeugenden F_2. Die infinitesimale Erzeugende ist dabei H selbst.

Die Transformation (36.4) können wir auch mithilfe der Poissonklammer ausdrücken:

$$\Delta q_l = Q_l - q_l = \varepsilon\{q_l, G\}$$
$$\Delta p_l = P_l - p_l = \varepsilon\{p_l, G\} \tag{36.7}$$

Für die Variation einer beliebigen Funktion $K(q, p, t)$ ergibt dies

$$\begin{aligned}
\Delta K(q, p, t) &= K(q + \Delta q, p + \Delta p, t) - K(q, p, t) \\
&= \sum_l \left(\frac{\partial K}{\partial p_l} \Delta p_l + \frac{\partial K}{\partial q_l} \Delta q_l \right) \\
&= \varepsilon \sum_l \left(-\frac{\partial K}{\partial p_l} \frac{\partial G}{\partial q_l} + \frac{\partial K}{\partial q_l} \frac{\partial G}{\partial p_l} \right) \\
&= \varepsilon\{K, G\}.
\end{aligned} \tag{36.8}$$

Die Eigenschaft (34.10 (3)) der Poissonklammer können wir als Leibnizregel der Variation auffassen:

$$\begin{aligned}
\Delta(K_1 K_2) &= \varepsilon\{K_1 K_2, G\} = \varepsilon\{K_1, G\}K_2 + \varepsilon K_1\{K_2, G\} \\
&= (\Delta K_1)K_2 + K_1(\Delta K_2).
\end{aligned} \tag{36.9}$$

Ist nun H unter einer Transformation (36.7) invariant, so gilt

$$\{G, H\} = 0. \tag{36.10}$$

Damit wird, falls G nicht explizit von der Zeit abhängt, G zu einer erhaltenen Größe.

Nehmen wir nun als infinitesimale Erzeugende den kanonisch konjugierten Impuls p_r:

$$G_r = \Delta l\, p_r \tag{36.11}$$

Aus (36.4) folgt

$$\Delta q_l = \Delta l\, \delta_{rl}, \quad \Delta p_l = 0. \tag{36.12}$$

Der kanonisch konjugierte Impuls erzeugt eine infinitesimale Translation in der konjugierten Koordinate q. Ist dies eine zyklische Koordinate, dann ist dieser Impuls erhalten.

Wenn wir (36.11) und (36.5) mit (27.13) vergleichen, so fällt auf, dass die Größen p_r und H, die zur Variation der Wirkung beitragen, auch die Erzeugenden dieser infinitesimalen Transformationen sind.

Betrachten wir nun ein System mit kartesischen Koordinaten: x_A und p_A, dann erzeugt der Gesamtimpuls

$$aP = a \sum_A p_A \qquad (36.13)$$

gemäß (36.12) die Translation

$$\Delta x_A = a, \quad \Delta p_a = 0. \qquad (36.14)$$

Entsprechendes gilt für den Drehimpuls

$$L = \Delta\varphi \sum_A [x_A \times p_A]. \qquad (36.15)$$

Wir erhalten aus (36.4)

$$\begin{aligned} \Delta x_A &= [\Delta\varphi \times x_A] \\ \Delta p_A &= [\Delta\varphi \times p_A]. \end{aligned} \qquad (36.16)$$

Dies ist die Änderung eines Vektors bei infinitesimalen Drehungen (6.30) und (27.28). Ist H rotationsinvariant, dann ist der Drehimpuls eine erhaltene Größe. Ist H translationsinvariant, dann ist der Impuls eine erhaltene Größe.

Allen diesen Überlegungen liegen die kanonischen Relationen (34.9) und die abstrakten Eigenschaften der Poissonklammer zu Grunde. Ersetzt man nun, wie in Kap. 34 angedeutet, die Poissonklammern durch Kommutatoren

$$\{ \ , \ \} \longrightarrow \frac{1}{i\hbar} [\ , \ ], \qquad (36.17)$$

dann sind wir mitten in der Quantenmechanik. Die Konstante $\hbar$ nennt man Planck'sches Wirkungsquantum

$$\hbar = 1,05 \times 10^{-34} \, \text{Js}$$

(Max Planck, Deutschland, 1858-1947).

37 Hamilton-Jacobi'sche Theorie

Man kann natürlich versuchen, das Instrument der kanonischen Transformationen zu nutzen, um zu einer Hamiltonfunktion zu gelangen, die die Lösung der Bewegungsgleichungen besonders einfach macht. Das Allereinfachste, das man sich vorstellen kann, ist wohl $H = 0$, dann sind die Koordinaten und die Impulse konstant.

Wir versuchen also eine kanonische Transformation zu finden, die durch ein F_2 erzeugt wird, und für die dann – nach (35.22) – gilt

$$H' = H + \frac{\partial F_2}{\partial t} = 0. \tag{37.1}$$

Nun gilt aber auch noch

$$p_l = \frac{\partial F_2}{\partial q_l}, \quad Q_l = \frac{\partial F_2}{\partial P_l}. \tag{37.2}$$

Damit wird aus (37.1), wenn wir $p_l = \frac{\partial F_2}{\partial q_l}$ einsetzen,

$$H\left(q, \frac{\partial F_2}{\partial q}, t\right) + \frac{\partial F_2}{\partial t} = 0. \tag{37.3}$$

Das ist die Hamilton-Jacobi'sche Differenzialgleichung. Die Lösung der Bewegungsgleichungen wird auf die Lösung dieser Differenzialgleichung zurückgeführt.

Es ist eine partielle Differenzialgleichung in n Variablen $q_1, \ldots, q_n$ von höchstens erster Ordnung in den Ableitungen.

Eine solche Differenzialgleichung besitzt eine sogenannte vollständige Lösung, das ist eine Lösung, die von n freien Parametern abhängt. Wir nennen diese Parameter $\alpha_1, \ldots, \alpha_n$. Die Lösung nennen wir S:

$$F_2 \equiv S(q_1, \ldots, q_n, t, \alpha_1, \ldots, \alpha_n) + \alpha_{n+1}. \tag{37.4}$$

Die weitere Konstante α_{n+1} tritt auf, da F_2 in der Gleichung (37.3) nur mit Ableitungen auftritt.

Da die Bewegungsgleichungen in den neuen Koordinaten dazu führen, dass die Impulse konstant sind, spricht nichts dagegen, die Impulse P_l mit den Konstanten α_l zu identifizieren.

Wir führen also eine kanonische Transformation durch mit einer Erzeugenden, die Lösung der Hamilton-Jacobi'schen Differenzialgleichung ist

$$F_2 = S(q_1, \ldots, q_n, t, \alpha_1, \ldots, \alpha_n) + \alpha_{n+1}, \tag{37.5}$$

sodass aus (37.1) und (37.2) folgt

$$p_i = \frac{\partial S(q, t, \alpha)}{\partial q_i}, \quad Q_i = \frac{\partial S(q, t, \alpha)}{\partial \alpha_i} \tag{37.6}$$

und

$$H' = 0. \tag{37.7}$$

Aus (31.10) folgt natürlich, dass auch die Koordinaten Q_i zeitunabhängig sind, wir bezeichnen sie mit β_i:

$$Q_i = \beta_i = \frac{\partial S}{\partial \alpha_i}(q, t, \alpha). \tag{37.8}$$

Lässt sich nun (37.8) nach q_i auflösen, dann haben wir das Bewegungsproblem gelöst:

$$q_i = q_i(t, \alpha_1, \ldots, \alpha_n, \beta_1, \ldots, \beta_n). \tag{37.9}$$

Wir haben die Koordinaten als Funktion der Zeit in Abhängigkeit von $2n$ Konstanten gefunden.

Betrachten wir das einfachste Beispiel, um den ganzen Vorgang besser zu verstehen:

$$H = \frac{1}{2m} p^2. \tag{37.10}$$

Die Hamilton-Jacobi'sche Differenzialgleichung wird zu

$$\frac{1}{2m} \left(\frac{\partial S}{\partial q} \right)^2 + \frac{\partial S}{\partial t} = 0. \tag{37.11}$$

Wir können die Variablen q und t separieren:

$$S = W(q) - Et. \tag{37.12}$$

Aus (37.11) folgt dann

$$\frac{1}{2m} \left(\frac{\partial W}{\partial q} \right)^2 = E, \tag{37.13}$$

mit der Lösung

$$W = \sqrt{2mE}\, q + \alpha_2. \tag{37.14}$$

Da E eine Konstante ist, die in dieser Lösung auftritt, haben wir die vollständige Lösung gefunden ($\alpha_1 = E$). Nun verfahren wir gemäß (37.8):

$$\beta_1 = \frac{\partial S}{\partial \alpha_1} = \sqrt{\frac{m}{2E}}\, q - t \tag{37.15}$$

Dies bedeutet nach q aufgelöst

$$q = \sqrt{\frac{2E}{m}}\, (t + \beta_1) = q_0 t + v_0. \tag{37.16}$$

Die Lösung hängt von den beiden Parametern

$$q_0 = \sqrt{\frac{2E}{m}}, \quad v_o = \sqrt{\frac{2E}{m}}\, \beta_1 \tag{37.17}$$

ab. Man überzeugt sich leicht, dass die Konstante E die Bedeutung der Energie für die Bewegung (37.16) hat:

$$E = \frac{m}{2} \dot{q}^2 \tag{37.18}$$

Falls die Hamiltonfunktion nicht explizit von der Zeit abhängt, kann man immer den Separationsansatz (37.12) machen. Es gilt dann

$$\frac{\partial S}{\partial t} = -E\,, \quad \frac{\partial S}{\partial q_i} = \frac{\partial W}{\partial q_i}\,, \quad H\left(q, \frac{\partial W}{\partial q}\right) = E\,. \tag{37.19}$$

S nennt man die Hamilton'sche Wirkungsfunktion und W die Hamilton'sche charakteristische Funktion.

Der Name Wirkungsfunktion ist sinnvoll, denn bilden wir die totale Zeitableitung von S, so erhalten wir

$$\frac{\mathrm{d}S}{\mathrm{d}t} = \frac{\partial S}{\partial t} + \frac{\partial S}{\partial q_i}\dot{q}_i = -H + \sum p_i \dot{q}_i = \mathcal{L}\,. \tag{37.20}$$

Dies folgt aus (26.2) und (26.3). Somit gilt auch

$$S = \int \mathrm{d}t\, \mathcal{L} + \text{const.} \tag{37.21}$$

38 Invariante der kanonischen Transformationen

Bei der Definition der kanonischen Transformationen sind wir von der Invarianz der Hamilton'schen Gleichungen ausgegangen. Nun stellen wir die Frage nach weiteren invarianten Strukturen.

Als erstes wollen wir zeigen, dass die kanonischen Relationen

$$\{p_i, p_l\} = 0\,, \quad \{q_i, q_l\} = 0\,, \quad \{q_i, p_l\} = \delta_{il} \tag{38.1}$$

invariant sind. Damit meinen wir folgendes: die neuen Variablen P, Q

$$P_i = P_i(q, p, t)\,, \quad Q_i = Q_i(q, p, t) \tag{38.2}$$

kann man als Funktionen der Variablen p, q auffassen, für die eine Poissonklammer definiert ist wie für jede Funktion von p, q. Wir wollen zeigen, dass

$$\{P_r, P_s\}_{q,p} = 0\,, \quad \{Q_r, Q_s\}_{q,p} = 0\,, \quad \{Q_r, P_s\}_{q,p} = \delta_{rs} \tag{38.3}$$

ist, falls es sich um eine kanonische Transformation handelt. Die Poissonklammer haben wir mit einem Index p, q versehen, um anzudeuten, dass die Klammer in diesen Variablen definiert ist, zum Beispiel

$$\{P_r, P_s\}_{q,p} = \sum_l \left(\frac{\partial P_r}{\partial q_l}\frac{\partial P_s}{\partial p_l} - \frac{\partial P_r}{\partial p_l}\frac{\partial P_s}{\partial q_l}\right)\,. \tag{38.4}$$

Die kanonische Transformation denken wir uns von $F_2(q, P, t)$ erzeugt:

$$p_r = \frac{\partial F_2}{\partial q_r}\,, \quad Q_r = \frac{\partial F_2}{\partial P_r}\,. \tag{38.5}$$

Nun müssen wir aber in der Poissonklammer (38.4) P nach q bei festgehaltenen p und nach p bei festgehaltenen q ableiten. Da die Eigenschaft, kanonische Transformation zu sein, aus den Gleichungen (38.5) folgt, müssen wir diese Gleichungen beim Beweis unserer Behauptung verwenden, denn (38.3) gilt ja nicht für jede Transformation. Dazu leiten wir die erste der Relationen (38.5) einmal nach p bei festen q und einmal nach q bei festen p ab.

$$\frac{\partial}{\partial p_s} p_r = \delta_{rs} = \frac{\partial}{\partial p_s} \left(\frac{\partial F_2}{\partial q_r} \right)\bigg|_q = \sum_j \frac{\partial^2 F_2}{\partial q_r \, \partial P_j} \frac{\partial P_j}{\partial p_s}\bigg|_q . \tag{38.6}$$

Daraus folgt, dass die Matrix

$$M_{rj} = \frac{\partial^2 F_2}{\partial q_r \, \partial P_j} \tag{38.7}$$

ein Inverses besitzt. Das folgt auch daraus, dass $\det M_{ij} \neq 0$ sein muss, damit in (38.5) die erste Gleichung nach P aufgelöst werden kann.

Aus (38.6) folgt nun aber auch, dass die inverse Matrix von $\boldsymbol{M}$ gerade $\frac{\partial P}{\partial p}$ ist:

$$\frac{\partial P_s}{\partial p_l}\bigg|_q = (M^{-1})_{sl} . \tag{38.8}$$

Leiten wir die Relation (38.5) nach q bei festen p ab, so folgt

$$\frac{\partial}{\partial q_s} p_r = 0 = \frac{\partial}{\partial q_s} \left(\frac{\partial F_2}{\partial q_r} \right)\bigg|_p = \frac{\partial^2 F_2}{\partial q_r \, \partial q_s} + \sum_j \frac{\partial^2 F_2}{\partial q_r \, \partial P_j} \frac{\partial P_j}{\partial q_s}\bigg|_p . \tag{38.9}$$

Daraus folgt

$$\frac{\partial P_j}{\partial q_s}\bigg|_p = -\sum_k (M^{-1})_{jk} \frac{\partial^2 F_2}{\partial q_k \, \partial q_s} . \tag{38.10}$$

Die Relationen (38.8) und (38.10) sind demnach die Einschränkungen an die Ableitungen von P nach p und q, die für eine kanonische Transformation gelten.

Wir berechnen nun

$$\sum_l \frac{\partial P_r}{\partial q_l} \frac{\partial P_s}{\partial p_l} = -\sum_{l,k} (M^{-1})_{rk} \frac{\partial^2 F_2}{\partial q_k \, \partial q_l} (M^{-1})_{sl} . \tag{38.11}$$

Wir sehen unmittelbar, dass dieser Ausdruck in r und s symmetrisch ist. Da die Poissonklammer (38.4) in r, s jedoch antisymmetrisch ist, muss sie verschwinden. Damit ist die erste Relation von (38.3) bewiesen.

Nun zur zweiten Relation von (38.3):

$$\{Q_r, Q_s\}_{pq} = \sum_l \left(\frac{\partial Q_r}{\partial q_l} \frac{\partial Q_s}{\partial p_l} - \frac{\partial Q_r}{\partial p_l} \frac{\partial Q_s}{\partial q_l} \right) . \tag{38.12}$$

Wir berechnen den ersten Term:

$$\sum_l \frac{\partial Q_r}{\partial q_l} \frac{\partial Q_s}{\partial p_l} = \sum_l \frac{\partial}{\partial q_l} \left(\frac{\partial F_2}{\partial P_r}\right)\bigg|_p \frac{\partial}{\partial p_l} \left(\frac{\partial F_2}{\partial P_s}\right)\bigg|_q$$

$$= \sum_l \left\{ \frac{\partial^2 F_2}{\partial q_l\, \partial P_r} + \sum_j \frac{\partial^2 F_2}{\partial P_r\, \partial P_j} \frac{\partial P_j}{\partial q_l} \right\} \left\{ \sum_i \frac{\partial^2 F_2}{\partial P_s\, \partial P_i} \frac{\partial P_i}{\partial p_l} \right\}$$

$$= \sum_{l,i} \left\{ \frac{\partial p_l}{\partial P_r}\bigg|_q \frac{\partial^2 F_2}{\partial P_s\, \partial P_i} \frac{\partial P_i}{\partial p_l}\bigg|_q \right\}$$

$$+ \sum_{l,j,i} \left\{ \frac{\partial^2 F_2}{\partial P_r\, \partial P_j} \frac{\partial^2 F_2}{\partial P_s\, \partial P_i} \frac{\partial P_j}{\partial q_l}\bigg|_p \frac{\partial P_i}{\partial p_l}\bigg|_q \right\}$$

$$= \frac{\partial^2 F_2}{\partial P_s\, \partial P_r} + \sum_{j,i,l} \frac{\partial^2 F_2}{\partial P_r\, \partial P_j} \frac{\partial^2 F_2}{\partial P_s\, \partial P_i} \frac{\partial P_j}{\partial q_l}\bigg|_p \frac{\partial P_i}{\partial p_l}\bigg|_q .$$

$$(38.13)$$

Beide Terme sind symmetrisch in r, s und tragen daher zur Poissonklammer nicht bei. Damit ist die zweite Relation von (38.3) bewiesen.

Es bleibt die letzte Relation von (38.3) zu beweisen.

$$\{Q_r, P_s\}_{p,q} = \sum_l \frac{\partial Q_r}{\partial q_l}\bigg|_p \frac{\partial P_s}{\partial p_l}\bigg|_q - \frac{\partial Q_r}{\partial p_l}\bigg|_q \frac{\partial P_s}{\partial q_l}\bigg|_p$$

$$= \sum_l \left(\frac{\partial^2 F_2}{\partial P_r\, \partial q_l} + \sum_i \frac{\partial^2 F_2}{\partial P_r\, \partial P_i} \frac{\partial P_i}{\partial q_l} \right) \frac{\partial P_s}{\partial p_l}\bigg|_q$$

$$- \sum_{l,i} \frac{\partial^2 F_2}{\partial P_r\, \partial P_i} \frac{\partial P_i}{\partial p_l}\bigg|_q \frac{\partial P_s}{\partial q_l}\bigg|_p$$

$$= \sum_l M_{lr} (M^{-1})_{sl} + \sum_i \frac{\partial^2 F_2}{\partial P_r\, \partial P_i} \{P_i, P_s\}$$

$$= \delta_{rs}$$

$$(38.14)$$

Damit ist auch die letzte der drei Relationen (38.3) bewiesen.

Wir können dies auch so formulieren, dass bei kanonischen Transformationen folgende Gleichung gilt:

$$\{P_r, P_s\}_{p,q} = \{P_r, P_s\}_{P,Q}, \quad \{Q_r, Q_s\}_{p,q} = \{Q_r, Q_s\}_{P,Q},$$
$$\{Q_r, P_s\}_{p,q} = \{Q_r, P_s\}_{P,Q}.$$

$$(38.15)$$

Wir hätten auch nach den Transformationen fragen können, für die die Gleichung (38.15) gilt und hätten dann die kanonischen Transformationen auf diese Weise definiert.

Es ist nun leicht zu zeigen, dass sich die Poissonstruktur insgesamt bei kanonischen Transformationen nicht ändert, das heißt, dass für beliebige Funktionen F und G gilt

$$\{F, G\}_{p,q} = \{F, G\}_{P,Q}.$$

$$(38.16)$$

Man kann zuerst die Transformation (38.2) $p, q \to P, Q$ durchführen und dann die Poissonklammer berechnen, oder man berechnet erst die Poissonklammer und führt dann die Transformation aus. Dies zeigt eine kurze Rechnung

$$
\begin{aligned}
\{F, G\}_{p,q} = \sum_{r,s} \bigg(& \frac{\partial F}{\partial P_r} \frac{\partial G}{\partial P_s} \{P_r, P_s\} + \frac{\partial F}{\partial Q_r} \frac{\partial G}{\partial P_s} \{Q_r, P_s\} \\
& \frac{\partial F}{\partial P_r} \frac{\partial G}{\partial Q_s} \{P_r, Q_s\} + \frac{\partial F}{\partial Q_r} \frac{\partial G}{\partial Q_s} \{Q_r, Q_s\} \bigg) \\
= & \{F, G\}_{P,Q} \,,
\end{aligned}
\tag{38.17}
$$

womit die Invarianz der Poissonstruktur unter kanonischen Transformationen bewiesen ist.

Eine weitere wichtige Invariante ist das Volumen im Phasenraum:

$$
\begin{aligned}
\mathrm{d}\Gamma &= \mathrm{d}q_1 \ldots \mathrm{d}q_n \, \mathrm{d}p_1 \ldots \mathrm{d}p_n \\
&= \mathrm{d}Q_1 \ldots \mathrm{d}Q_n \, \mathrm{d}P_1 \ldots \mathrm{d}P_n \,.
\end{aligned}
\tag{38.18}
$$

Dies ist der Liouville'sche Satz (Joseph Liouville, Frankreich, 1809-1882).

Das heißt aber, dass die Funktionaldeterminante beim Übergang von den Integrationsvariablen pq zu den Integrationsvariablen PQ gleich eins ist:

$$
D = \frac{\partial(Q_1, \ldots, Q_n, P_1, \ldots, P_n)}{\partial(q_1, \ldots, q_n, p_1, \ldots, p_n)} = 1 \,.
\tag{38.19}
$$

Wir beweisen dies in zwei Schritten. Erst machen wir die Variablentransformation

$$
\begin{aligned}
q_l &= q_l \\
P_l &= P_l(q, p, t)
\end{aligned}
\tag{38.20}
$$

mit der Funktionaldeterminante

$$
\frac{\partial(q, P)}{\partial(q, p)} = \frac{\partial(P)}{\partial(p)} \,.
\tag{38.21}
$$

Dies ist die Determinante der Matrix (38.8):

$$
\frac{\partial P_i}{\partial p_j}\bigg|_q = (M^{-1})_{ij} \,.
\tag{38.22}
$$

Als Nächstes transformieren wir dann

$$
\begin{aligned}
P_l &= P_l \\
Q_l &= Q_l(P, q, t) \,,
\end{aligned}
\tag{38.23}
$$

wobei wir in (38.2) in Q für p die Funktion $p(q, P, t)$ einsetzen, die wir durch Auflösen der ersten Gleichung in (38.2) nach p erhalten. Dies ergibt die Funktionaldeterminante

$$
\frac{\partial(P, Q)}{\partial(p, q)} = \frac{\partial(Q)}{\partial(q)} \,.
\tag{38.24}
$$

Dies ist die Determinante der folgenden Matrix:

$$\frac{\partial(Q)}{\partial(q)} = \det \left. \frac{\partial Q_i}{\partial q_j} \right|_P = \det \frac{\partial^2 F_2}{\partial q_j\, \partial P_i} = \det M_{ji}\,. \qquad (38.25)$$

Wir haben (38.7) verwendet.

Setzen wir die beiden Variablentransformationen zusammen, so erhalten wir

$$\frac{\partial(P,Q)}{\partial(p,q)} = \frac{\partial(P,Q)}{\partial(P,q)}\frac{\partial(P,q)}{\partial(p,q)} = 1\,, \qquad (38.26)$$

was wir beweisen wollten.

Der Liouville'sche Satz ist Ausgangspunkt statistischer Überlegungen. Dort interessiert man sich für Systeme mit sehr vielen Freiheitsgraden, n ist typisch in der Größenordnung der Loschmidt'schen Zahl $n = 6 \times 10^{23}$ (Joseph Loschmidt, Österreich, 1821-1895).

Die Trajektorie jedes einzelnen Teilchens zu verfolgen, wäre vollkommen sinnlos. Man kann aber sinnvoll davon sprechen, wie wahrscheinlich es ist, dass sich Teilchen in einem bestimmten Volumen des Phasenraums befinden. Dies führt zu einer Wahrscheinlichkeitsdichte, die multipliziert mit dem Phasenraumvolumen die Wahrscheinlichkeit angibt.

Diese Dichte ρ nennt man Verteilungsfunktion, und die Wahrscheinlichkeit ergibt sich als

$$\omega = \rho(p,q)\,\mathrm{d}\Gamma\,. \qquad (38.27)$$

Da p und q Funktionen der Zeit sind, kann sich $\rho(p,q)$ mit der Zeit ändern. In einem thermischen Gleichgewicht erwarten wir jedoch, dass ω zeitlich konstant sein wird, da n so groß sein soll, dass zeitliche Fluktuationen keine Rolle mehr spielen. Bewegt sich das System nun nach Hamilton'schen Bewegungsgleichungen, dann ist die zeitliche Entwicklung eine kanonische Transformation, und das Phasenraumvolumen ändert sich nicht. Damit sollte auch ρ zeitlich konstant sein. Dies erreicht man, indem man ρ als Funktion von erhaltenen Größen ansetzt. Der erfolgreiche Ansatz ist die Boltzmannverteilung:

$$\rho = \mathrm{e}^{-\frac{H}{kT}}\,. \qquad (38.28)$$

k ist die Boltzmannkonstante und T die Temperatur.

Dass es ein thermisches Gleichgewicht gibt, haben wir in Einklang mit unserer Erfahrung postuliert.

Wir haben hier kurz einen Zugang zur statistischen Mechanik skizziert. In diesem Zusammenhang erweist die Hamilton'sche Formulierung der Mechanik ihre volle Stärke.

Eine weitere wichtige Invariante der kanonischen Transformationen ist das Flächenelement:

$$\sum_l \mathrm{d}q_l\, \mathrm{d}p_l = \sum_l \mathrm{d}Q_l\, \mathrm{d}P_l\,. \qquad (38.29)$$

Um dies zu zeigen, nehmen wir an, dass die Fläche, über die wir integrieren, durch eine Abbildung eines zweidimensionalen Parameterraums x, y in den Phasenraum entsteht:

$$p_i = p_i(x, y)$$
$$q_i = q_i(x, y) \, . \tag{38.30}$$

Wir haben dann

$$\sum_l \mathrm{d}q_l \, \mathrm{d}p_l = \sum_i \frac{\partial(q_i, p_i)}{\partial(x, y)} \, \mathrm{d}x \, \mathrm{d}y \, . \tag{38.31}$$

Die Determinante berechnet sich nun wie folgt:

$$\frac{\partial(q_i, p_i)}{\partial(x, y)} = \det \begin{pmatrix} \frac{\partial q_i}{\partial x} & \frac{\partial p_i}{\partial x} \\ \frac{\partial q_i}{\partial y} & \frac{\partial p_i}{\partial y} \end{pmatrix} \, . \tag{38.32}$$

Nun ist aber nach (38.5)

$$p_i = \frac{\partial F_2(q, P, t)}{\partial q_i} \tag{38.33}$$

und

$$\frac{\partial p_i}{\partial x} = \sum_l \left(\frac{\partial^2 F_2}{\partial q_i \, \partial q_l} \frac{\partial q_l}{\partial x} + \frac{\partial^2 F_2}{\partial q_i \, \partial P_l} \frac{\partial P_l}{\partial x} \right)$$
$$\frac{\partial p_i}{\partial y} = \sum_l \left(\frac{\partial^2 F_2}{\partial q_i \, \partial q_l} \frac{\partial q_l}{\partial y} + \frac{\partial^2 F_2}{\partial q_i \, \partial P_l} \frac{\partial P_l}{\partial y} \right) \, . \tag{38.34}$$

Setzen wir dies in (38.32) ein, so trägt der Term mit $\frac{\partial^2 F_2}{\partial q_i \, \partial q_l}$ wegen der Symmetrie in i und l nicht zur Determinante bei.

Wir erhalten

$$\frac{\partial(q_i, p_i)}{\partial(x, y)} = \sum_{i,l} \frac{\partial^2 F_2}{\partial q_i \, \partial P_l} \det \begin{pmatrix} \frac{\partial q_i}{\partial x} & \frac{\partial P_l}{\partial x} \\ \frac{\partial q_i}{\partial y} & \frac{\partial P_l}{\partial y} \end{pmatrix} \, . \tag{38.35}$$

Berechnen wir die Determinante $\frac{\partial(Q_k, P_l)}{\partial(x, y)}$ in gleicher Weise mit $Q_l = \frac{\partial F_2}{\partial P_r}$, so erhalten wir dasselbe Ergebnis.

Die Invariante (38.29) spielt in der Geometrisierung der Hamilton'schen Mechanik eine wichtige Rolle.

Im ersten Kapitel sind wir von der Frage nach der Invarianz der euklidischen Struktur des dreidimensionalen Raumes ausgegangen und haben die Drehgruppe gefunden. Dies ist eine dreiparametrige, nichtabelsche Liegruppe, deren Eigenschaften durch die Gruppen- und Darstellungstheorie bestens bekannt sind (Marius Sophus Lie, Norwegen, 1842-1899). In den letzten Kapiteln haben wir, ausgehend von der Frage nach der Invarianz der Hamilton'schen Formulierung der Mechanik, die kanonischen Transformationen gefunden. Auch hier kann man Transformationen hintereinander ausführen, die identische Transformation und die inverse Transformation gibt es ebenfalls. Die Transformationen hängen aber nicht wie bei Liegruppen von einer endlichen Zahl von Parametern, sondern von einer willkürlichen Funktion (z. B. F_2) ab. Die Differenzialgeometrie liefert hier in natürlicherer Weise als die Gruppentheorie ein Verständnis für die Struktur. Es ist nicht verwunderlich, dass differenzialgeometrische Methoden ein viel tieferes Verständnis für die Mechanik ermöglichen.

Teil IV
Der starre Körper

39 Definition und Kinematik des starren Körpers

Es soll sich um N Massenpunkte mit Massen m_A und Koordinaten r_A handeln, wobei A von eins bis N läuft. Dies sieht zunächst wie ein Problem mit $3N$ Freiheitsgraden aus. Wie wir gleich sehen werden, schränkt die Bedingung starr zu sein die Zahl der Freiheitsgrade auf sechs ein, und dies unabhängig von N. Dazu „markieren" wir einen Punkt des starren Körpers, das wird im Allgemeinen der Schwerpunkt, kann aber auch ein beliebiger anderer Punkt sein, den man aufgrund seiner Markierung jederzeit wieder erkennen kann. Die Koordinaten dieses Punktes in einem beliebig gewählten Inertialsystem bezeichnen wir mit R. Die Koordinaten aller anderen Punkte des starren Körpers – ebenfalls im Inertialsystem – bezeichnen wir mit r_A und zerlegen diesen Vektor in die Summe zweier Vektoren:

$$r_A = R + \rho_A \,. \tag{39.1}$$

ρ_A ist der Vektor, der den markierten Punkt R mit dem Massenpunkt A verbindet. Da der Körper starr ist, werden sich die Vektoren ρ_A bei einer Bewegung des Körpers nur durch eine Drehung um eine gemeinsame Drehachse ändern. Dies kann auch als Definition des starren Körpers betrachtet werden, den wir bisher nur durch ein intuitives Bild eingeführt haben. Es ist wohl das einfachste Modell eines festen Körpers, alle Relativbewegungen – wie wir sie etwa bei der linearen Kette untersucht haben – sind eingefroren.

Gelingt es uns noch, im Körper markierte, körperfeste Koordinatenachsen anzugeben, die wiederum jederzeit erkannt werden können, etwa Figurenachsen, dann kann die Lage des Körpers durch die Winkel dieses körperfesten Koordinatensystems zu den Achsen des Inertialsystems und durch die Koordinaten R eindeutig festgelegt werden.

Die Größen des körperfesten Systems kennzeichnen wir mit Unterstrich.

Dass die Lage dieser körperfesten Koordinatenachsen im Inertialsysteme durch drei Winkel festgelegt werden kann, sieht man wie folgt: Man dreht zunächst um die 3-Achse des Inertialsystems um einen Winkel φ bis die 1-Achse senkrecht zur 3- und $\underline{3}$-Achse steht. Die so erhaltene Achse ist somit die Schnittlinie der 1-2-Ebene mit der $\underline{1}$-$\underline{2}$-Ebene. Man nennt sie Knotenlinie. Durch eine Drehung um diese Knotenlinie mit Drehwinkel θ wird nun die 3-Achse in die $\underline{3}$-Achse gedreht. Durch eine weitere Drehung um die $\underline{3}$-Achse mit einem Drehwinkel ψ dreht man dann die Knotenlinie in die $\underline{1}$-Achse.

Damit ist die Lage des körperfesten $\underline{x}$-Systems durch drei Drehwinkel festgelegt, die drei Winkel nennt man Eulerwinkel. Die drei Eulerwinkel bestimmen somit die Lage der körperfesten Achsen relativ zu den Koordinatenachsen im Inertialsystem. Dies wird in Abb. 39.1 verdeutlicht.

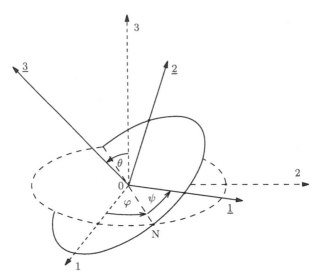

Abb. 39.1 Beschreibung der relativen Lage zweier Koordinatensysteme über die Euler-winkel φ, θ, ψ

Damit ist die Zahl der Freiheitsgrade eines starren Körpers auf sechs fest-gelegt, das sind die drei Koordinaten des Punktes R und die drei soeben definierten Eulerwinkel.

Bei einer infinitesimalen Änderung der Lage des Körpers ändert sich R und ρ_A um eine infinitesimale Translation bzw. Rotation. Diese haben wir in Kap. 1 studiert.

$$R' = R + \delta R$$
$$\rho'_A = \rho_A + [\delta\phi \times \rho_A] \tag{39.2}$$

Weder δR noch $\delta\phi$ hängen vom jeweiligen Massenpunkt, also dem Index A, ab.

Die Koordinaten der Massenpunkte ändern sich damit wie folgt:

$$\delta r_A = \delta R + [\delta\phi \times \rho_A] \ . \tag{39.3}$$

Bei einer Bewegung des starren Körpers werden R und ρ_A und damit auch r_A zeitabhängig. Aus (39.3) folgt zunächst

$$\dot{r}_A \delta t = \dot{R}\,\delta t + \left[\dot{\phi}\,\delta t \times \rho_A\right] \ . \tag{39.4}$$

Bezeichnen wir $\dot{R}$ mit V (Geschwindigkeit des „markierten" Punktes) und $\dot{\phi}$ mit Ω (Rotationsgeschwindigkeit), so erhalten wir

$$v_A = \dot{r}_A = V + [\Omega \times \rho_A] \ . \tag{39.5}$$

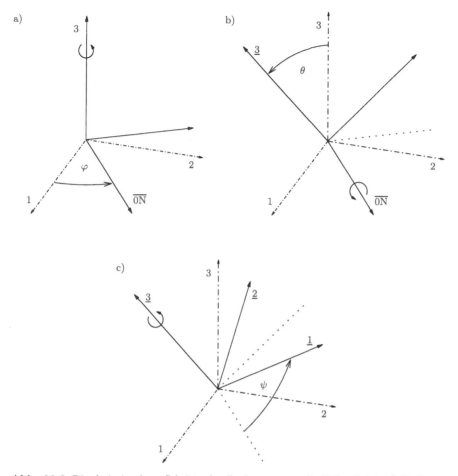

Abb. 39.2 Die drei einzelnen Schritte der Drehungen um die Eulerwinkel: a) Drehung um die 3-Achse mit Winkel φ, die 1-Achse wird in die Knotenlinie $\overline{ON}$ gedreht; b) Drehung um die Knotenlinie mit Winkel θ, die 3-Achse wird in die $\underline{3}$-Achse gedreht; c) Drehung um die $\underline{3}$-Achse mit Winkel ψ, die Knotenlinie wird in die $\underline{1}$-Achse gedreht.

Die Größen V und Ω bestimmen demnach die Geschwindigkeiten des einzelnen Massenpunktes.

Nun untersuchen wir noch, wie sich ρ_A ändert, wenn wir einen anderen markierten Punkt im Körper festlegen.

$$R' = R + a \qquad (39.6)$$

Der Vektor a kann auch zeitabhängig sein.

Da $r'_A = r_A$ gelten sollte – an der Lage des starren Körpers im Raum zur Zeit t ändert sich nichts – folgern wir aus (39.1)

$$\rho'_A = \rho_A - a \,. \qquad (39.7)$$

Da auch die Geschwindigkeiten der Massenpunkte unverändert bleiben

$$V' + [\boldsymbol{\Omega}' \times \boldsymbol{\rho}'_A] = V + [\boldsymbol{\Omega} \times \boldsymbol{\rho}_A] \tag{39.8}$$

folgt entsprechend

$$\boldsymbol{\Omega}' = \boldsymbol{\Omega}$$
$$V' = V + [\boldsymbol{\Omega} \times \boldsymbol{a}] \; . \tag{39.9}$$

Die Winkelgeschwindigkeit bleibt unverändert.

Von nun an wollen wir den Schwerpunkt als „markierten" Bezugspunkt wählen:

$$\boldsymbol{R} = \frac{\sum_A \boldsymbol{r}_A m_A}{M} \; , \quad M = \sum_A m_A \tag{39.10}$$

In diesem Bezugssystem gilt

$$\sum_A \boldsymbol{\rho}_A m_A = 0 \; . \tag{39.11}$$

Dies sieht man durch Einsetzen von $\boldsymbol{r}_A$ aus (39.1). Von diesen Gleichungen werden wir im Folgenden Gebrauch machen.

40 Trägheitstensor

Die Bewegungsgleichungen eines starren Körpers können mithilfe des Prinzips der kleinsten Wirkung aus einer Lagrangefunktion hergeleitet werden.

Wir gehen von einem System mit N Teilchen aus. Dies führt zunächst auf die Lagrangefunktion

$$\mathcal{L} = T - U \; ,$$
$$T = \frac{1}{2} \sum_A m_A \boldsymbol{v}_A^2 \; , \quad U = U(\boldsymbol{r}_1, \dots, \boldsymbol{r}_N, t) \; . \tag{40.1}$$

U ist das Potenzial der von außen auf die Massenpunkte wirkenden Kräfte. Die Lagrangefunktion (40.1) müssten wir noch durch die einen starren Körper entsprechenden Zwangsbedingungen ergänzen.

Da das Wirkungsprinzip die Bewegung unabhängig von der Parametrisierung beschreibt, wählen wir gleich die Parametrisierung (39.1) und (39.5) und variieren nur die „erlaubten" Wege. Wir betrachten zunächst die kinetische Energie und setzen die Geschwindigkeiten (39.5) ein. Für $\boldsymbol{R}$ wählen wir den Schwerpunkt, dann erhalten wir infolge von (39.11)

$$T = \frac{1}{2} \sum_A m_A \boldsymbol{v}_A^2 = \frac{1}{2} \sum_A m_A (V + \boldsymbol{\Omega} \times \boldsymbol{\rho}_A)^2$$
$$= \frac{1}{2} M V^2 + \frac{1}{2} \sum_A m_A (\boldsymbol{\Omega} \times \boldsymbol{\rho}_A)^2 \; . \tag{40.2}$$

M ist die Gesamtmasse des starren Körpers und $\mathbf{V}$ dessen Schwerpunktsgeschwindigkeit. Der erste Term in (40.2) ist die kinetische Energie der Schwerpunktsbewegung, den zweiten Term formen wir noch weiter um:

$$(\boldsymbol{\Omega} \times \boldsymbol{\rho}_A)^2 = \boldsymbol{\Omega}^2 \rho_A^2 - (\boldsymbol{\Omega}\boldsymbol{\rho}_A)^2 \,. \tag{40.3}$$

Somit erhalten wir

$$\frac{1}{2} \sum_A m_A (\boldsymbol{\Omega} \times \boldsymbol{\rho}_A)^2 = \frac{1}{2} \sum_A m_A (\rho_A^2 \delta^{rs} - \rho_A^r \rho_A^s) \Omega^r \Omega^s = \frac{1}{2} I^{rs} \Omega^r \Omega^s \,. \tag{40.4}$$

Hier haben wir den Trägheitstensor

$$I^{rs} = \sum_A m_A (\rho_A^2 \delta^{rs} - \rho_A^r \rho_A^s) \tag{40.5}$$

eingeführt.

Die Vektoren $\boldsymbol{\rho}_A$ sind, wie im letzten Kapitel gezeigt, bis auf eine gemeinsame Drehung nur von der Beschaffenheit des starren Körpers abhängig. Das gleiche gilt deshalb auch für den Trägheitstensor. Er wird von den drei Winkeln, die die Lage des Körpers festlegen, abhängen. Bei einer Drehung verhält sich der Trägheitstensor wie ein symmetrischer Tensor zweiter Stufe.

Durch Drehung kann ein solcher Tensor in Diagonalform gebracht werden. In diesem Koordinatensystem nimmt der Trägheitstensor die Form

$$\mathbf{I}_D = \begin{pmatrix} I_1 & 0 & 0 \\ 0 & I_2 & 0 \\ 0 & 0 & I_3 \end{pmatrix} \tag{40.6}$$

an. Die Konstanten I_1, I_2, I_3 sind für den Körper charakteristisch, sie heißen Hauptträgheitsmomente. Die körperfesten Achsen, in denen der Trägheitstensor diagonal ist, heißen Hauptträgheitsachsen. Falls keine zwei Trägheitsmomente übereinstimmen, können die Hauptträgheitsachsen als die wiedererkennbaren körperfesten Koordinatenachsen gewählt werden.

Aufgrund der Definition des Trägheitstensors unterliegen die Diagonalelemente und somit auch die Hauptträgheitsmomente einigen Einschränkungen:

$$I^{11} = \sum_A m_A ((\rho_A^2)^2 + (\rho_A^3)^2) \geq 0$$
$$I^{22} = \sum_A m_A ((\rho_A^1)^2 + (\rho_A^3)^2) \geq 0 \tag{40.7}$$
$$I^{33} = \sum_A m_A ((\rho_A^1)^2 + (\rho_A^2)^2) \geq 0 \,.$$

Es folgt auch unmittelbar

$$I^{aa} + I^{bb} \geq I^{cc} \tag{40.8}$$

für jede Wahl der Indizes a, b, c mit $a \neq b, a \neq c, b \neq c$.

Nun einige Sonderfälle:

Für einen Massenpunkt gilt $\rho_A = 0$, da die Gesamtmasse im Schwerpunkt vereinigt ist. Daraus folgt $I^{rs} = 0$. Der Massenpunkt ist demnach ein Spezialfall des starren Körpers.

Für eine Massenverteilung längs einer eindimensionalen geraden Linie, wir wählen die 3-Achse, folgt, da kein Massenpunkt Koordinaten mit $\rho_A^1 \neq 0$ und $\rho_A^2 \neq 0$ besitzt,

$$I^{33} = 0\,, \quad I^{11} = I^{22}\,. \tag{40.9}$$

Für eine Massenverteilung in einer Ebene, wir wählen die 1-2-Ebene, erhalten wir

$$I^{11} + I^{22} = I^{33}\,. \tag{40.10}$$

Entsprechend den Werten der Hauptträgheitsmomente teilen wir den starren Körper ein in einen unsymmetrischen Kreisel, in einen symmetrischen Kreisel und einen Kugelkreisel.

Unsymmetrischer Kreisel: alle drei Hauptträgheitsmomente sind voneinander verschieden

$$I_1 \neq I_2 \neq I_3\,, \quad I_1 \neq I_3\,. \tag{40.11}$$

Die Hauptträgheitsachsen sind eindeutig festgelegt.

Symmetrischer Kreisel: Zwei Hauptträgheitsmomente sind gleich, wir wählen

$$I_1 = I_2\,, \quad I_3 \neq I_1\,. \tag{40.12}$$

Nur die dritte Hauptträgheitsachse ist eindeutig festgelegt. In der 1-2-Ebene können die Hauptträgheitsachsen beliebig gewählt werden.

Kugelkreisel: Alle drei Hauptträgheitselemente sind gleich:

$$I_1 = I_2 = I_3\,. \tag{40.13}$$

In jedem Koordinatensystem sind die Koordinatenachsen Hauptträgheitsachsen.

Zur Berechnung des Trägheitstensors ist es oft sinnvoll, zu einer kontinuierlichen Massenverteilung überzugehen. Wir bezeichnen mit $\mu(\boldsymbol{\rho})$ die Massendichte. Dann berechnet sich die im Volumen V befindliche Masse zu

$$m_V = \int_V \mathrm{d}^3\rho\,\mu(\boldsymbol{\rho})\,. \tag{40.14}$$

Die Gesamtmasse erhalten wir durch Integration über den gesamten Raum.

$$M = \int \mathrm{d}^3\rho\,\mu(\boldsymbol{\rho}) \tag{40.15}$$

Entsprechend erhalten wir den Trägheitstensor durch Integration über den gesamten Raum, wozu natürlich nur jene Raumbereiche beitragen, in denen $\mu(\boldsymbol{\rho}) \neq 0$ ist.

$$I^{rs} = \int \mathrm{d}^3\rho\,\mu(\boldsymbol{\rho})\left\{\delta^{rs}\boldsymbol{\rho}^2 - \rho^r\rho^s\right\} \tag{40.16}$$

Der Ursprung des Koordinatensystems sollte sich dabei im Schwerpunkt des starren Körpers befinden:

$$\int d^3\rho\,\mu(\boldsymbol{\rho})\rho^r = 0\,, \quad \forall r\,. \tag{40.17}$$

Die Größen M, $\boldsymbol{R}$ und I^{rs} entsprechen einer Zerlegung der Massendichte in ihre Momente – in nullter, erster und zweiter Ordnung. Wir sehen, dass für die Bewegung des starren Körpers im kräftefreien Fall nur diese Momente von Bedeutung sind.

41 Bewegungsgleichungen des starren Körpers

Die Bewegungsgleichungen ergeben sich aus der Lagrangefunktion (40.1), wenn man nur die erlaubten Bahnen variiert. Wir schreiben die kinetische Energie gleich in den zu variierenden Variablen:

$$\mathcal{L} = \frac{1}{2}M\boldsymbol{V}^2 + \frac{1}{2}\Omega_r I^{rs}\Omega_s - U(\boldsymbol{r}_1,\ldots,\boldsymbol{r}_N)\,. \tag{41.1}$$

Im Potenzial variieren wir die Wege entsprechend der Formel (39.3):

$$\delta\boldsymbol{r}_A = \delta\boldsymbol{R} + (\delta\boldsymbol{\phi} \times \boldsymbol{\rho}_A)\,. \tag{41.2}$$

Somit wird das Potenzial wie folgt variiert:

$$\delta U = \sum_A \frac{\partial U}{\partial \boldsymbol{r}_A} \cdot \delta\boldsymbol{r}_A = \sum_A \frac{\partial U}{\partial \boldsymbol{r}_A} \cdot (\delta\boldsymbol{R} + [\delta\boldsymbol{\phi} \times \boldsymbol{\rho}_A])\,. \tag{41.3}$$

Die Ableitung des Potenzials nach $\boldsymbol{r}_A$ ergibt die auf das A-te Teilchen wirkende Kraft:

$$k_A^i = -\frac{\partial U}{\partial r_A^i}\,. \tag{41.4}$$

Wir setzen dies in (41.3) ein, so erhalten wir

$$\delta U = -\sum_A \boldsymbol{k}_A \cdot \delta\boldsymbol{R} - \sum_A [\boldsymbol{\rho}_A \times \boldsymbol{k}_A] \cdot \delta\boldsymbol{\phi}\,. \tag{41.5}$$

Die Summe der auf die einzelnen Teilchen von außen wirkenden Kräfte ergibt die Gesamtkraft, die von außen auf den Körper einwirkt:

$$\sum_A \boldsymbol{k}_A = \boldsymbol{K}\,. \tag{41.6}$$

Den Ausdruck

$$\sum_A [\boldsymbol{\rho}_A \times \boldsymbol{k}_A] = \boldsymbol{D} \tag{41.7}$$

bezeichnen wir als das Gesamtdrehmoment, das infolge äußerer Kräfte auf den starren Körper bezüglich des Schwerpunktes wirkt. Nun sind die Bewegungsgleichungen leicht herzuleiten.

$$\frac{\mathrm{d}}{\mathrm{d}t}\frac{\partial \mathcal{L}}{\partial V^i} = \frac{\partial \mathcal{L}}{\partial R^i} \tag{41.8}$$

ergibt

$$M\frac{\mathrm{d}}{\mathrm{d}t}V^i = K^i. \tag{41.9}$$

Die nach den Geschwindigkeiten abgeleitete Lagrangefunktion nennt man die verallgemeinerten Impulse. Im Fall der Schwerpunktsgeschwindigkeit ist dies der Gesamtimpuls des Körpers

$$\frac{\partial \mathcal{L}}{\partial V^i} = P^i = MV^i \tag{41.10}$$

und (41.9) wird zum Schwerpunktsatz:

$$\frac{\mathrm{d}}{\mathrm{d}t}P^i = K^i. \tag{41.11}$$

Im kräftefreien Fall ist dies der Erhaltungssatz für den Gesamtimpuls.
    Für den winkelabhängigen Teil

$$\frac{\mathrm{d}}{\mathrm{d}t}\frac{\partial \mathcal{L}}{\partial \Omega^i} = \frac{\partial \mathcal{L}}{\partial \phi^i} \tag{41.12}$$

erhalten wir

$$\frac{\mathrm{d}}{\mathrm{d}t}I^{ik}\Omega_k = D^i. \tag{41.13}$$

Wiederum erhält man durch die Ableitung nach der Winkelgeschwindigkeit als verallgemeinerten Impuls den Drehimpuls

$$L^i = I^{ik}\Omega_k. \tag{41.14}$$

Die Bewegungsgleichung wird zu

$$\frac{\mathrm{d}}{\mathrm{d}t}L^i = D^i. \tag{41.15}$$

Im kräftefreien Fall ist dies der Erhaltungssatz für den Gesamtdrehimpuls $\boldsymbol{L}$.
    Im nichtkräftefreien Fall müssen wir noch den Zusammenhang zwischen den Zeitableitungen der Eulerwinkel und der Winkelgeschwindigkeit kennen, um die Gleichung (41.13) auch integrieren zu können. Diesen Zusammenhang wollen wir im nächsten Kapitel herleiten.

42 Eulerwinkel

Die Drehung zwischen den beiden Koordinatensystemen, wie sie in Kap. 39 eingeführt wurde, wollen wir nun explizit berechnen. Die Größen im körperfesten Koordinatensystem kennzeichnen wir wieder mit Unterstrich.

$$\underline{\boldsymbol{x}} = \boldsymbol{A}\boldsymbol{x}, \quad \boldsymbol{A} = \mathrm{e}^{\psi \boldsymbol{T}_3} \mathrm{e}^{\theta \boldsymbol{T}_1} \mathrm{e}^{\varphi \boldsymbol{T}_3} \tag{42.1}$$

Dies entspricht genau den am Anfang von Kap. 39 angegebenen Schritten, wobei wir die Drehungen mithilfe der Erzeugenden parametrisiert haben. Wir wissen auch, dass die Erzeugenden durch den ε-Tensor dargestellt werden können:

$$(\boldsymbol{T}_i)_{jk} = \varepsilon_{ijk} . \tag{42.2}$$

Durch eine Potenzreihenentwicklung in φ verifiziert man leicht

$$\mathrm{e}^{\varphi \boldsymbol{T}_3} = \begin{pmatrix} \cos\varphi & \sin\varphi & 0 \\ -\sin\varphi & \cos\varphi & 0 \\ 0 & 0 & 1 \end{pmatrix} \tag{42.3}$$

und ebenso

$$\mathrm{e}^{\theta \boldsymbol{T}_1} = \begin{pmatrix} 1 & 0 & 0 \\ 0 & \cos\theta & \sin\theta \\ 0 & -\sin\theta & \cos\theta \end{pmatrix} . \tag{42.4}$$

Nun berechnen wir $\boldsymbol{A}$:

$$\boldsymbol{A} = \begin{pmatrix} \cos\psi\cos\varphi - \sin\psi\cos\theta\sin\varphi & \cos\psi\sin\varphi + \sin\psi\cos\theta\cos\varphi & \sin\psi\sin\theta \\ -\sin\psi\cos\varphi - \cos\psi\cos\theta\sin\varphi & -\sin\psi\sin\varphi + \cos\psi\cos\theta\cos\varphi & \cos\psi\sin\theta \\ \sin\theta\sin\varphi & -\sin\theta\cos\varphi & \cos\theta \end{pmatrix} . \tag{42.5}$$

Die Eulerwinkel φ, θ, ψ sind natürlich durch die relative Lage der Koordinatensysteme festgelegt. Transformiert man einen Vektor auf der 3-Achse, so erhält man den Vektor

$$\boldsymbol{A} \begin{pmatrix} 0 \\ 0 \\ R \end{pmatrix} = \begin{pmatrix} R\sin\psi\sin\theta \\ R\cos\psi\sin\theta \\ R\cos\theta \end{pmatrix} \tag{42.6}$$

im $\underline{\boldsymbol{x}}$-System. Die Eulerwinkel entsprechen den Polarwinkeln dieses Vektors. Ebenso erhält man die Winkel θ, φ als Polarwinkel eines Vektors auf der $\underline{3}$-Achse bezüglich des $\boldsymbol{x}$-Systems durch die inverse Transformation.

Bewegt sich der Körper, dann werden die Eulerwinkel zeitabhängig, während die Koordinaten $\underline{\boldsymbol{x}}$ zeitunabhängig bleiben sollen.

$$\underline{\boldsymbol{x}} = \boldsymbol{A}(t)\boldsymbol{x}(t) \tag{42.7}$$

Für die Geschwindigkeiten dieser Bewegung erhalten wir dann durch Differentiation von (42.7)

$$0 = \dot{A}(t)x(t) + A(t)\dot{x}(t),$$
$$\underline{\dot{x}}(t) \equiv A(t)\dot{x}(t) = -\dot{A}(t)A^{-1}(t)\,\underline{x}(t). \tag{42.8}$$

Hier haben wir x gemäß (42.1) wieder durch $\underline{x}$ ausgedrückt.

Wir zeigen nun, dass $F \equiv \dot{A}A^{-1}$ antisymmetrisch und daher wieder durch die Erzeugenden ausdrückbar ist. Es gilt

$$F^T = (A^{-1})^T \dot{A}^T = A\dot{A}^T, \tag{42.9}$$

da A eine orthogonale Matrix ist. Aus der Orthogonalität folgt auch $\dot{A}A^T + A\dot{A}^T = 0$. Somit haben wir gezeigt, dass

$$F^T = -F. \tag{42.10}$$

Die Matrix F kann demzufolge durch die Erzeugenden der Drehung linear kombiniert werden:

$$F(t) = \underline{\Omega}^l(t)T_l \tag{42.11}$$

Aus (42.8) lernen wir nun, dass

$$\underline{\dot{x}} = [\underline{\Omega} \times \underline{x}] \tag{42.12}$$

gilt. $\underline{\Omega}$ hat demnach die Bedeutung einer Winkelgeschwindigkeit, die durch die Zeitableitungen der Eulerwinkel berechenbar ist. Um dies explizit durchzuführen, berechnen wir zunächst $\dot{A}$ aus (42.1):

$$\dot{A} = \dot{\psi}T_3\, e^{\psi T_3} e^{\theta T_1} e^{\varphi T_3} + \dot{\theta}\, e^{\psi T_3}\, T_1\, e^{\theta T_1} e^{\varphi T_3} + \dot{\varphi}\, e^{\psi T_3} e^{\theta T_1}\, T_3\, e^{\varphi T_3}. \tag{42.13}$$

Wenn wir mit A^{-1} von rechts multiplizieren, erhalten wir F:

$$F = \dot{\psi}T_3 + \dot{\theta}\, e^{\psi T_3}\, T_1\, e^{-\psi T_3} + \dot{\varphi}\, e^{\psi T_3} e^{\theta T_1}\, T_3\, e^{-\theta T_1} e^{-\psi T_3}. \tag{42.14}$$

Die zu berechnenden Terme sind alle von der Gestalt $e^{\lambda T} \mathcal{O} e^{-\lambda T}$. Dafür gibt es für beliebige Matrizen T und $\mathcal{O}$ eine Reihenentwicklung in λ:

$$e^{\lambda T} \mathcal{O} e^{-\lambda T} = \sum_{n=0}^{\infty} \frac{\lambda^n}{n!}\, [T, [T, \dots [T, \mathcal{O}]\dots]]. \tag{42.15}$$

Jeder Summand enthält die Matrix T genau n mal und die eckige Klammer steht für den Kommutator.

Die Erzeugenden genügen Vertauschungsrelationen, die man explizit z. B. in der ε-Darstellung berechnen kann

$$[T_l, T_k] = -\varepsilon_{lkr} T_r \tag{42.16}$$

und die charakteristisch für die Drehgruppe sind. Sie definieren eine der Drehgruppe zugeordnete Lie-Algebra. Allgemein ist die Theorie der Liegruppen auf den Vertauschungsrelationen der Erzeugenden aufgebaut.

Den zweiten Term von (42.14), den Term mit der Zeitableitung $\dot{\theta}$, können wir durch eine Potenzreihenentwicklung berechnen:

$$
\begin{aligned}
e^{\psi \boldsymbol{T}_3}\,\boldsymbol{T}_1\,e^{-\psi \boldsymbol{T}_3} &= \boldsymbol{T}_1 + \psi\,[\boldsymbol{T}_3,\boldsymbol{T}_1] + \frac{1}{2}\psi^2\,[\boldsymbol{T}_3,[\boldsymbol{T}_3,\boldsymbol{T}_1]] + \ldots \\
&= \cos\psi\,\boldsymbol{T}_1 - \sin\psi\,\boldsymbol{T}_2 .
\end{aligned}
\tag{42.17}
$$

Für den letzten Schritt haben wir systematisch die Vertauschungsrelationen (42.16) verwendet.

Ebenso finden wir für die Terme proportional zu $\dot{\varphi}$

$$
e^{\psi \boldsymbol{T}_3}e^{\theta \boldsymbol{T}_1}\,\boldsymbol{T}_3\,e^{-\theta \boldsymbol{T}_1}e^{-\psi \boldsymbol{T}_3} = \cos\theta\,\boldsymbol{T}_3 + \sin\theta\cos\psi\,\boldsymbol{T}_2 + \sin\theta\sin\psi\,\boldsymbol{T}_1 . \tag{42.18}
$$

Aus (42.11), (42.14), (42.17) sowie (42.18) folgt nun der gewünschte Zusammenhang zwischen der Winkelgeschwindigkeit $\underline{\boldsymbol{\Omega}}$ und den Zeitableitungen der Eulerwinkel:

$$
\begin{aligned}
\underline{\Omega}_1 &= \dot{\varphi}\,\sin\theta\sin\psi + \dot{\theta}\,\cos\psi \\
\underline{\Omega}_2 &= \dot{\varphi}\,\sin\theta\cos\psi - \dot{\theta}\,\sin\psi \\
\underline{\Omega}_3 &= \dot{\varphi}\,\cos\theta + \dot{\psi} .
\end{aligned}
\tag{42.19}
$$

Wählen wir wie beabsichtigt als körperfeste Achsen die Hauptträgheitsachsen, dann wird die kinetische Energie des starren Körpers durch die Zeitableitungen der Eulerwinkel und durch die Hauptträgheitsmomente ausgedrückt. Damit wurde die Zeitabhängigkeit des Trägheitstensors eliminiert.

$$
\begin{aligned}
T &= \frac{1}{2}I^{rs}\Omega_r\Omega_s \\
&= \frac{1}{2}\left(\underline{I}_1\underline{\Omega}_1^2 + \underline{I}_2\underline{\Omega}_2^2 + \underline{I}_3\underline{\Omega}_3^2\right)
\end{aligned}
\tag{42.20}
$$

Die Energie der Schwerpunktsbewegung haben wir hier weggelassen.

Im Detail ergibt dies

$$
\begin{aligned}
T = \frac{1}{2}\Big\{ &\dot{\varphi}^2\left[\left(\underline{I}_1\sin^2\psi + \underline{I}_2\cos^2\psi\right)\sin^2\theta + \underline{I}_3\cos^2\theta\right] \\
&+ \dot{\theta}^2\left(\underline{I}_1\cos^2\psi + \underline{I}_2\sin^2\psi\right) + \dot{\psi}^2\underline{I}_3 \\
&+ 2\dot{\varphi}\dot{\theta}\,(\underline{I}_1 - \underline{I}_2)\sin\theta\sin\psi\cos\psi + 2\dot{\varphi}\dot{\psi}\underline{I}_3\cos\theta \Big\} .
\end{aligned}
\tag{42.21}
$$

Auch das Potenzial der äußeren Kraft kann man als Funktion der Eulerwinkel angeben. Die Lagrangefunktion ergibt dann Bewegungsgleichungen für die Eulerwinkel, die es zu lösen gilt. Aus (42.7) erhalten wir dann für jeden Zeitpunkt die Lage der Hauptträgheitsachsen.

43 Der symmetrische Kreisel

Wenn wir annehmen, dass beim Kreisel zwei der Trägheitsmomente gleich sind, der Kreisel also eine zusätzliche Symmetrie besitzt, dann vereinfachen sich die Bewegungsgleichungen. Aus der Gleichung für die kinetische Energie (42.20) erhalten wir für $\underline{I}_1 = \underline{I}_2 = \underline{I}$

$$\begin{aligned}
T &= \frac{1}{2}\underline{I}\left(\underline{\Omega}_1^2 + \underline{\Omega}_2^2\right) + \frac{1}{2}\underline{I}_3\underline{\Omega}_3^2 \\
&= \frac{\underline{I}}{2}\left(\dot{\theta}^2 + \dot{\varphi}^2 \sin^2\theta\right) + \frac{\underline{I}_3}{2}\left(\dot{\psi} + \dot{\varphi}\cos\theta\right)^2 .
\end{aligned} \tag{43.1}$$

Beim kräftefreien symmetrischen Kreisel $\mathcal{L} = T$ treten die Variablen φ und ψ nicht explizit auf – es handelt sich bei φ und ψ um zyklische Variablen. Dadurch werden zwei der Bewegungsgleichungen zu Erhaltungssätzen:

$$\frac{\mathrm{d}}{\mathrm{d}t}\frac{\partial\mathcal{L}}{\partial\dot{\varphi}} = 0 \,, \quad \frac{\mathrm{d}}{\mathrm{d}t}\frac{\partial\mathcal{L}}{\partial\dot{\psi}} = 0 \,. \tag{43.2}$$

Wie wir gleich sehen werden, handelt es sich um die Erhaltungssätze des Drehimpulses in Richtung der 3- sowie der $\underline{3}$-Achse.

Tatsächlich lassen sich die Bewegungsgleichungen des kräftefreien symmetrischen Kreisels schon mithilfe der Erhaltungssätze des Drehimpulses integrieren. Aus Kap. 41 wissen wir, dass alle drei Komponenten des Drehimpulses im Inertialsystem bei Kräftefreiheit erhalten sind. Es ist natürlich, die 3-Achse des Koordinatensystems gleich in die Richtung des Drehimpulses zu legen, dies bedeutet $\boldsymbol{L} = (0, 0, L)$.

Wir können mithilfe von (42.5) den Drehimpuls in das körperfeste System transformieren und erhalten

$$\begin{aligned}
\text{(a)} \quad & \underline{L}_1 = L\sin\theta\sin\psi \\
\text{(b)} \quad & \underline{L}_2 = L\sin\theta\cos\psi \\
\text{(c)} \quad & \underline{L}_3 = L\cos\theta \,.
\end{aligned} \tag{43.3}$$

Da im gewählten körperfesten System der Trägheitstensor diagonal ist, wissen wir auch, dass

$$\begin{aligned}
\text{(a)} \quad & \underline{L}_1 = \underline{I}\,\underline{\Omega}_1 = \underline{I}\left(\dot{\varphi}\sin\theta\sin\psi + \dot{\theta}\cos\psi\right) \\
\text{(b)} \quad & \underline{L}_2 = \underline{I}\,\underline{\Omega}_2 = \underline{I}\left(\dot{\varphi}\sin\theta\cos\psi - \dot{\theta}\sin\psi\right) \\
\text{(c)} \quad & \underline{L}_3 = \underline{I}_3\,\underline{\Omega}_3 = \underline{I}_3\left(\dot{\varphi}\,\theta\cos\theta + \dot{\psi}\right)
\end{aligned} \tag{43.4}$$

gilt. Dies setzen wir den Ausdrücken für den Drehimpuls in Gleichung (43.3) gleich. Multiplizieren wir die so erhaltene Gleichung (a) mit $\cos\psi$ und die entsprechende Gleichung (b) mit $\sin\psi$ und subtrahieren die beiden Gleichungen voneinander, so erhalten wir

$$\dot{\theta} = 0 \,. \tag{43.5}$$

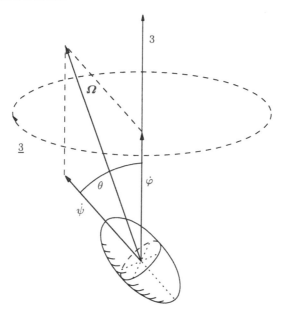

Abb. 43.1 Präzession beim kräftefreien symmetrischen Kreisel

Der Winkel zwischen der raumfesten 3-Achse und der Figurenachse ($\underline{3}$-Achse) ist zeitunabhängig.

Verwenden wir dieses Ergebnis in (a), so folgt

$$\dot{\varphi} = \frac{L}{I}. \tag{43.6}$$

Die zeitliche Änderung von φ ist ebenfalls eine Konstante. Die Knotenlinie in der 1-2-Ebene dreht sich somit mit konstanter Winkelgeschwindigkeit um die 3-Achse. Diese Drehung nennt man „reguläre Präzession".

Jetzt können wir aus der Gleichung (c) auch noch $\dot{\psi}$ berechnen:

$$\dot{\psi} = \left(\frac{1}{I_3} - \frac{1}{I} \right) L \cos\theta. \tag{43.7}$$

Da der Winkel θ zeitunabhängig ist, kann auch diese Gleichung leicht integriert werden.

Das Besondere am symmetrischen Kreisel ist, dass die $\underline{1}$-, $\underline{2}$-Figurenachsen durch die Trägheitsmomente nicht festgelegt sind. Wir müssten, um das $\underline{x}$-Koordinatensystem eindeutig festzulegen, die Richtung etwa der $\underline{1}$-Achse zusätzlich markieren. Solange wir dies nicht tun, sehen wir bei der Bewegung des kräftefreien symmetrischen Kreisels nur eine Drehung der $\underline{3}$-Figurenachse um die am Drehimpuls ausgerichteten 3-Achse mit konstanter Geschwindigkeit $\dot{\varphi}$ bei konstantem Winkel θ zwischen der Figurenachse und der 3-Achse. Die Bewegung mit der Winkelgeschwindigkeit $\dot{\psi}$ sehen wir zunächst nicht.

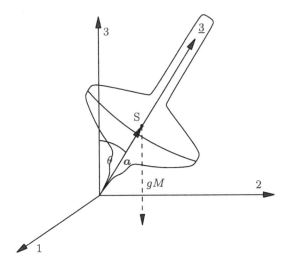

Abb. 43.2 Symmetrischer Kreisel im Schwerefeld der Erde (Kinderkreisel)

Als Weiteres Beispiel wollen wir noch einen symmetrischen Kreisel betrachten, der sich im Schwerefeld der Erde nur um einen festgehaltenen Punkt
auf der Figurenachse drehen kann (Kinderkreisel).

Als markierten Punkt werden wir diesmal nicht den Schwerpunkt, sondern
den festgehaltenen Punkt wählen. Die 3-Achse sei durch die Richtung des
Schwerefeldes festgelegt, als gemeinsamen Ursprung der Koordinatensysteme
wählen wir den festgehaltenen Punkt.

Wir wissen, wie sich der Trägheitstensor bei einer Änderung des Bezugspunktes $\boldsymbol{R}$ ändert. Da diese Änderung bei der neuen Wahl des Bezugspunktes
längs der Figurenachse erfolgt, wird der Hauptträgheitstensor diagonal bleiben.

Aus (39.7) entnehmen wir den neuen Vektor $\underline{\boldsymbol{\rho}}_A$, der vom festgehaltenen
Punkt zum Massenpunkt A zeigt:

$$\underline{\boldsymbol{\rho}}_A = \boldsymbol{\rho}_A^{\mathrm{S}} + \boldsymbol{a}\,, \tag{43.8}$$

wobei ρ_A^{S} nach wie vor die Schwerpunktskoordinaten sind und $\boldsymbol{a}$ ein Vektor
längs der $\underline{3}$-Achse ist. Es gilt also weiterhin

$$\sum_A m_A \boldsymbol{\rho}_A^{\mathrm{S}} = 0 \tag{43.9}$$

und

$$\underline{I}^{rs} = \sum_A m_A(\underline{\boldsymbol{\rho}}_A^2 \delta^{rs} - \underline{\rho}_A^r \underline{\rho}_A^s)\,. \tag{43.10}$$

Daraus berechnen wir

$$\underline{I}_1 = \underline{\hat{I}} = I^{\mathrm{S}} + Ma^2$$

$$\underline{I}_2 = \hat{I} = I^{\mathrm{S}} + Ma^2$$
$$\underline{I}_3 = I_3^{\mathrm{S}}. \tag{43.11}$$

Die Schwerkraft führt zu einem Potenzial

$$U = gMa \cos\theta \tag{43.12}$$

und damit zu einer Lagrangefunktion

$$\mathcal{L} = \frac{\hat{I}}{2}\left(\dot{\theta}^2 + \dot{\varphi}^2 \sin^2\theta\right) + \frac{\underline{I}_3}{2}\left(\dot{\psi} + \dot{\varphi}\cos\theta\right)^2 - gMa \cos\theta. \tag{43.13}$$

Die Winkel beziehen sich auf den Koordinatenursprung im festgehaltenen Punkt der 3-Achse.

Die Winkel φ und ψ sind wieder zyklische Koordinaten, wir finden den Erhaltungssatz für

$$P_\psi = \frac{\partial \mathcal{L}}{\partial \dot{\psi}} = \underline{I}_3\left(\dot{\psi} + \dot{\varphi}\cos\theta\right) = \underline{L}_3, \quad \dot{P}_\psi = 0 \tag{43.14}$$

sowie

$$P_\varphi = \frac{\partial \mathcal{L}}{\partial \dot{\varphi}} = \dot{\varphi}\left(\hat{I}\sin^2\theta + \underline{I}_3\cos^2\theta\right) + \dot{\psi}\underline{I}_3\cos\theta = L_3, \quad \dot{P}_\varphi = 0. \tag{43.15}$$

Es handelt sich bei P_φ um den Drehimpuls um die 3-Achse und bei P_ψ um den Drehimpuls um die $\underline{3}$-Achse. Wir können diese Gleichungen nach $\dot{\varphi}$ und $\dot{\psi}$ auflösen:

$$\dot{\varphi} = \frac{L_3 - \underline{L}_3 \cos\theta}{\hat{I}\sin^2\theta}$$
$$\dot{\psi} = \frac{\underline{L}_3}{\underline{I}_3} - \cos\theta \, \frac{L_3 - \underline{L}_3 \cos\theta}{\hat{I}\sin^2\theta}. \tag{43.16}$$

Die weitere Integration der Bewegungsgleichungen ist am einfachsten mithilfe der Energieerhaltung zu bewerkstelligen. Dies ist analog zur Integration der Bewegung im Zentralfeld.

$$E = T + U$$
$$= \frac{\hat{I}}{2}\left(\dot{\theta}^2 + \dot{\varphi}^2 \sin^2\theta\right) + \frac{\underline{I}_3}{2}\left(\dot{\psi} + \dot{\varphi}\cos\theta\right)^2 + gMa \cos\theta \tag{43.17}$$

Dies schreiben wir nach Einsetzen von $\dot{\varphi}$ und $\dot{\psi}$ aus den Gleichungen (43.16) als

$$E = \frac{\hat{I}}{2}\dot{\theta}^2 + U_{\mathrm{eff}}(\theta) + \frac{\underline{L}_3^2}{2\underline{I}_3} + gMa. \tag{43.18}$$

Das effektive Potenzial hängt nur noch von der Variablen θ ab, alle anderen Parameter sind Konstanten der Bewegung.

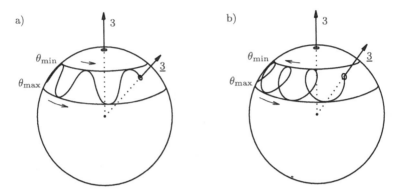

Abb. 43.3 Kinderkreisel: Bahn des Schnittpunktes der $\underline{3}$-Achse mit der Einheitskugel um den Koordinatenursprung in zwei der möglichen Fälle: **a)** $\dot{\varphi} > 0$, **b)** $\dot{\varphi}$ wechselt das Vorzeichen

Bezeichnen wir

$$E - \frac{L_3^2}{2\underline{I}_3} - gMa = \hat{E}, \tag{43.19}$$

so können wir die Gleichung durch Separation der Variablen integrieren und erhalten

$$t = \int \frac{d\theta}{\sqrt{\frac{2}{\underline{I}}\left(\hat{E} - U_{\text{eff}}(\theta)\right)}}. \tag{43.20}$$

Es handelt sich hier um ein elliptisches Integral, das wir noch eingehend im nächsten Kapitel besprechen werden. Es bestimmt jedenfalls den Winkel θ als Funktion der Zeit. Setzen wir dann $\theta(t)$ in die Gleichungen für $\dot{\varphi}$ und $\dot{\psi}$ ein, so haben wir die Lösung der Bewegungsgleichungen auf eine Integration zurückgeführt.

Aus unserer Erfahrung mit der Bewegung im Zentralfeld können wir noch auf einige charakteristische Eigenschaften der Bewegung des Kinderkreisels schließen. Die Quadratwurzel in (43.20) muss reell bleiben, die Bewegung verläuft also nur in dem Bereich von θ, in dem $\hat{E} \geq U_{\text{eff}}(\theta)$ gilt. Bei $\hat{E} = U_{\text{eff}}(\theta)$ liegen Umkehrpunkte in der Auslenkung des Winkels θ. Da nun für $\sin\theta = 0$, d. h. für $\theta = 0$ und $\theta = \pi$ U_{eff} gegen Unendlich geht und U_{eff} dazwischen mindestens ein Minimum besitzt, gibt es zwei Umkehrpunkte, bei denen $U_{\text{eff}} = \hat{E}$ gilt. Es gibt demnach ein θ_{min} und ein θ_{max}, zwischen denen die Figurenachse schwankt. Diese Bewegung nennt man Nutation des Kreisels. Aus der Gleichung (43.16) für $\dot{\varphi}$ sehen wir, dass sich φ monoton ändert, falls $L_3 - \underline{L}_3 \cos\theta$ sein Vorzeichen im Bereich zwischen θ_{min} und θ_{max} nicht ändert. Die Figurenachse präzediert dann in einer Richtung. Falls $L_3 - \underline{L}_3 \cos\theta$ sein Vorzeichen ändert, ändert die Präzessionsgeschwindigkeit $\dot{\varphi}$ auch ihre Richtung. Diese beiden Fälle sind in Abb. 43.3 verdeutlicht.

Die Bewegung um die Figurenachse wird erst durch eine bunte Bemalung des Kinderkreisels sichtbar, $\dot{\psi}$ kann ebenfalls aus (43.16) berechnet werden.

44 Eulergleichungen

Eine weitere Möglichkeit, die Bewegungsgleichungen des starren Körpers zu integrieren, besteht darin, dass man das Problem in einem körperfesten Koordinatensystem und zwar im Hauptachsensystem formuliert. Da die Bewegungsgleichungen naturgemäß in einem Inertialsystem vorgegeben sind, müssen wir die Transformation von diesem Inertialsystem in das Hauptachsensystem durchführen. Wir gehen nun davon aus, dass es sich um einen beliebigen im Raum vorgegebenen Vektor handelt, dessen Komponenten von einem System ins andere transformiert werden sollen:

$$\boldsymbol{x}(t) = \boldsymbol{\mathcal{O}}(t)\underline{\boldsymbol{x}}(t) \,. \tag{44.1}$$

Hier ist $\boldsymbol{\mathcal{O}}$ eine orthogonale zeitabhängige Matrix, $\underline{\boldsymbol{x}}$ sind die Komponenten des Vektors im körperfesten und $\boldsymbol{x}$ jene im Inertialsystem.

Bewegt sich der Vektor, so besteht der Zusammenhang beider Geschwindigkeiten gemäß (44.1):

$$\dot{\boldsymbol{x}} = \dot{\boldsymbol{\mathcal{O}}}\underline{\boldsymbol{x}} + \boldsymbol{\mathcal{O}}\dot{\underline{\boldsymbol{x}}} \,. \tag{44.2}$$

Nun zu den Bewegungsgleichungen. Für den Schwerpunkt gilt im Inertialsystem

$$M\dot{\boldsymbol{V}} = \boldsymbol{K} \tag{44.3}$$

M ist die Gesamtmasse des Körpers und $\boldsymbol{V}$ die Geschwindigkeit des Schwerpunktes. Für $\boldsymbol{V}$ gilt die gleiche Transformation (44.1) wie für jeden Vektor, daher gilt auch (44.2). Wir wollen nun die Gleichung (44.3) im körperfesten Koordinatensystem formulieren:

$$M\dot{\boldsymbol{V}} = M\big(\dot{\boldsymbol{\mathcal{O}}}\underline{\boldsymbol{V}} + \boldsymbol{\mathcal{O}}\dot{\underline{\boldsymbol{V}}}\big) = \boldsymbol{\mathcal{O}}\underline{\boldsymbol{K}} \,. \tag{44.4}$$

Hier ist $\underline{\boldsymbol{K}}$ der Vektor der Kraft auf das körperfeste Koordinatensystem bezogen. Wir multiplizieren Gleichung (44.4) mit $\boldsymbol{\mathcal{O}}^{-1}$ und erhalten

$$M\big(\boldsymbol{\mathcal{O}}^{-1}\dot{\boldsymbol{\mathcal{O}}}\underline{\boldsymbol{V}} + \dot{\underline{\boldsymbol{V}}}\big) = \underline{\boldsymbol{K}} \,. \tag{44.5}$$

Wir wissen, dass $\boldsymbol{\mathcal{O}}^{-1}\dot{\boldsymbol{\mathcal{O}}}$ wieder eine antisymmetrische Matrix ist, die wir in der ε-Darstellung der Erzeugenden angeben:

$$\big(\boldsymbol{\mathcal{O}}^{-1}\dot{\boldsymbol{\mathcal{O}}}\big)_{jk} = -\underline{\Omega}_i\,\varepsilon_{ijk} \,. \tag{44.6}$$

Die Bedeutung des Vektors $\underline{\Omega}_i$ werden wir gleich untersuchen. Zunächst aber sehen wir, dass die Bewegungsgleichung (44.3) für die Schwerpunktsbewegung im körperfesten Koordinatensystem

$$M\big(\dot{\underline{\boldsymbol{V}}} + [\underline{\boldsymbol{\Omega}} \times \underline{\boldsymbol{V}}]\big) = \underline{\boldsymbol{K}} \tag{44.7}$$

lautet.

Nun zur Rotationsbewegung. Hier gehen wir von der Formulierung für die zeitliche Änderung des Drehimpulses aus:

$$\frac{\mathrm{d}}{\mathrm{d}t} L = D \, .$$ (44.8)

Daraus wird im körperfesten System

$$\underline{\dot{L}} + \left[\underline{\Omega} \times \underline{L} \right] = \underline{D} \, .$$ (44.9)

Nun zur Bedeutung von $\underline{\Omega}$. Wir transformieren die Koordinaten ρ_A des starren Körpers von einem System ins andere:

$$\rho_A = \mathcal{O} \, \underline{\rho}_A \, .$$ (44.10)

Nun wissen wir, dass $\underline{\rho}_A$ zeitunabhängig ist. Aus (44.10) folgt

$$\begin{aligned} \dot{\rho}_A &= \dot{\mathcal{O}} \, \underline{\rho}_A \\ \mathcal{O}^{-1} \dot{\rho}_A &= \left(\mathcal{O}^{-1} \dot{\mathcal{O}} \right) \underline{\rho}_A = \left[\underline{\Omega} \times \underline{\rho}_A \right] \, . \end{aligned}$$ (44.11)

Da das Vektorprodukt zweier Vektoren sich unter Drehung wie ein Vektor transformiert, folgt aus (44.11)

$$\dot{\rho}_A = \left[\Omega \times \rho_A \right] \, .$$ (44.12)

Vergleichen wir dies mit (39.5), so sehen wir, dass $\underline{\Omega}$ die Komponenten des Vektors Ω, der Rotationsgeschwindigkeit, im körperfestem System sind. In diesem System ist aber auch

$$\begin{aligned} \underline{L}_1 &= \underline{I}_1 \, \underline{\Omega}_1 \\ \underline{L}_2 &= \underline{I}_2 \, \underline{\Omega}_2 \\ \underline{L}_3 &= \underline{I}_3 \, \underline{\Omega}_3 \, . \end{aligned}$$ (44.13)

Die Größen $\underline{I}_1, \underline{I}_2, \underline{I}_3$ sind die Hauptträgheitsmomente des starren Körpers. Wir erhalten daher aus (44.9) in Komponentenform die Euler'schen Gleichungen:

$$\begin{aligned} \underline{I}_1 \, \underline{\dot{\Omega}}_1 + \underline{\Omega}_2 \underline{\Omega}_3 (\underline{I}_3 - \underline{I}_2) &= \underline{D}_1 \\ \underline{I}_2 \, \underline{\dot{\Omega}}_2 + \underline{\Omega}_3 \underline{\Omega}_1 (\underline{I}_1 - \underline{I}_3) &= \underline{D}_2 \\ \underline{I}_3 \, \underline{\dot{\Omega}}_3 + \underline{\Omega}_1 \underline{\Omega}_2 (\underline{I}_2 - \underline{I}_1) &= \underline{D}_3 \, . \end{aligned}$$ (44.14)

Gemeinsam mit (44.7) sind das die Bewegungsgleichungen des starren Körpers im Hauptträgheitssystem. Als dynamische Variable treten nur $\underline{V}$ und $\underline{\Omega}$ auf, alle anderen Größen sind durch den starren Körper bestimmt.

Als Beispiel betrachten wir den unsymmetrischen kräftefreien Kreisel. Nun gilt es, die Eulergleichungen (44.14) für $\underline{I}_1 < \underline{I}_2 < \underline{I}_3$ zu integrieren.

Für den kräftefreien Kreisel wissen wir aber, dass Energieerhaltung gilt. Desgleichen wird der Betrag des Drehimpulses auch im körperfesten Koordinatensystem zeitunabhängig sein, während seine Komponenten um die Hauptträgheitsachse rotieren.

Energieerhaltung:

$$\underline{I}_1(\underline{\Omega}_1)^2 + \underline{I}_2(\underline{\Omega}_2)^2 + \underline{I}_3(\underline{\Omega}_3)^2 = 2E \tag{44.15}$$

Drehimpulserhaltung:

$$(\underline{I}_1\underline{\Omega}_1)^2 + (\underline{I}_2\underline{\Omega}_2)^2 + (\underline{I}_3\underline{\Omega}_3)^2 = \underline{L}^2 \tag{44.16}$$

Diese beiden Gleichungen erlauben es nun, zwei der Winkelgeschwindigkeiten durch die dritte auszudrücken, falls die beiden Flächen Schnittpunkte haben. Die Energieerhaltung definiert ein Ellipsoid, die Drehimpulserhaltung eine Kugel. Schnittpunkte gibt es, wenn der Radius der Kugel zwischen kleinster und größter Halbachse des Ellipsoids liegt:

$$2E\underline{I}_1 < \underline{L}^2 < 2E\underline{I}_3 .$$

Wir wählen nun $\underline{\Omega}_2$ als unabhängige Variable und lösen die beiden Gleichungen nach $(\underline{\Omega}_1)^2$ und $(\underline{\Omega}_3)^2$ auf:

$$
\begin{aligned}
(\underline{\Omega}_1)^2 &= \frac{1}{\underline{I}_1(\underline{I}_3 - \underline{I}_1)}\left((2E\underline{I}_3 - \underline{L}^2) - (\underline{I}_3 - \underline{I}_2)\underline{I}_2(\underline{\Omega}_2)^2\right) \\
(\underline{\Omega}_3)^2 &= \frac{1}{\underline{I}_3(\underline{I}_3 - \underline{I}_1)}\left((\underline{L}^2 - 2E\underline{I}_1) - (\underline{I}_2 - \underline{I}_1)\underline{I}_2(\underline{\Omega}_2)^2\right) .
\end{aligned}
\tag{44.17}
$$

Die Eulergleichung für die Winkelgeschwindigkeit $\underline{\Omega}_2$ lautet

$$\frac{d\underline{\Omega}_2}{dt} = \frac{\underline{I}_3 - \underline{I}_1}{\underline{I}_2}\underline{\Omega}_3\underline{\Omega}_1 . \tag{44.18}$$

Wir setzen $\underline{\Omega}_1$ und $\underline{\Omega}_3$ als Funktionen von $\underline{\Omega}_2$ ein und erhalten eine einfache Differenzialgleichung erster Ordnung in der Zeit für die Variable $\underline{\Omega}_2$. Diese Gleichung integrieren wir durch Separation der Variablen.

$$dt = d\underline{\Omega}_2 \frac{\underline{I}_2}{\underline{I}_3 - \underline{I}_1} \frac{1}{\underline{\Omega}_1\underline{\Omega}_2} \tag{44.19}$$

Für das so auftretende Integral gibt es eine Normalform:

$$\tau = \int_0^s \frac{ds'}{\sqrt{(1 - s'^2)(1 - k^2 s'^2)}} .$$

Die Umkehrfunktion ist eine der Jacobi'schen elliptischen Funktionen:

$$s = \operatorname{sn}\tau .$$

Um für das Integral (44.19) die Normalform zu erreichen, müssen wir folgende dimensionslose Variablen einführen:

$$\tau = t\sqrt{\frac{(\underline{I}_3 - \underline{I}_2)(\underline{L}^2 - 2E\underline{I}_1)}{\underline{I}_1\underline{I}_2\underline{I}_3}} \qquad (44.20)$$

$$s = \underline{\Omega}_2\sqrt{\frac{\underline{I}_2(\underline{I}_3 - \underline{I}_1)}{2E\underline{I}_3 - \underline{L}^2}} \qquad (44.21)$$

$$k^2 = \frac{\underline{I}_2 - \underline{I}_1}{\underline{I}_3 - \underline{I}_2}\,\frac{2E\underline{I}_3 - \underline{L}^2}{\underline{L}^2 - 2E\underline{I}_1}\,. \qquad (44.22)$$

Die Winkelgeschwindigkeiten $\underline{\Omega}_1$ und $\underline{\Omega}_3$ ergeben sich aus (44.17). Sie lassen sich recht einfach durch die weiteren elliptischen Funktionen ausdrücken:

$$\mathrm{cn}\,\tau = \sqrt{1 - \mathrm{sn}^2\,\tau}, \quad \mathrm{dn}\,\tau = \sqrt{1 - k^2\,\mathrm{sn}^2\,\tau}\,.$$

Ergebnis:

$$\underline{\Omega}_1 = \sqrt{\frac{2E\underline{I}_3 - \underline{L}^2}{\underline{I}_1(\underline{I}_3 - \underline{I}_1)}}\,\mathrm{cn}\,\tau$$

$$\underline{\Omega}_2 = \sqrt{\frac{2E\underline{I}_3 - \underline{L}^2}{\underline{I}_2(\underline{I}_3 - \underline{I}_2)}}\,\mathrm{sn}\,\tau \qquad (44.23)$$

$$\underline{\Omega}_3 = \sqrt{\frac{\underline{L}^2 - 2E\underline{I}_1}{\underline{I}_3(\underline{I}_2 - \underline{I}_2)}}\,\mathrm{dn}\,\tau$$

Die elliptischen Funktionen sind periodisch mit der Periode $\Delta\tau = 4K$, wobei

$$K = \int_0^1 \frac{\mathrm{d}s}{\sqrt{(1 - s^2)(1 - k^2s^2)}}$$

Wir haben die Winkelgeschwindigkeiten in einem körperfesten Koordinatensystem berechnet. Gerne möchten wir aber auch noch die Drehgeschwindigkeit von einem Inertialsystem aus verfolgen.

Die Drehmatrix $\mathcal{O}$ aus (44.1) ist die inverse Matrix von $\boldsymbol{A}$, wie wir sie in (42.6) zur Berechnung der Eulerwinkel eingeführt haben. Da wir den Drehimpuls in die 3-Achse gelegt haben, wird der Drehimpuls im körperfesten Koordinatensystem durch θ und ψ ausdrückbar.

$$\underline{\boldsymbol{L}} = \mathcal{O}^{-1}\boldsymbol{L} = \boldsymbol{A}\boldsymbol{L}$$

Und damit in Komponenten:

$$\underline{L}_1 = L \sin\theta \sin\psi = \underline{I}_1\underline{\Omega}_1$$
$$\underline{L}_2 = L \sin\theta \cos\psi = \underline{I}_2\underline{\Omega}_2 \qquad (44.24)$$
$$\underline{L}_3 = L \cos\theta = \underline{I}_3\underline{\Omega}_3 \,.$$

Aus diesen Gleichungen kann man leicht die Winkel θ und ψ aus der bekannten Größe $\underline{\Omega}$ berechnen:

$$\cos\theta = \frac{\underline{I}_3}{L}\underline{\Omega}_3, \quad \tan\psi = \frac{\underline{I}_1}{\underline{I}_2}\frac{\underline{\Omega}_1}{\underline{\Omega}_2}\,. \qquad (44.25)$$

Da es sich bei $\underline{\Omega}$ um Winkelgeschwindigkeiten handelt, können wir nicht erwarten, dass alle Eulerwinkel ohne eine weitere Integration berechenbar sind. Um φ selbst zu erhalten, berechnen wir zunächst $\dot{\varphi}$ aus (42.19):

$$\dot{\varphi} = \frac{\underline{\Omega}_1 \sin\psi + \underline{\Omega}_2 \cos\psi}{\sin\theta}\,. \qquad (44.26)$$

Da wir $\tan\psi$ und $\cos\theta$ schon als Funktion der Winkelgeschwindigkeiten $\underline{\Omega}$ berechnet haben, ergibt dies für $\dot{\varphi}$

$$\dot{\varphi} = L\,\frac{\underline{I}_1\left(\underline{\Omega}_1\right)^2 \sin\psi + \underline{I}_2\left(\underline{\Omega}_2\right)^2}{\left(\underline{I}_1\right)^2\left(\underline{\Omega}_1\right)^2 + \left(\underline{I}_2\right)^2\left(\underline{\Omega}_2\right)^2}\,. \qquad (44.27)$$

$\dot{\varphi}$ ist also als Funktion der Zeit bekannt und φ kann daraus durch Integration berechnet werden.

Ergänzende Literatur

1. L.D. Landau, E.M. Lifschitz: *Lehrbuch der Theoretischen Physik, Band 1: Mechanik*, 14. Aufl. (Harri Deutsch, Thun und Frankfurt am Main 1997)
2. W. Thirring: *Lehrbuch der Mathematischen Physik, Band 1: Klassische Dynamische Systeme*, 2. Aufl. (Springer, Wien New York 1988)
3. H. Goldstein: *Klassische Mechanik*, 3. Aufl. (Wiley-VCH, Weinheim 2006)
4. A. Sommerfeld: *Vorlesungen über Theoretische Physik, Band 1: Mechanik*, Nachdruck der 8. Aufl. (Harri Deutsch, Thun und Frankfurt am Main 1994)
5. F. Scheck: *Mechanik*, 8. Aufl. (Springer, Berlin Heidelberg New York 2007)
6. F. Kuypers: *Klassische Mechanik*, 7. Aufl. (Wiley-VCH, Weinheim 2005)
7. M. Heil, F. Kitzka: *Grundkurs Theoretische Mechanik* (Teubner, Stuttgart 1984)
8. R.J. Jelitto: *Theoretische Physik 1: Mechanik I* und *Theoretische Physik 2: Mechanik II*, 3. Aufl. (Aula, Wiesbaden 1991 und 1995)
9. V.I. Arnold: *Mathematical Methods of Classical Mechanics*, 2. Aufl. (Springer, New York 1989)

Namensverzeichnis

Sachverzeichnis